高职高专计算

大数据技术原理 与操作应用

- 主 编 王 倩 阎 红
- 参 编 郑 丽 安厚霖
  崔俊鹏 潘 旭

重庆大学出版社

内容提要

本书围绕 Hadoop 生态圈相关组件系统介绍大数据架构。全书共 10 章,其中,第 1、2 章主要介绍 Hadoop 的概述以及如何搭建 Hadoop 的集群;第 3 章 ~ 第 5 章介绍分布式文件系统(HDFS)、分布式计算框架(MapReduce)以及分布式协调服务;第 6 章介绍 Hadoop 2.0 新特性,包含 YARN 和高可用集群的原理。第 7 章 ~ 第 9 章主要介绍 Hadoop 生态圈的相关辅助系统,包含 Hive、Flume、Sqoop;第 10 章是综合案例的开发,利用 Hadoop 的相关组件进行项目的开发,同时加深对 Hadoop 生态圈的技术的理解。

本书可以作为高职高专计算机相关专业、信息系统相关专业、数据科学相关专业的大数据平台课程教材,也可供一线技术人员参考。

图书在版编目(CIP)数据

大数据技术原理与操作应用 / 王倩,阎红主编. -- 重庆:重庆大学出版社,2020.8
高职高专计算机系列教材
ISBN 978-7-5689-2357-6

Ⅰ.①大… Ⅱ.①王… ②阎… Ⅲ.①数据处理—高等职业教育—教材 Ⅳ.①TP274

中国版本图书馆 CIP 数据核字(2020)第 137188 号

大数据技术原理与操作应用
主　编　王　倩　阎　红
参　编　郑　丽　安厚霖　崔俊鹏　潘　旭
策划编辑:曾显跃　范　琪
责任编辑:曾显跃　　　版式设计:曾显跃
责任校对:邹　忌　　　责任印制:张　策

*

重庆大学出版社出版发行
出版人:饶帮华
社址:重庆市沙坪坝区大学城西路 21 号
邮编:401331
电话:(023)88617190　88617185(中小学)
传真:(023)88617186　88617166
网址:http://www.cqup.com.cn
邮箱:fxk@cqup.com.cn(营销中心)
全国新华书店经销
重庆荟文印务有限公司印刷

*

开本:787mm×1092mm　1/16　印张:17　字数:438 千
2020 年 8 月第 1 版　　2020 年 8 月第 1 次印刷
印数:1—3 000
ISBN 978-7-5689-2357-6　定价:48.00 元

前　言

信息社会最重要的特征之一,就是每时每刻都在产生着海量的数据。海量的生产数据、处理数据和应用数据,将伴随着物联网、移动互联网、数字家庭、社会化网络等新一代信息技术应用不断地增长。未来在智慧城市、电信、金融、卫生、电子商务以及电子政务等领域将是大数据技术与应用的最佳行业的沃土,对大数据的处理和分析成为新一代信息技术的融合发展的核心支撑。

本书的章节设置是为适应大数据开发应用产业对高素质技术技能型人才的职业需求,覆盖大数据行业典型工作流程岗位,包括大数据平台与相关工具配置、数据处理与计算、数据分析与可视化展现等。综合项目章节选取典型的大数据真实业务分析应用场景,围绕对 Hadoop 集群的安装配置、管理及MapReduce计算,并包含大数据处理相关算法应用与软件工具运用,从而激发学生对大数据知识和技术的学习兴趣,提升学生职业素养和职业技能,努力为我国大数据应用产业发展储备及输送人才。

本书理念先进、内容新颖,并以注重实用、提高技能为目的,通过大量的实例和实训内容,帮助读者提高应用技能,本书基于VMware workstation 14 平台和 Linux Centos 7 操作系统为基础搭建Hadoop环境,除了讲解基础原理,更是在操作细节、使用交互等方面给予了详细的介绍。

全书由王倩进行整体规划和内容组织。王倩、阎红负责内容统稿并担任主编,由郑丽、安厚霖、崔俊鹏、潘旭等参与编写。

1

全书的第 1 章、第 3 章、第 6 章由天津职业大学安厚霖编写;第 2 章、第 4 章由天津职业大学郑丽编写;第 7 章、第 9 章由天津中德应用技术大学崔俊鹏编写;第 5 章、第 10 章由天津职业大学王倩编写;第 8 章由天津职业大学阎红编写;全书的习题由国网天津市电力公司检修公司潘旭编写。

　　由于编者水平有限、经验不足,书中难免有错误与疏漏,恳请广大读者和同行批评指正。

编　者
2020 年 3 月

目录

第 **1** 章

初识 Hadoop

学习目标：

1. 了解什么是大数据及其特征；
2. 熟悉 Hadoop 的应用场景；
3. 了解 Hadoop 的发展历史及其版本；
4. 掌握 Hadoop 的生态环境。

1.1 大数据的介绍

近年来，随着科技的进步以及移动互联网、5G 移动通信网络技术的发展，实际应用场景中的数据规模也爆炸式地增长，大数据（Big Data）引起了国内外产业界、学术界和政府部门的高度关注。各类基于大数据的应用正日益对全球生产、流通、分配、消费活动，以及经济运行机制、社会生活方式和国家治理能力产生重大影响。

1.1.1 大数据的概念

大数据研究机构 Gartner 将其给出了定义，大数据是需要新处理模式才能具有更强的决策力、洞察发现力和流程优化能力的海量、高增长率和多样化的信息资产。大数据技术的战略意义不在于掌握庞大的数据信息，而在于对这些含有意义的数据进行专业化处理。换言之，如果将大数据比作一种产业，那么这种产业实现盈利的关键在于提高对数据的"加工能力"，通过"加工"实现数据的"增值"。从 2012 年开始，"大数据"成了 IT 业界关注度不断提高的关键词之一。

"大数据"，是指用现有的一般技术难以管理的大量数据的集合，即所涉及的资料量规模巨大到无法通过目前主流软件工具在合理时间内达到提取、管理、处理。从技术上看，大数据与云计算的关系就像一枚硬币的正反面一样密不可分。大数据必然无法用单台的计算机进行处理，必须采用分布式架构。它的特色在于对海量数据进行分布式数据挖掘，但它也依托云计算的分布式处理、分布式数据库和云存储、虚拟化技术。

1.1.2　大数据的特征

目前,通常认为大数据具有四大特征,即体量大、种类多、速度快和价值密度低。其核心在于对这些含有意义的数据进行专业化处理。

(1)体量大

体量大指数据集体量非常巨大,在"大数据"刚刚提出的时候,普遍认为 PB 级的数据可以称为"大数据",但这并不绝对。在实际应用中,很多企业用户将多个数据集放在一起,已经形成了 TB 级或 PB 级的数据量。一方面,随着存储和计算技术的进步,以及互联网上用户生成内容和大量传感器实时获取数据的增加,这一判断依据也在变化;另一方面,有些数据集虽没有达到 PB 级,但在其他特征方面具有很强的大数据集特点。数据量达到一定程度,必然对数据的获取、传输、存储、处理、分析等带来挑战。

(2)种类多

在大数据面对的应用场景中,数据种类多,一方面体现在面向一类场景的大数据集可能同时覆盖结构化、半结构化、非结构化的数据,另一方面也体现在同类数据中的结构模式复杂多样。例如,一个健康医疗数据的应用,覆盖的数据类型就可能包含结构化的患者信息、药品信息等,也包含半结构化的各类文档数据和非机构化的心电图、CT 图像数据等。数据类型多样往往导致数据的异构性,进而加大数据处理的复杂性,也对数据处理能力提出了更高的要求。

(3)速度快

数据生成、存储、分析、处理的速度超出人们的想象。一方面,数据来源于对现实世界和人的行为的持续观察。如果希望在数据基础上对客观世界加以研究,就必须保持足够高的采样率,以确保能够刻画现实世界的细节。另一方面,数据集必须能够持续、快速地更新,才能够不断地描述客观世界和人的行为变化,这就要求技术上必须考虑时效性要求,实现实时数据的处理。

(4)价值密度低

在大数据中,通过数据分析,在无序数据中建立关联可以获得大量高价值的隐含知识,从而具有巨大价值。这一价值体现在统计特征、事件检测、关联和假设检验等各个方面。另一方面,数据的价值并不一定随数据集的大小增加而增加。对于一个特定分析问题,大数据中可能包含大量的"无用数据",有价值的数据会淹没在大量的无用数据中,因而有"价值密度低"的说法。

1.1.3　大数据技术的概述

目前大数据技术主要包括几个方面:大数据采集技术、大数据预处理技术、大数据存储及管理技术、大数据分析及挖掘技术和数据可视化技术。

(1)大数据采集技术

数据采集主要通过 Web、应用、传感器等方式获得各种类型的结构化、半结构化及非结构化数据,难点在于采集量大且数据类型繁多。采集网络数据可以通过网络爬虫或者 API 的方式来获取。对于系统管理员来说,系统日志对于管理有重要意义,很多互联网企业都有自己的海量数据收集工具,用于系统日志的收集,能满足每秒数百 MB 的日志数据采集和传输需求。例如:Hadoop 的 Chukwa、Flume,Facebook 的 Scribe 等。

（2）大数据预处理技术

大数据的预处理包括对数据的抽取和清洗等方面。由于大数据的数据类型是多样化的，不利于快速分析处理，数据抽取过程可以将数据转化为单一的或者便于处理的数据结构。数据清洗是指发现并纠正数据文件中可识别的错误的最后一道程序，可以将数据集中的残缺数据、错误数据和重复数据筛选出来并丢弃。常用的数据清洗工具有 DataWrangler、GoogleRefine 等。

（3）大数据存储及管理技术

大数据的存储及管理与传统数据相比，难点在于数据量大、数据类型多，文件大小可能超过单个磁盘容量。企业要解决这些问题，实现对结构化、半结构化、非结构化海量数据的存储与管理，可以综合利用分布式文件系统、数据仓库、关系型数据库、非关系型数据库等技术。常用的分布式文件系统有 Google 的 GFS、Hadoop 的 HDFS、SUN 公司的 Lustre 等。

（4）大数据分析挖掘技术

数据挖掘是从大量复杂的数据中提取信息，通过处理分析海量数据发现价值。大数据平台通过不同的计算框架执行计算任务，实现数据分析和挖掘的目的。常用的分布式计算框架有 MapReduce、Storm 和 Spark 等。其中 MapReduce 适用于复杂的批量离线数据处理；Storm 适用于流式数据的实时处理；Spark 基于内存计算，具有多个组件，应用范围较广。

（5）数据可视化技术

数据可视化是指将数据以图形图像形式表示，向用户清楚有效地传达信息的过程。通过数据可视化技术，可以生成实时的图表，它能对数据的生成和变化进行观察、跟踪，也可以形成静态的多维报表以发现数据中不同变量的潜在联系。常用的可视化工具有 Tableau、Wordle、Gephi 等。

1.2　Hadoop 的介绍

1.2.1　Hadoop 的概述

（1）Hadoop 的由来

Apache Hadoop 项目是一款可靠、可扩展的分布式计算开源软件。Hadoop 软件库是一个框架，该框架的两个核心模块是分布式文件系统（Hadoop Distribution File System，HDFS）和数据计算 MapReduce（Google MapReduce 的开源实现）。MapReduce 允许用户在不了解分布式系统底层知识的情况下，以可靠、容错的方式灵活地并行处理大型计算机集群（数千个节点）上的大量数据；HDFS 是一种运行在计算机上的分布式文件系统，它允许用户对数据进行分布式的存储与读取，其高容错性和高伸缩性的特点使得 HDFS 可以部署在低成本的硬件上。因此用户可以轻松地搭建和使用 Hadoop 分布式计算框架，并充分地利用集群的运算和存储能力，完成海量数据的计算与存储。

（2）Hadoop 的发展历史

2003—2004 年，Google 公布了部分 GFS 和 MapReduce 思想的细节，在"操作系统设计与实现"（Operating System Design and Implementation，OSDI）会议上公开发表了题为《MapReduce：简

化大规模集群上的数据处理》的论文后,受此启发的 Doug Cutting 等人用两年的业余时间实现了 DFS 和 MapReduce 机制,使 Nutch 性能飙升。2005 年,Hadoop 作为 Lucene 的子项目 Nutch 的一部分正式引入 Apache 基金会。由于 NDFS 和 MapReduce 在 Nutch 引擎中有着很好的应用,2006 年 2 月该模块被分离出来,成为一套完整独立的软件,起名为"Hadoop"。到了 2008 年初,Hadoop 已经成为 Apache 的顶级项目,包含众多的子项目。比如:可扩展的分布式数据库(HBase)、一种用于 Hadoop 数据的快速通用计算引擎(Spark)、数据序列化系统(Avro)、没有单点故障的可扩展多主数据库(Cassandra)、一种提供数据汇总和及时查询的数据仓库基础结构(Hive)等。

1.2.2　Hadoop 的优势

Hadoop 作为一个能够对大量数据进行分布式处理的软件框架,用户可以轻松地搭建 Hadoop 的分布式框架,以及在该基础上进行开发处理大量数据的应用程序,其主要包括以下几个优点:

(1)高可靠性

Hadoop 支持高可用性(HA),当分布式集群中单节点出现故障时,通过数据备份与资源调度的方式实现自动故障转移。

(2)高扩展性

Hadoop 中 HDFS 有两种节点类型:名称节点(NameNode)和数据节点(DataNode),以主从模式运行增添或者删除 DataNode,且节点的扩展支持热插拔,即无须重新启动集群就可实现集群的动态扩展。

(3)高容错性

NameNode 通过 ZooKeeper 实现备份。DataNode 是以数据块作为容错单元,在默认情况下,每个数据块会被备份为三份,分别存在不同的 DataNode 上。当一个数据块访问失效,则会从备份的 DataNode 中选取一个,并备份该数据块,以保证数据块的最低备份标准。

1.2.3　Hadoop 的应用场景

在当前大数据背景下,海量数据的价值越来越被企业重视,Hadoop 可用于离线大数据的分析挖掘。例如:电商数据的分析挖掘、社交数据的分析挖掘、企业客户关系的分析挖掘。最终的目标就是提高企业运作效率,实现精准营销,发现潜在客户,等等。在这个数据化的时代,人们所做的每一件事都会留下很多数据,通过挖掘和分析这些日积月累的数据,就能从这些数据中学习到更多知识,掌握更多的规律。除此之外,大数据还应用于很多其他领域,例如:机器学习、知识发现、预测分析等都必须基于大规模的数据,随着数据量的剧增,单节点的数据存储已经被社会淘汰,一种基于多节点的分布式存储逐渐兴起,而这些多节点就依赖于大规模的廉价 PC 构建 Hadoop 集群。

Hadoop 作为开源分布式大数据处理的软件框架,已经被用户广泛使用。基于 Hadoop 的应用已经深入到各个领域,尤其在互联网领域。大型的互联网公司 Google 将 Hadoop 应用于互联网搜索引擎,Yahoo 将其应用于广告分析系统和 Web 搜索研究。除此之外,国内很多互联网公司的相关业务都使用到了 Hadoop 解决相关业务。搜索引擎百度公司使用 Hadoop 进行日志分析与网页数据库的数据挖掘;腾讯的云平台提供了大数据处理、云推荐引擎、弹性 MapReduce 等业务给用户使用;阿里巴巴使用 Hadoop 处理商业数据排序并将其应用于垂直商业搜索引擎中。

随着互联网的发展,新的业务模式也不断地涌现, Hadoop 在其他领域的应用也更为广泛,Hadoop 的应用也从传统的互联网行业延伸向在线旅游、移动数据、电子商务、节能、诈骗检测、医疗保健等领域。

1.2.4　Hadoop 的生态体系

Hadoop 是一个能够对大量数据进行分布式处理的软件框架,目前 Hadoop 已经发展成为包含很多项目的集合。Hadoop 的核心是 HDFS 和 MapReduce,Hadoop 2.0 还包括 YARN。随着 Hadoop 的兴起,其框架下的开发工具也逐渐丰富,图1.1 所示为 Hadoop 的生态系统。下面对其每一个模块进行详细的介绍。

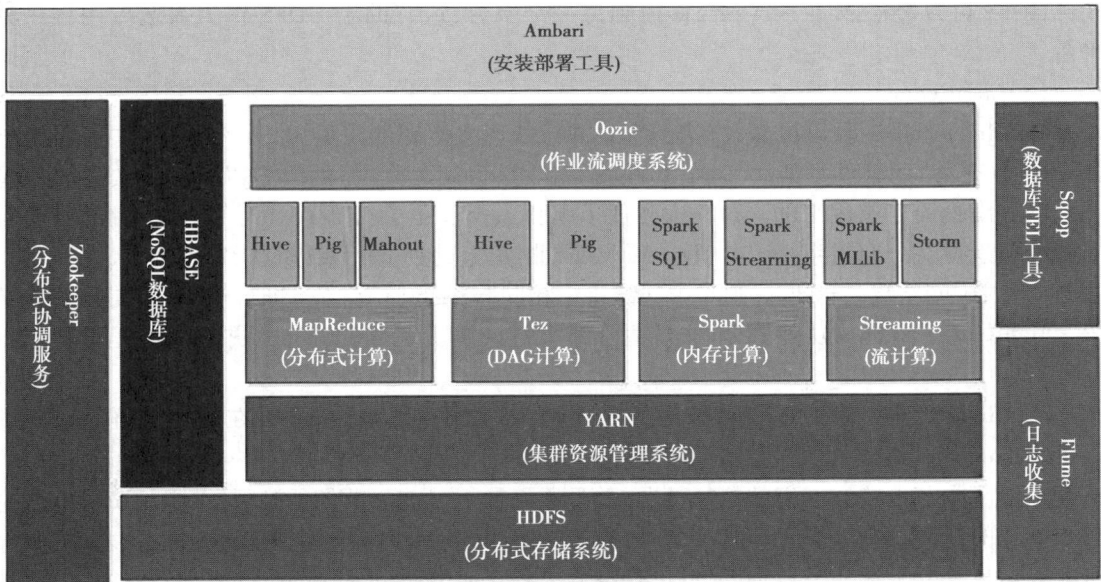

图 1.1　Hadoop 的生态系统

(1) HDFS

Hadoop 分布式文件系统(HDFS)是一种可以在低成本计算机硬件上运行的高容错性分布式文件系统。HDFS 提供对应用程序数据的高吞吐量访问,并且适用于具有大数据集的应用程序。它与现有的分布式文件系统有许多相似之处,但也存在一些很明显的区别,这就是:HDFS 放宽了一些可一直操作系统接口(POSIX)的要求,以实现对文件系统数据的流式访问。HDFS 最初是作为 Apache Nutch Web 搜索引擎项目的基础结构而构建,目前 HDFS 已经成为 Apache Hadoop 核心项目的一部分。

HDFS 的设计目标包含如下几个方面:

1) 硬件故障

一个 HDFS 实例包含数百或数千个服务器计算机,每一个服务器计算机都存储文件系统数据的一部分。实际情况下集群中组件的故障很难被察觉和修复,这使得 HDFS 的某些组件始终无法运行。因此,检测故障并快速、自动地从故障中恢复是 HDFS 的核心目标。

2）流数据访问

在 HDFS 上运行的应用程序需要对其数据集进行流式访问。HDFS 设计初衷是用于批处理,而不是用于用户交互,所有其重点在于数据访问的高吞吐量,而不是数据访问低延迟性。

3）大数据集

在 HDFS 上运行着具有大量数据集的应用程序。HDFS 支持大文件数据存储,其文件大小普遍为 GB 级到 TB 级,因此,为保障程序的正常运行,HDFS 应提供较高的聚合数据带宽,并可以扩展到单个群集中的数百个节点。

4）简单一致性模型

HDFS 应用程序简化了数据一致性问题,并实现了高吞吐量数据访问。这是因为 HDFS 中文件一次写入多次读取访问,一旦创建、写入和关闭文件,除了追加和截断外,无须更改。

5）跨异构硬件和软件平台的可移植性

HDFS 可以轻松地从一个平台移植到另一个平台,这有助于 HDFS 作为大量应用程序的平台。

（2）MapReduce

MapReduce 是一款以可靠、容错的方式并行处理大型硬件集群（数千个节点）中大量数据（多 TB 数据集）的软件框架。“Map”（映射）和“Reduce”（简化）的概念以及其主要思想都是从函数式编程语言借用来的。这极大方便了编程人员在不会分布式并行编程的情况下,将自己的程序运行在分布式系统上。其中 Map 对数据集上的独立元素进行指定的操作,生成“键-值”对形式中间结果。Reduce 则对中间结果中相同“键”的所有“值”进行规约,以得到最终结果。MapReduce 这样的功能划分,非常适合在大量计算机组成的分布式并行环境里进行数据处理。

MapReduce 框架是由一个单独运行在主节点的 JobTracker 和运行在每个集群从节点的 TaskTracker 共同组成的。主节点负责调度构成一个作业的所有任务,这些任务分布在不同的从节点上。主节点监控它们的执行情况,并且重新执行之前失败的任务;从节点仅负责完成主节点指派的任务。当一个 Job 被提交时,JobTracker 接收到提交作业和其配置信息之后,就会将配置信息等分发给从节点,同时调度任务并监控 TaskTracker 的执行。

HDFS 和 MapReduce 共同组成了 Hadoop 分布式系统体系结构的核心内容。HDFS 在集群上实现了分布式文件系统,MapReduce 在任务处理过程中提供了对文件操作和存储等的支持,MapReduce 在 HDFS 的基础上实现了任务的分发、跟踪、执行等工作,二者相互作用完成 Hadoop 分布式集群的主要任务。

（3）YARN

YARN 是在 Hadoop 1.0 基础上衍化而来的,它充分吸收了 Hadoop 1.0 的优势,并具有比 Hadoop 1.0 更为先进的理念和思想,YARN 是 Hadoop 2.0 及以上版本的下一代集群资源管理与调度平台,它的基本思想是将资源管理和作业调度、监视的功能拆分为单独的守护程序。

（4）ZooKeeper

ZooKeeper 是一个为分布式应用所设计的开源协调服务。它可以为用户提供同步、配置、管理、分组和命名等服务。用户可以使用 ZooKeeper 提供的接口方便地实现一致性、组管理等协议。ZooKeeper 提供了一种易于编程的环境,它的文件系统使用了目录树结构。ZooKeeper 是使用 Java 编写的,但是它支持 Java 和 C 两种编程语言接口。

分布式应用程序使用的情况有很多,例如维护配置信息与命名、提供分布式同步、提供组服务等。协调服务会进行很多工作来修复不可避免的错误和竞争条件,例如协调服务很容易出现死锁的状态。即使每个服务部署正确,这些服务的不同实现也会导致管理复杂。因此,ZooKeeper 的设计目的是减轻分布式应用程序所承担的协调任务。

（5）HBase

HBase 是一个分布式的、面向列的开源数据库,它参考了 Google 的 BigTable 建模进行开源实现,实现的编程语言为 Java。HBase 是 Apache 软件基金会的 Hadoop 项目的一个子项目,运行于 HDFS 文件系统之上,为 Hadoop 提供类似于 BigTable 规模的服务。因此,它可以容错地存储海量稀疏的数据。

HBase 是一个高可靠、高性能、面向列、可伸缩的分布式数据库,主要用来存储非结构化和半结构化的松散数据。HBase 的目标是对大数据进行随机处理与实时读写访问,它利用廉价计算机集群处理由超过 10 亿行数据和数百万列元素组成的数据表。

（6）Spark

机器学习算法通常需要对同一个数据集合进行多次迭代计算,而 MapReduce 中每次迭代都会涉及 HDFS 的读写,以及在计算过程中缺乏一个常驻的 MapReduce 作业,因此,每次迭代都要初始化新的 MapReduce 任务,这时 MapReduce 就显得效率不高了。同时,基于 MapReduce 之上的 Hive、Pig 等技术也存在类似问题。

Spark 作为一个研究项目,诞生于加州大学伯克利分校 AMP（Algorithms, Machines and People Lab）实验室。AMP 实验室的研究人员发现,在机器学习迭代算法场景下,Hadoop MapReduce 表现得效率低下。为了迭代算法和交互式查询两种典型的场景,Matei Zaharia 和合作伙伴开发了 Spark 系统的最初版本。Spark 扩展了广泛使用的 MapReduce 计算模型,高效地支撑更多计算模式,包括交互式查询和流处理。Spark 的一个主要特点是能够在内存中进行计算,即使依赖磁盘进行复杂的运算,Spark 依然比 MapReduce 更加高效。

（7）Hive

最初,Hive 是由 Facebook 开发,后来由 Apache 软件基金会开发,并将它作为其名下的一个开源项目,名为"Apache Hive",它是一个数据仓库基础工具在 Hadoop 中用来处理结构化数据,可以将结构化的数据文件映射为一张数据库表,并提供完整的 SQL 查询功能,可以将 SQL 语句转换为 MapReduce 任务进行运行。Hive 的优点是:学习成本低,可以通过类 SQL 语句转换为 MapReduce 任务进行运行,不必开发专门的 MapReduce 应用,十分适合数据仓库的统计分析工作。

Hive 是建立在 Hadoop 上的数据仓库基础构架。它提供了一系列的工具,可以用来进行数据提取、转化、加载,这是一种可以存储、查询和分析存储在 Hadoop 中的大规模数据机制。

（8）Pig

Apache Pig 是一个用于分析大型数据集的平台,该平台包含用于表示数据分析程序的高级语言,以及用于评估这些程序的基础结构。Pig 程序的显著特性是:它的结构适用于并行化,从而使其能够处理非常大的数据集。

要编写数据分析程序,Pig 提供了一种称为 Pig Latin 的高级语言。该语言提供了各种操作符,程序员可以利用它们开发自己的用于读取、写入和处理数据的功能。

要使用 Pig 分析数据,程序员需要使用 Pig Latin 语言编写脚本。所有这些脚本都在内部转换为 Map 和 Reduce 任务。Apache Pig 项目中有一个名为"Pig 引擎"的组件,它接受 Pig Latin 脚本作为输入,并将这些脚本转换为 MapReduce 作业。Pig Latin 脚本具有以下关键属性:

①脚本易于编程:由多个相互关联的数据转换组成的复杂任务被明确编码为数据流序列,从而使其易于编写、理解和维护。

②优化机制:任务的编码方式允许系统自动优化其执行,从而使用户能够专注于语义而非效率。

③可扩展性:用户可以创建自己的功能来进行特殊处理。

(9)Sqoop

Sqoop 是一个用来将 Hadoop 和关系型数据库中的数据进行转移的工具,它可以将一个关系型数据库(如:MySQL、Oracle、Postgress 等)中的数据导入 Hadoop 的 HDFS 中,也可以将 HDFS 的数据导入关系型数据库中。

1.2.5　Hadoop 的版本

Apache Hadoop 使用"<主版本号><次版本号><维护版本号>"的版本格式,例如:Hadoop 3.2.1、Hadoop 2.10.0 版本。其中每个版本组件都是一个数值,版本也可以具有其他后缀,例如"-alpha2"或"-beta1",又例如 Hadoop Ozone 0.4.1-alpha 版本等。这些数值表示 API 兼容性保证和发行版的质量。

Hadoop 发布主要版本的原因是其引入了可能不兼容的或有实质性的模块。例如:在 Hadoop 2 中用 YARN 和 MapReduce v2 版本替换原来 Hadoop 1 中的 MapReduce v1 版本,以及在 Hadoop 3 中从 JDK7 到 JDK8 所需的 Java 运行时版本。Hadoop 的次要版本用于在主要发行版本中引入新的兼容功能。其维护版本包括错误修复或低风险可支持性更改。

目前,Hadoop 的版本已经趋近于稳定,2019 年 10 月 Apache Hadoop 2.10 系列的第一个稳定版本发布,Apache Hadoop 3.1.3 系列的第三个稳定版本发布,这些稳定版本的升级主要是用来进行错误的修复、改进和增强。Hadoop 的版本发展情况如图 1.2 所示。

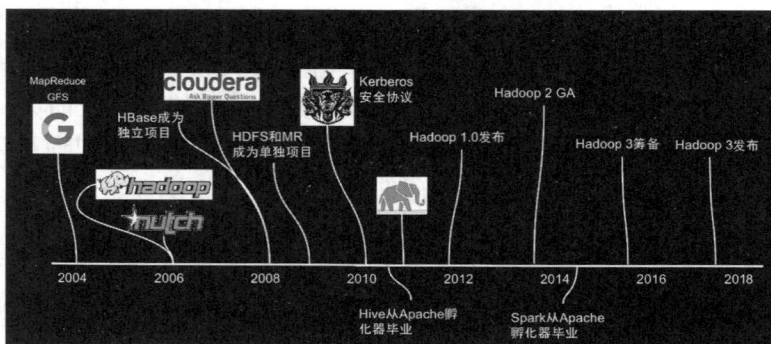

图 1.2　Hadoop 版本发展历史

Hadoop 1.0 版本的 HDFS 最初存在两个问题,分别是:NameNode 单点故障,难以应用于在线场景;NameNode 压力过大,且内存受限影响系统扩展性。除此之外,其 MapReduce 存在 JobTracker 访问压力过大,影响系统扩展性;不支持除 MapReduce 之外的计算框架等问题。Hadoop 2.0 系列的推出解决了之前版本的单点故障和内存受限问题,并且囊括了资源管理系统 YARN,而且依旧兼容之前版本的命令行与 API 调用方法。

Hadoop 3.0 系列将原有的 Java 7 版本提升到了 Java 8,因此,使用该系列的用户需要将 Java 版本进行提升,同时 Hadoop 3.0 系列还整合许多重要的增强功能,该版本对 Hadoop 内核进行了多项重大改进,主要包括:精简 Hadoop 内核、增加 YARN 时间线服务 v2 版本、重写 Shell 脚本、覆盖客户端的 JAR、MapReduce 任务级本地优化、重写多重服务的默认端口等。

习 题 1

一、单选题

1. 下列选项中,最早提出"大数据"这一概念的是(　　　)。

　　A. 贝恩　　　　　　　　B. 麦肯锡　　　　　　　　C. 吉拉德　　　　　　　　D. 杰弗逊

2. 下列选项中,哪一项是研究大数据最重要的意义(　　　)。

　　A. 分析　　　　　　　　B. 统计　　　　　　　　C. 测试　　　　　　　　D. 预测

3. Hadoop 1.0 中,Hadoop 内核的主要组成是(　　　)。

　　A. HDFS 和 MapReduce　　　　　　　　B. HDFS 和 YARN

　　C. YARN　　　　　　　　D. MapReduce 和 YARN

4. 在 HDFS 中,用于保存数据的节点是(　　　)。

　　A. NameNode　　　　B. DataNode　　　　C. SecondaryNode　　　　D. YARN

二、多选题

1. 下列选项中,属于 Google 提出的处理大数据的技术手段有(　　　)。

　　A. MapReduce　　　　B. MySQL　　　　C. BigTable　　　　D. GFS

2. 下列选项中,属于 Hadoop 版本系列的有(　　　)。

　　A. Hadoop 4　　　　B. Hadoop 2　　　　C. Hadoop 1　　　　D. Hadoop 3

3. 下列选项中,属于 Hadoop 优势的有(　　　)。

　　A. 扩容能力强　　　　B. 可靠性强　　　　C. 效率高　　　　D. 高容错性

三、判断题

1. 大数据提供的是一些描述性的信息,而创新还是需要人类自己实现。(　　　)

2. JobTracker 只负责执行 TaskTracker 分配的计算任务。(　　　)

3. 大数据在医疗行业中可以有效控制疾病的发生。(　　　)

4. 在 HDFS 中,NameNode 用于决定数据存储到哪一个 DataNode 节点上。(　　　)

5. Hadoop 是 Apache 顶级的开源项目。(　　　)

6. Hadoop 的开源社区版比较著名的是 Cloudera 公司的 CDH 版本。(　　　)

四、填空题

1. Hadoop 发行版本分为开源社区版和＿＿＿＿＿＿＿＿。

2. ＿＿＿＿＿＿＿＿中引入了资源管理框架 YARN。

3. 大数据的四大特征是体量大、＿＿＿＿＿＿＿＿、速度快和＿＿＿＿＿＿＿＿。

4. 在 Hadoop 1.x 版本中,MapReduce 是由一个＿＿＿＿＿＿＿＿和多个 TaskTracker 组成。

5. 大数据的分为＿＿＿＿＿＿＿＿、非结构化数据和＿＿＿＿＿＿＿＿。

6. 大数据在金融行业中的具体表现为＿＿＿＿＿＿＿＿、＿＿＿＿＿＿＿＿、决策支持、服务创新以及产品创新。

五、简答题

1. 简述大数据在零售行业应用的具体表现。

2. 简述 Hadoop 生态体系常见的子系统。

第 **2** 章

Hadoop 集群构建

学习目标:

1. 了解虚拟机的安装;
2. 熟悉 Linux 系统的网络配置和 SSH 配置;
3. 掌握 Hadoop 集群的构建和配置;
4. 掌握 Hadoop 集群测试;
5. 熟悉 Hadoop 集群初体验的操作。

2.1 Linux 系统安装

本书采用在主机中安装虚拟化软件 VMware Workstation 14 并在其之上安装 CentOS 7 64 位系统的方式来构建 Hadoop 集群。首先下载 Linux 发行版 CentOS 7 镜像文件,然后进行安装。具体的安装过程如下:

①打开 VMware Workstation 14,选择"创建新的虚拟机",在弹出的对话框中,选择"自定义(高级)",如图 2.1 所示。

图 2.1　创建新的虚拟机

②选择硬件兼容性为"Workstation 14. x",如图2.2所示。需要注意的是VMware Workstation不能向上兼容,也就是低版本的Workstation无法打开高版本的虚拟机,因此,对于硬件兼容性需要特别注意版本的选择。

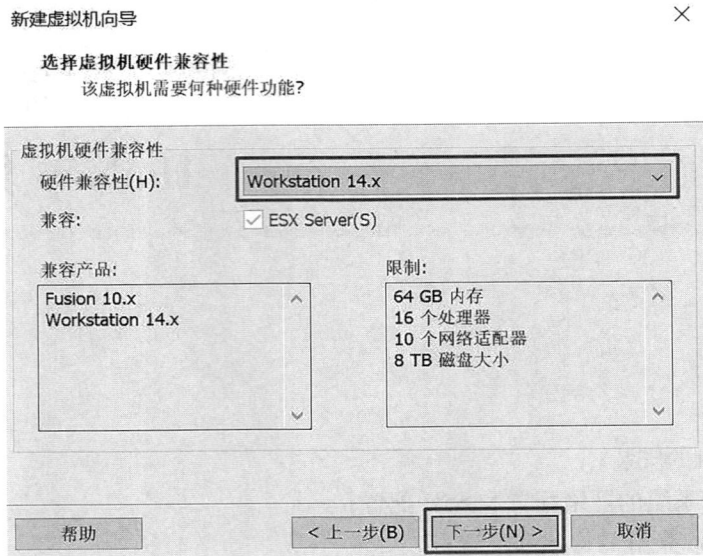

图2.2　选择虚拟机硬件兼容性

③暂不指定操作系统安装来源,选择"稍后安装操作系统",如图2.3所示。

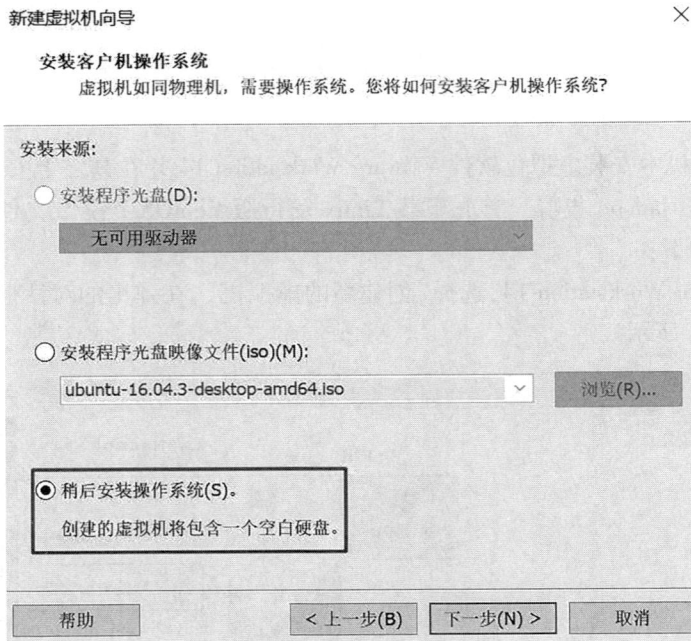

图2.3　选择操作系统安装来源

④选择客户机操作系统为"Linux",版本为"CentOS 7 64位",如图2.4所示。

⑤指定虚拟机操作系统的名称及安装路径,如图2.5所示。为了后面便于使用,将桌面版

命名为"CentOS7-64-master"，两个 mini 版分别命名为"CentOS7-64-slave1"和"CentOS7-64-slave2"。

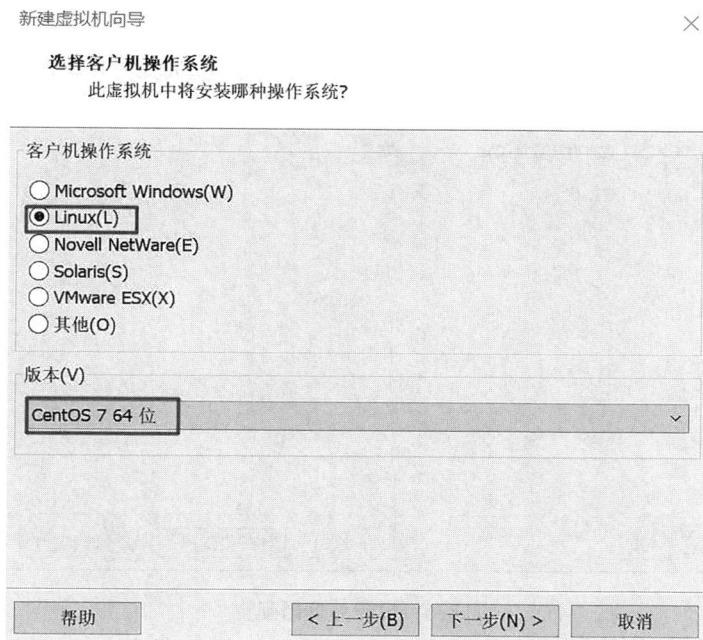

图 2.4　客户机操作系统选择

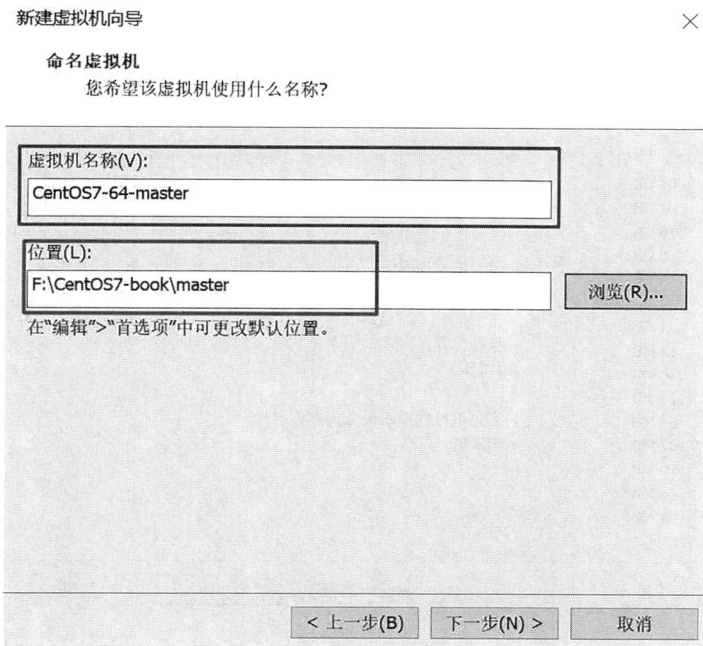

图 2.5　虚拟机名称及安装路径的设置

⑥设置处理器配置，使用默认配置即可，如图 2.6 所示。

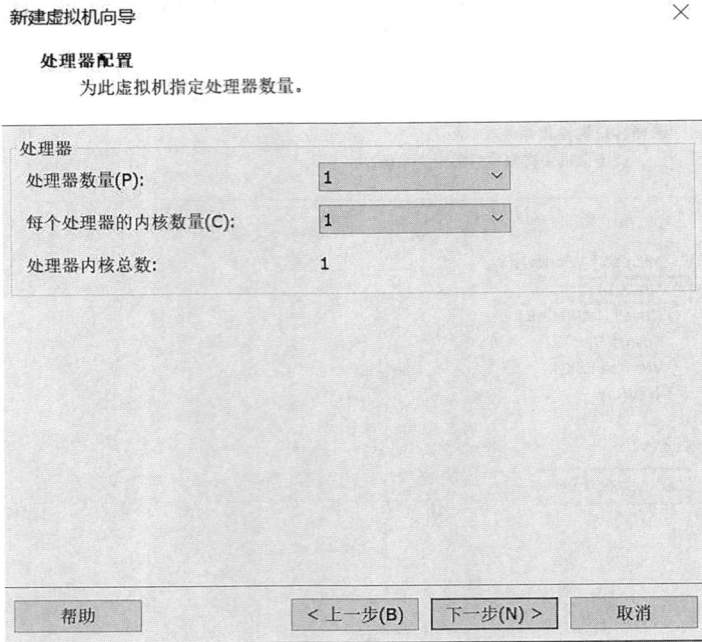

图 2.6　设置处理器配置

⑦指定虚拟机内存,桌面版选择 2 GB,mini 版选择 1 GB,如图 2.7 所示。

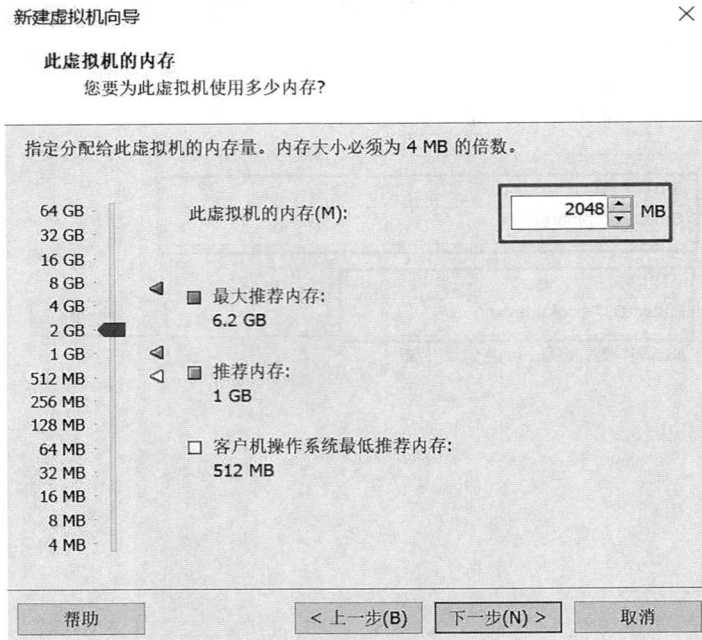

图 2.7　指定虚拟机内存

⑧网络类型选择"使用网络地址转换(NAT)(E)",如图 2.8 所示。

新建虚拟机向导　　　　　　　　　　　　　　　　　　　✕

网络类型
　要添加哪类网络?

网络连接

○ 使用桥接网络(R)
　　为客户机操作系统提供直接访问外部以太网网络的权限。客户机在外部网络上
　　必须有自己的 IP 地址。

◉ 使用网络地址转换(NAT)(E)
　　为客户机操作系统提供使用主机 IP 地址访问主机拨号连接或外部以太网网络连
　　接的权限。

○ 使用仅主机模式网络(H)
　　将客户机操作系统连接到主机上的专用虚拟网络。

○ 不使用网络连接(T)

　　帮助　　　　　　　< 上一步(B)　　下一步(N) >　　取消

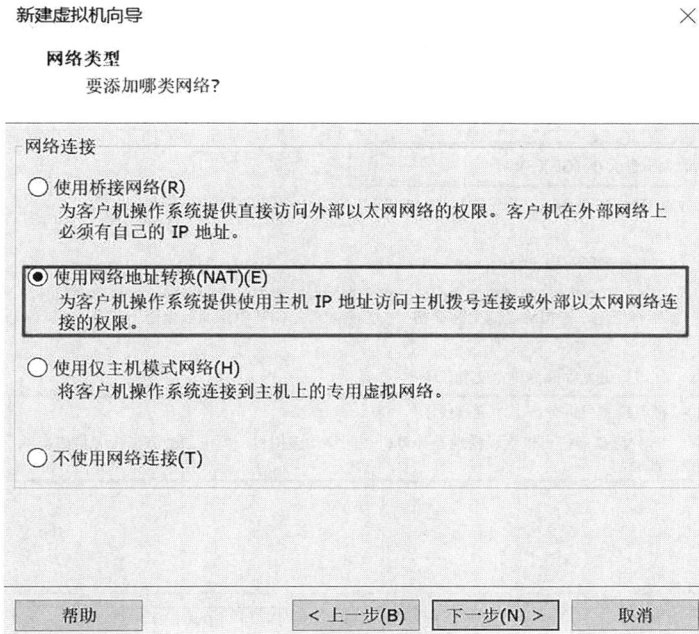

图 2.8　选择网络类型

⑨I/O 控制器类型使用默认的"LSI Logic(L)",磁盘类型选择推荐的"SCSI(S)"。

⑩磁盘选择,选择"创建新虚拟磁盘",如图 2.9 所示。

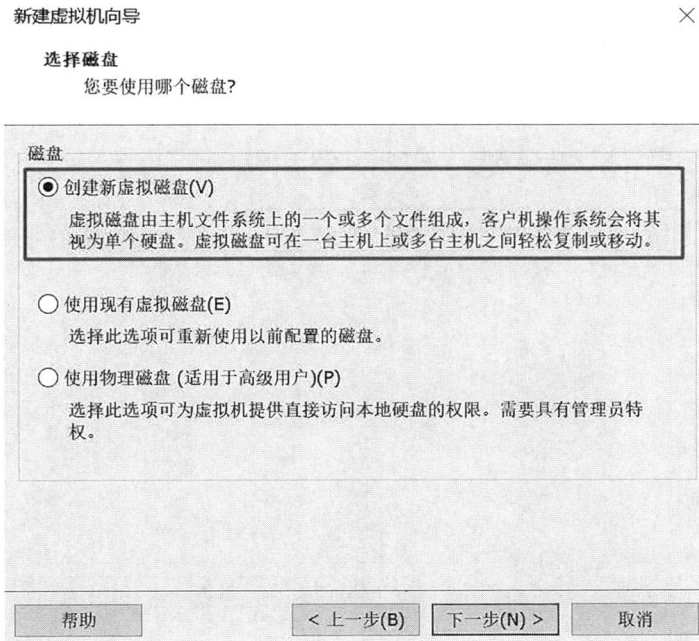

新建虚拟机向导　　　　　　　　　　　　　　　　　　　✕

选择磁盘
　您要使用哪个磁盘?

磁盘

◉ 创建新虚拟磁盘(V)
　　虚拟磁盘由主机文件系统上的一个或多个文件组成,客户机操作系统会将其
　　视为单个硬盘。虚拟磁盘可在一台主机上或多台主机之间轻松复制或移动。

○ 使用现有虚拟磁盘(E)
　　选择此选项可重新使用以前配置的磁盘。

○ 使用物理磁盘 (适用于高级用户)(P)
　　选择此选项可为虚拟机提供直接访问本地硬盘的权限。需要具有管理员特
　　权。

　　帮助　　　　　　　< 上一步(B)　　下一步(N) >　　取消

图 2.9　磁盘选择

⑪指定磁盘容量为 20 GB,磁盘容量可根据实际存储数据大小进行调整,选择"将虚拟磁
盘拆分成多个文件",如图 2.10 所示。

15

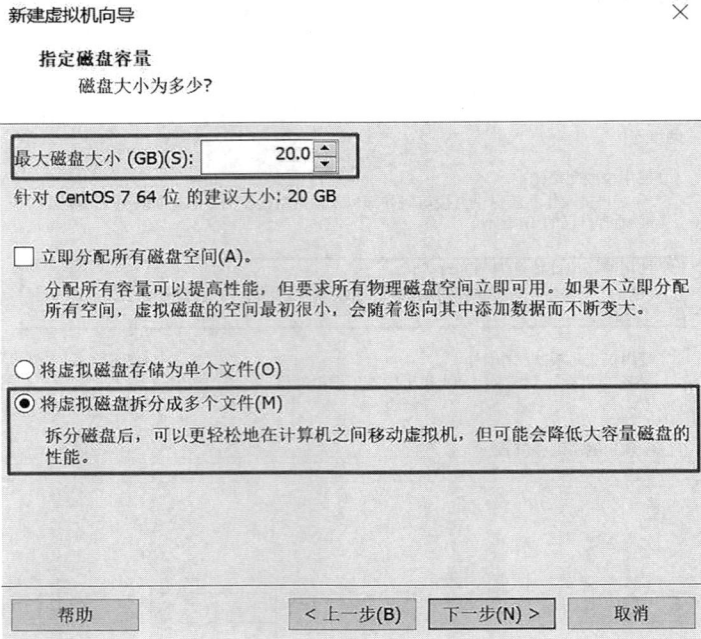

图 2.10　指定磁盘容量

⑫指定磁盘文件存放位置，如图 2.11 所示。

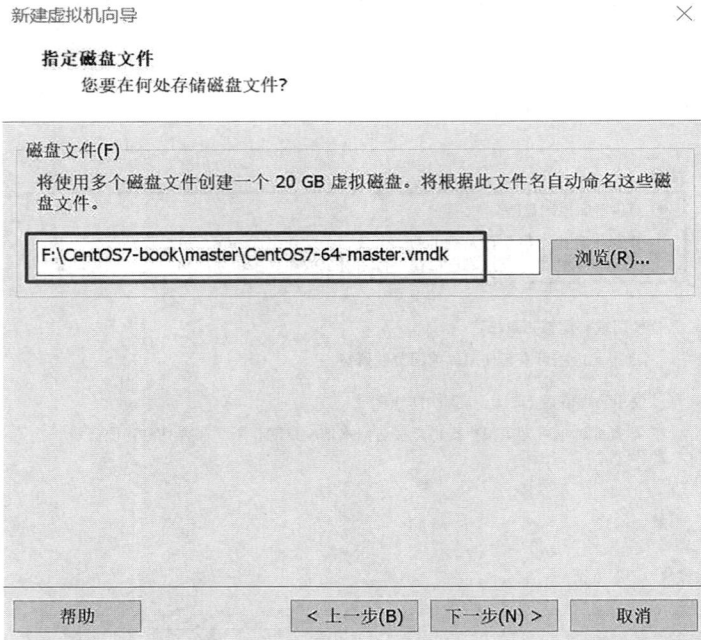

图 2.11　指定磁盘文件存放位置

⑬至此，虚拟机基本设置完成，可单击"自定义硬件"来对设置进行查看与修改，以及指定操作系统安装来源，如图 2.12 所示。

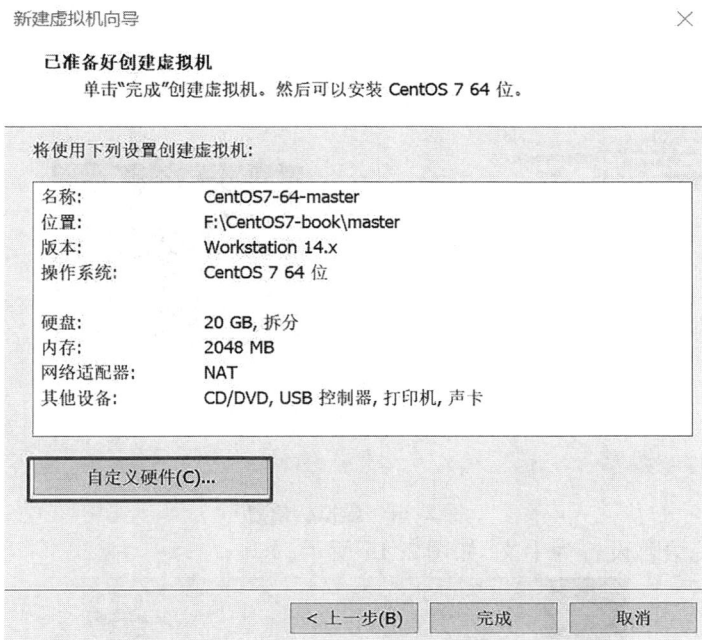

图 2.12　查看虚拟机设置

⑭在"自定义硬件"这里，可以更改虚拟机的设置。选择"新 CD/DVD（IDE）"，设备状态勾选"启动时连接"。选择"使用 ISO 映像文件"，找到映像文件位置，主节点选择"CentOS-7-x86_64-DVD-1810.iso"，两个从节点选择"CentOS-7-x86_64-Minimal-1810.iso"，最后单击"关闭"按钮，如图 2.13 所示。

图 2.13　指定 ISO 映像文件

⑮配置完成后，可在 VMware Workstation 中看到之前配置的虚拟机和相关硬件设置，可单击"编辑虚拟机设置"修改相关配置，如图 2.14 所示。按照上述步骤，再配置好"CentOS7-64-slave1"和"CentOS7-64-slave2"。

⑯单击图 2.14 中的"开启此虚拟机"，将启动该虚拟机进行 CentOS 的安装。注意，鼠标

的热点在主机和客户机之间切换,可按快捷键"Ctrl + Alt"。

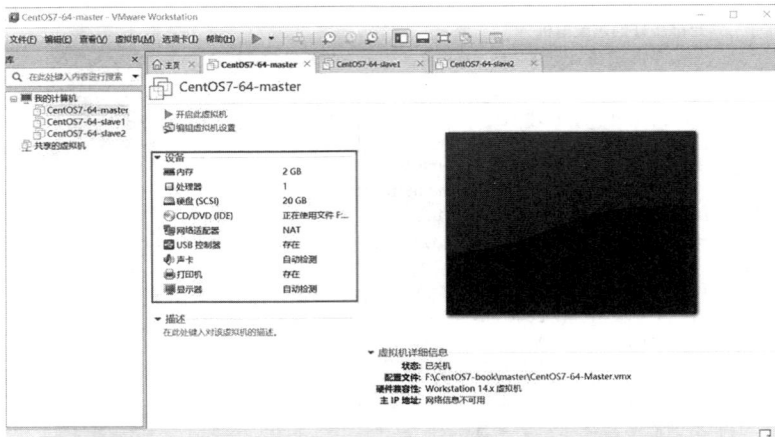

图 2.14　虚拟机信息

⑰将操作系统语言设置为中文,如图 2.15 所示。

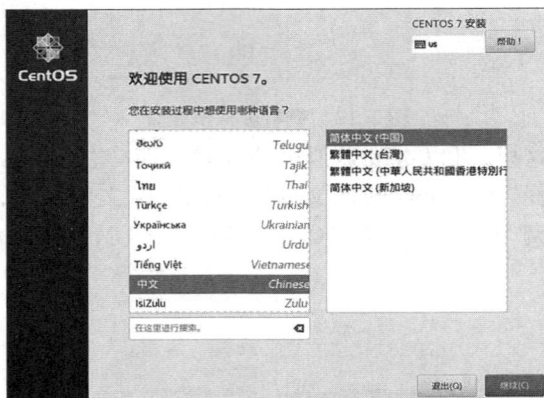

图 2.15　设置中文

⑱软件选择,slave1 和 slave2 直接使用默认的"最小安装",如图 2.16 所示。因为 master 安装的是桌面版,所以在"软件选择"这里需要选择"GNOME 桌面",如图 2.17 所示。

图 2.16　软件选择

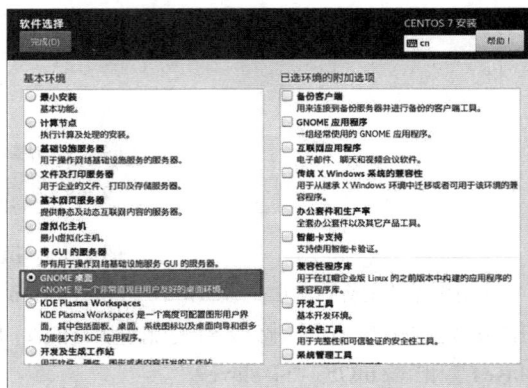

图 2.17　选择 GNOME 桌面

⑲单击"安装位置",选择硬盘分区方案,使用默认的自动分区,如图 2.18 和图 2.19 所示。另外,在安装过程中,凡是出现黄色叹号的地方都要单击进入进行设置,消除掉黄色叹号,才能正常进行安装。

图 2.18　选择安装位置

图 2.19　选择自动分区方案

⑳以上安装选项设置好后,单击"开始安装"按钮即可进行 CentOS 的安装,图 2.20 所示为桌面版安装信息,图 2.21 所示为 mini 版安装信息。

图 2.20　桌面版(master)安装信息

图 2.21　mini 版(slave1 和 slave2)安装信息

㉑单击图 2.22 中的"ROOT 密码",进入图 2.23 所示界面,进行 ROOT 密码设置,将密码设置为"root123",单击左上角"完成"按钮两次即可。

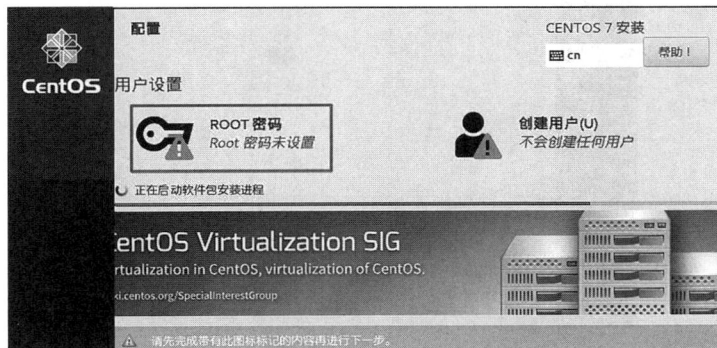

图 2.22　密码设置

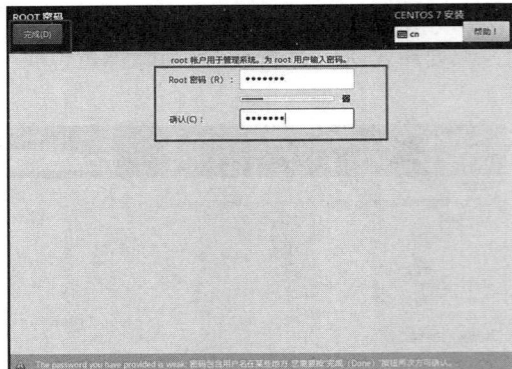

图 2.23　设置密码

㉒单击图 2.22 中的"创建用户",进入图 2.24 所示的界面进行用户的创建,设置用户名为"apache",密码为"apache123",单击两次左上角的"完成"按钮,之后便等待系统安装完成。为了系统安全性的考虑,一般不直接使用超级用户 root,而需要创建一个新的用户。也可以跳过这一步直接进行系统的安装,等系统安装完成后再进入系统使用 Linux 命令进行新用户的创建。

㉓安装完成后单击"重启"按钮,即可进入 CentOS 7 操作系统,如图 2.25 所示。

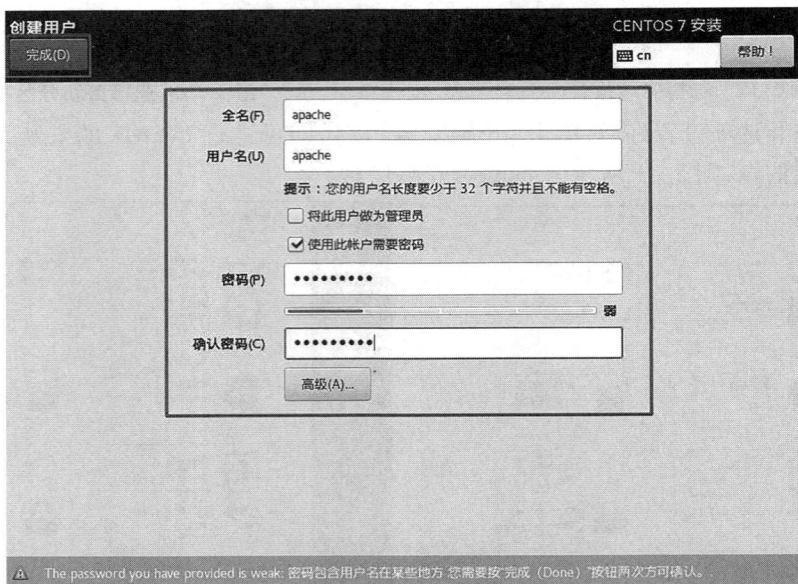

图 2.24　创建新用户

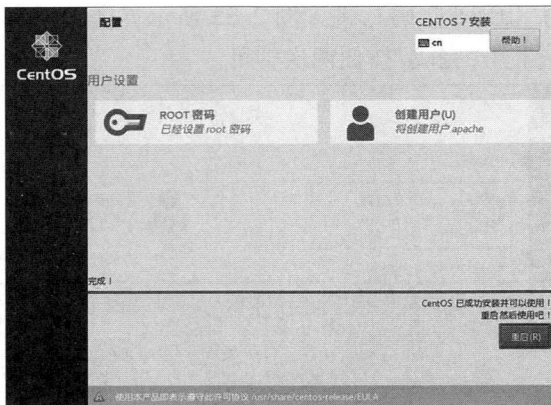

图 2.25　安装完成

2.2　Linux 系统网络配置

2.2.1　配置静态 IP

CentOS 系统安装完成后,为了使 IP 地址固定,需要配置静态 IP。IP 地址划分,见表 2.1。

表 2.1　IP 地址划分

名　称	IP 地址	子网掩码
网关	192.168.6.2	255.255.255.0
master	192.168.6.100	255.255.255.0
slave1	192.168.6.101	255.255.255.0
slave2	192.168.6.102	255.255.255.0

配置静态 IP 过程如下:

(1)设置虚拟机网关

单击 VMware Workstation 的“编辑”,选择下拉菜单中的“虚拟网络编辑器”,弹出如图2.26 所示的对话框。选择虚拟网卡“VMnet8”,此时 VMnet 信息呈灰色的状态,不可更改。单击右下角“更改设置”按钮,VMnet 信息变为可更改模式,如图 2.27 所示。

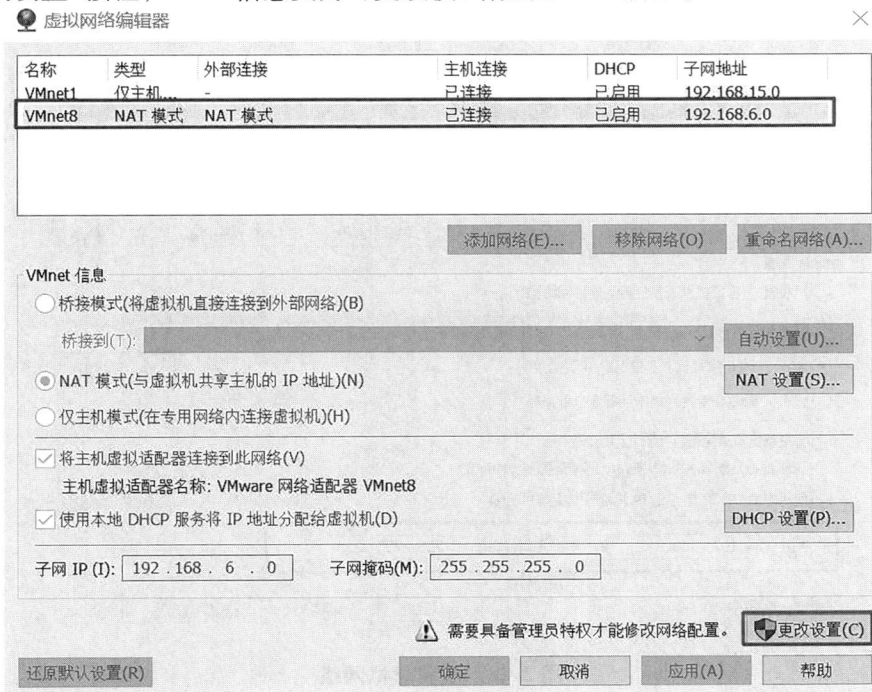

图 2.26　虚拟网络编辑器

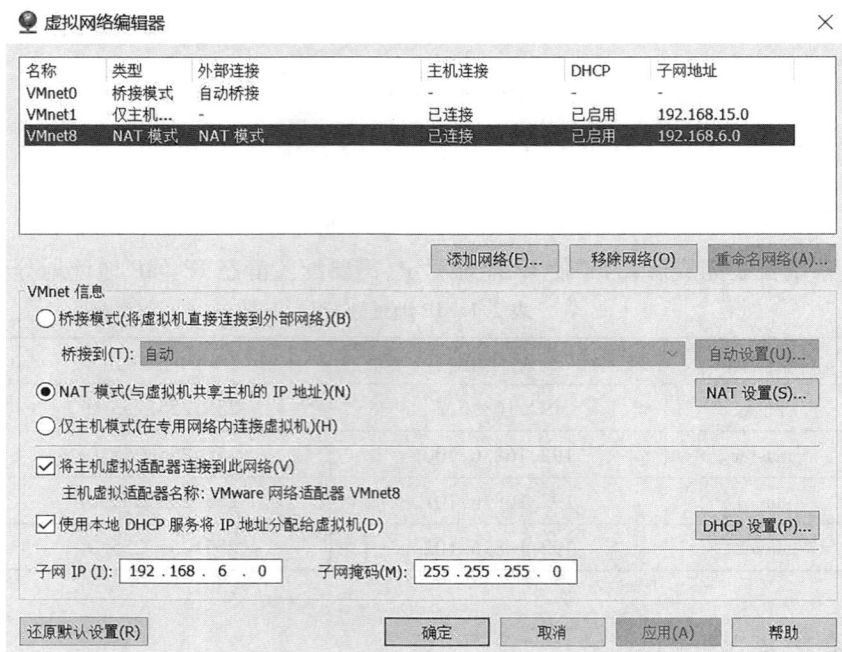

图 2.27　更改网络配置

在图 2.28 所示窗口中选择网卡"VMnet8"，设置子网 IP 为"192.168.6.0"，子网掩码为"255.255.255.0"。单击"NAT 设置"，设置网关 IP 为"192.168.6.2"，如图 2.29 所示。

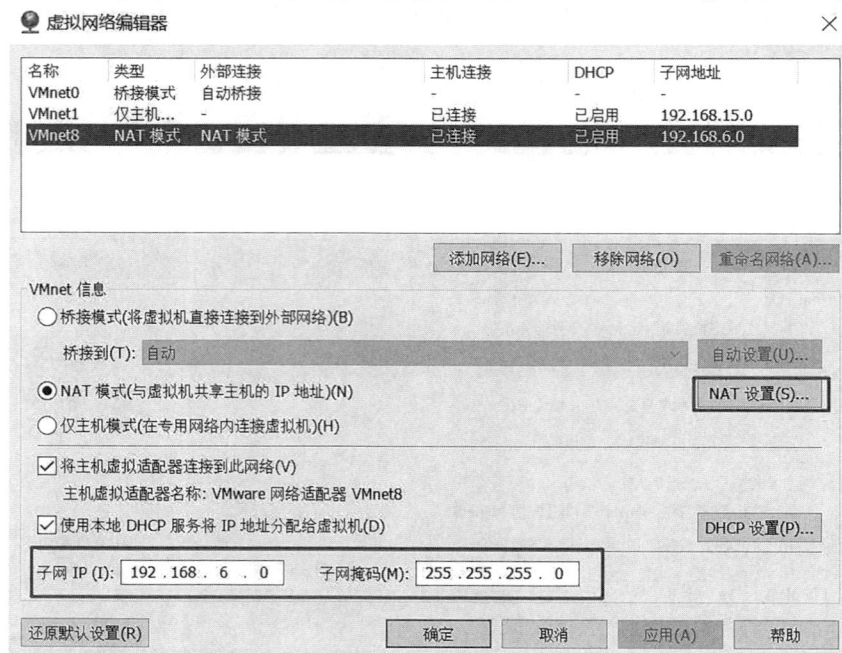

图 2.28　配置虚拟网络

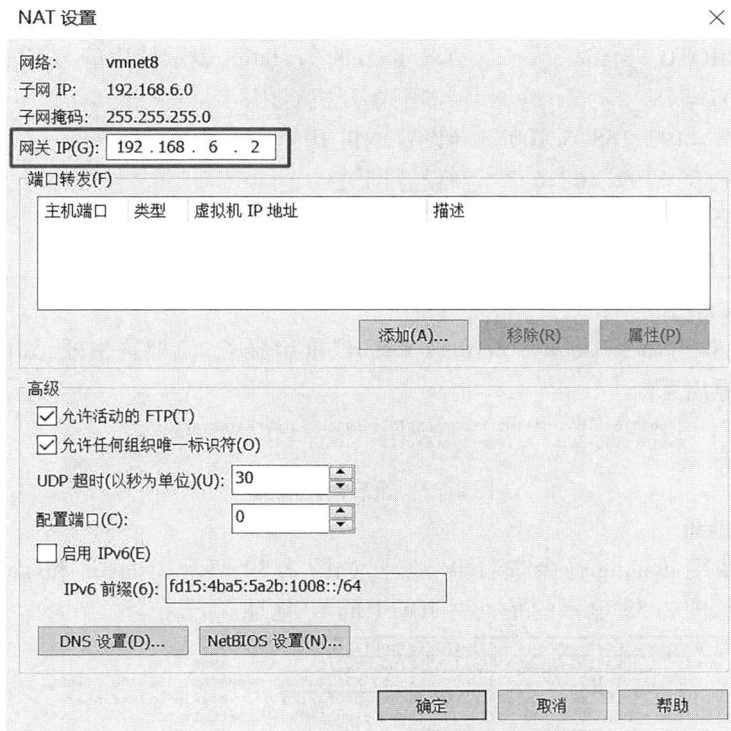

图 2.29　设置网关

(2) 修改网络配置

开启三个虚拟机,使用 root 账户登录。执行命令"vi /etc/sysconfig/network-scripts/ifcfg-ens33",修改"ifcfg-ens33"文件。mater 节点修改内容如图 2.30 所示(在键盘上按"i"键进行编辑;按"Esc"键退出编辑状态;输入":wq"命令进行保存并退出),slave1 和 slave2 修改为对应的 IP 地址。

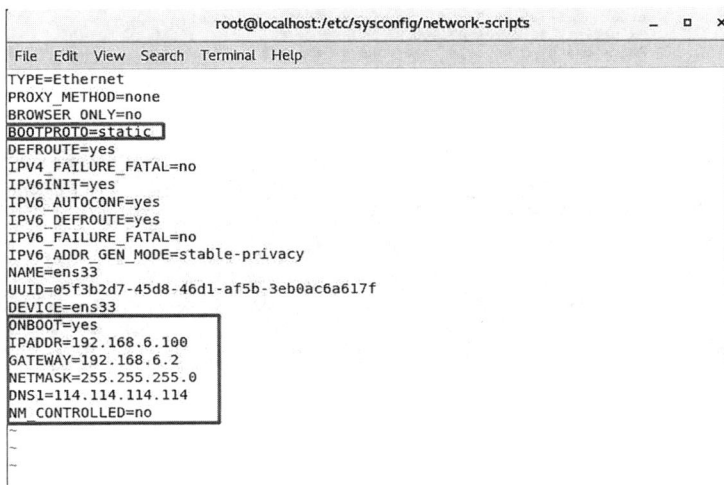

图 2.30　修改网络配置

配置中的属性说明如下：

BOOTPROTO = static	#将 dhcp 改为 static，表示使用静态 IP 地址
ONBOOT = yes	#本配置开机启用
IPADDR = 192.168.6.100	#设置本机 IP
GATEWAY = 192.168.6.2	#设置网关
NETMASK = 255.255.255.0	#子网掩码
DNS1 = 114.114.114.114	#设置 DNS

（3）使配置文件生效

配置完毕后，执行命令"service network restart"重启服务，使配置生效，如图 2.31 所示，也可以直接 reboot 重启系统。

```
[root@localhost network-scripts]# service network restart
Restarting network (via systemctl):                        [  OK  ]
```

图 2.31　重启网络服务

（4）查看 IP 地址

master 可以使用 ifconfig 命令查看 IP 地址，如图 2.32 所示。slave1 和 slave2 使用"ip addr"命令进行查看，图 2.33 显示的是查看 slave1 的 IP 地址。

```
[root@localhost network-scripts]# ifconfig
ens33: flags=4163<UP,BROADCAST,RUNNING,MULTICAST>  mtu 1500
        inet 192.168.6.100  netmask 255.255.255.0  broadcast 192.168.6.255
        inet6 fe80::20c:29ff:fe0c:1d36  prefixlen 64  scopeid 0x20<link>
        ether 00:0c:29:0c:1d:36  txqueuelen 1000  (Ethernet)
        RX packets 10  bytes 2149 (2.0 KiB)
        RX errors 0  dropped 0  overruns 0  frame 0
        TX packets 34  bytes 4547 (4.4 KiB)
        TX errors 0  dropped 0 overruns 0  carrier 0  collisions 0

lo: flags=73<UP,LOOPBACK,RUNNING>  mtu 65536
        inet 127.0.0.1  netmask 255.0.0.0
        inet6 ::1  prefixlen 128  scopeid 0x10<host>
        loop  txqueuelen 1000  (Local Loopback)
        RX packets 736  bytes 63904 (62.4 KiB)
        RX errors 0  dropped 0  overruns 0  frame 0
        TX packets 736  bytes 63904 (62.4 KiB)
        TX errors 0  dropped 0 overruns 0  carrier 0  collisions 0

virbr0: flags=4099<UP,BROADCAST,MULTICAST>  mtu 1500
        inet 192.168.122.1  netmask 255.255.255.0  broadcast 192.168.122.255
        ether 52:54:00:f9:2d:64  txqueuelen 1000  (Ethernet)
        RX packets 0  bytes 0 (0.0 B)
        RX errors 0  dropped 0  overruns 0  frame 0
        TX packets 0  bytes 0 (0.0 B)
        TX errors 0  dropped 0 overruns 0  carrier 0  collisions 0
```

图 2.32　查看 master 主机的 IP 地址

```
[root@localhost network-scripts]# ip addr
1: lo: <LOOPBACK,UP,LOWER_UP> mtu 65536 qdisc noqueue state UNKNOWN group default qlen 1000
    link/loopback 00:00:00:00:00:00 brd 00:00:00:00:00:00
    inet 127.0.0.1/8 scope host lo
       valid_lft forever preferred_lft forever
    inet6 ::1/128 scope host
       valid_lft forever preferred_lft forever
2: ens33: <BROADCAST,MULTICAST,UP,LOWER_UP> mtu 1500 qdisc pfifo_fast state UP group default qlen 10
00
    link/ether 00:0c:29:63:88:d8 brd ff:ff:ff:ff:ff:ff
    inet 192.168.6.101/24 brd 192.168.6.255 scope global ens33
       valid_lft forever preferred_lft forever
    inet6 fe80::20c:29ff:fe63:88d8/64 scope link
       valid_lft forever preferred_lft forever
```

图 2.33　查看 slave1 的 IP 地址

（5）进行网络连通性测试

网络配置完成后，还需要进行连通性测试，使用 ping 命令进行测试。如图 2.34 所示，执行命令"ping www.baidu.com"以及三台主机之间互 ping，都可以 ping 通，说明网络配置成功。注意，在 ping 的过程中可以按快捷键"Ctrl + C"停止数据包传送。

```
[root@localhost network-scripts]# ping www.baidu.com
PING www.a.shifen.com (39.156.66.18) 56(84) bytes of data.
64 bytes from 39.156.66.18 (39.156.66.18): icmp_seq=1 ttl=128 time=14.8 ms
64 bytes from 39.156.66.18 (39.156.66.18): icmp_seq=2 ttl=128 time=15.4 ms
^C
--- www.a.shifen.com ping statistics ---
2 packets transmitted, 2 received, 0% packet loss, time 1002ms
rtt min/avg/max/mdev = 14.812/15.138/15.465/0.348 ms
[root@localhost network-scripts]# ping 192.168.6.100
PING 192.168.6.100 (192.168.6.100) 56(84) bytes of data.
64 bytes from 192.168.6.100: icmp_seq=1 ttl=64 time=0.042 ms
64 bytes from 192.168.6.100: icmp_seq=2 ttl=64 time=0.110 ms
^C
--- 192.168.6.100 ping statistics ---
2 packets transmitted, 2 received, 0% packet loss, time 1000ms
rtt min/avg/max/mdev = 0.042/0.076/0.110/0.034 ms
[root@localhost network-scripts]# ping 192.168.6.101
PING 192.168.6.101 (192.168.6.101) 56(84) bytes of data.
64 bytes from 192.168.6.101: icmp_seq=1 ttl=64 time=0.386 ms
64 bytes from 192.168.6.101: icmp_seq=2 ttl=64 time=0.733 ms
^C
--- 192.168.6.101 ping statistics ---
2 packets transmitted, 2 received, 0% packet loss, time 999ms
rtt min/avg/max/mdev = 0.386/0.559/0.733/0.175 ms
[root@localhost network-scripts]# ping 192.168.6.102
PING 192.168.6.102 (192.168.6.102) 56(84) bytes of data.
64 bytes from 192.168.6.102: icmp_seq=1 ttl=64 time=0.553 ms
64 bytes from 192.168.6.102: icmp_seq=2 ttl=64 time=1.23 ms
^C
--- 192.168.6.102 ping statistics ---
2 packets transmitted, 2 received, 0% packet loss, time 1001ms
rtt min/avg/max/mdev = 0.553/0.893/1.233/0.340 ms
```

图 2.34　网络连通性测试

2.2.2　设置 hostname

修改三个虚拟机的主机名，执行命令"vi /etc/hostname"，将原文件中的 localhost. localdomain 分别改为 master、slave1 和 slave2。修改完成后重启虚拟机，此时，可以看到主机名由原来的 localhost 变成了对应的 master、slave1 和 slave2，如图 2.35 所示。

```
slave1 login: root
Password:
Last login: Tue Jan  7 14:07:02 on tty1
[root@slave1 ~]#
```

图 2.35　slave1 主机名配置成功

2.2.3　配置 hostname 和 IP 之间的对应关系

执行命令"vi /etc/hosts"，修改 IP 和主机名的对应关系。在文件中添加如图 2.36 所示的内容。三个虚拟机均需要进行修改。

```
127.0.0.1   localhost localhost.localdomain localhost4 localhost4.localdomain4
::1         localhost localhost.localdomain localhost6 localhost6.localdomain6
192.168.6.100 master
192.168.6.101 slave1
192.168.6.102 slave2
```

图 2.36　配置 IP 和主机名的对应关系

保存并退出后，三个虚拟机互 ping 主机名，如果能 ping 通，说明配置成功，如图 2.37 所示。

```
[root@master ~]# ping slave1
PING slave1 (192.168.6.101) 56(84) bytes of data.
64 bytes from slave1 (192.168.6.101): icmp_seq=1 ttl=64 time=0.692 ms
64 bytes from slave1 (192.168.6.101): icmp_seq=2 ttl=64 time=0.444 ms
^C
--- slave1 ping statistics ---
2 packets transmitted, 2 received, 0% packet loss, time 1000ms
rtt min/avg/max/mdev = 0.444/0.568/0.692/0.124 ms
[root@master ~]# ping slave2
PING slave2 (192.168.6.102) 56(84) bytes of data.
64 bytes from slave2 (192.168.6.102): icmp_seq=1 ttl=64 time=0.548 ms
64 bytes from slave2 (192.168.6.102): icmp_seq=2 ttl=64 time=0.260 ms
^C
--- slave2 ping statistics ---
2 packets transmitted, 2 received, 0% packet loss, time 1004ms
rtt min/avg/max/mdev = 0.260/0.404/0.548/0.144 ms
```

图 2.37　ping 主机名

2.3　创建普通用户

为了系统安全,一般不直接使用 root 用户来搭建 Hadoop 集群,而是创建普通用户。可以选择在安装系统的过程中创建用户,也可以在系统安装完成后,使用 useradd 命令创建新用户。本节将介绍如何使用 useradd 命令创建新用户。

在 Linux 终端中使用"useradd -m apache"命令创建一个普通用户 apache,此时,在"/home"目录下就多了一个名为"apache"的目录,它就是刚刚创建的普通用户 apache 的目录。

在 root 用户下可以使用 passwd 命令为刚刚创建的 apache 用户设置密码,如图 2.38 所示。创建完成后,就可以在终端使用 su 命令进行用户之间的切换。

```
[root@master ~]# passwd apache
Changing password for user apache.
New password:
BAD PASSWORD: The password contains the user name in some form
Retype new password:
passwd: all authentication tokens updated successfully.
```

图 2.38　修改 apache 用户的密码

如果想删除已经创建的用户,可以使用"userdel -rf apache"命令来强制删除 apache 用户和对应的 home 目录。

2.4　构建 Hadoop 完全分布式集群环境

Hadoop 的运行模式主要有三种,即单机模式、伪分布式模式和完全分布式模式。单机模式是 Hadoop 的默认模式,可以满足简单的测试工作,但一般不采用。伪分布式模式是指所有守护进程都运行在一个节点上,也就是说,一台主机上既有 master 进程,又有 worker 进程。完全分布式模式是指 Hadoop 守护进程运行在多个节点上,采用主从结构。本书构建的是完全分布式模式,涉及三台主机,分别为一个主节点和两个从节点。主节点为 master,两个从节点分别为 slave1 和 slave2。

2.4.1　集群规划

在构建 Hadoop 完全分布式集群前,先进行集群规划。

①用户规划。所有节点都使用普通用户 apache 来进行操作,在构建过程中一定要特别注意使用的账户是否是 apache,如果用了别的账户(比如 root),就会导致安装的软件或者创建的目录因为权限问题而最终无法正常使用。

②IP 地址规划。静态 IP 地址已在 2.2 节进行设计,其具体的 IP 设置见表 2.1。

③目录规划。为了统一各个节点软件及数据的路径,需要对构建的集群进行目录规划。所有节点的目录需要提前使用 apache 用户创建,并赋予合理的权限。表 2.2 列出了四个常用的目录,还有一些目录会在构建过程中具体给出。

表 2.2　目录规划

名　称	路　径
安装包存放目录	/home/apache/package/
软件安装目录	/home/apache/soft/
数据目录	/home/apache/data/
日志目录	/home/apache/log/

2.4.2　禁用防火墙

必须关闭所有节点的防火墙,否则可能导致节点无法访问。查看防火墙状态,在终端输入命令"systemctl status firewalld. service",如果显示 active(running)则表示防火墙是开启状态,需要进行关闭,如图 2.39 所示。

```
[root@master apache]# systemctl status firewalld.service
● firewalld.service - firewalld - dynamic firewall daemon
   Loaded: loaded (/usr/lib/systemd/system/firewalld.service; disabled; vendor p
reset: enabled)
   Active: active (running) since Wed 2020-03-25 15:12:15 CST; 1s ago
     Docs: man:firewalld(1)
 Main PID: 9584 (firewalld)
    Tasks: 2
   CGroup: /system.slice/firewalld.service
           └─9584 /usr/bin/python -Es /usr/sbin/firewalld --nofork --nopid

Mar 25 15:12:14 master systemd[1]: Starting firewalld - dynamic firewall da.....
Mar 25 15:12:15 master systemd[1]: Started firewalld - dynamic firewall daemon.
Hint: Some lines were ellipsized, use -l to show in full.
```

图 2.39　查看防火墙状态

禁用防火墙需要在终端输入两条命令,第一条命令"systemctl stop firewalld. service",用于停止防火墙,但重新开机后防火墙服务仍会自动启动,因此,还需要输入第二条命令"systemctl disable firewalld. service",用于禁止防火墙开机启动。执行完这两条命令后,再查看防火墙状态,可以看到防火墙已关闭,如图 2.40 所示。

```
[root@master ~]# systemctl stop firewalld.service
[root@master ~]# systemctl disable firewalld.service
Removed symlink /etc/systemd/system/multi-user.target.wants/firewalld.service.
Removed symlink /etc/systemd/system/dbus-org.fedoraproject.FirewallD1.service.
[root@master ~]# systemctl status firewalld.service
● firewalld.service - firewalld - dynamic firewall daemon
   Loaded: loaded (/usr/lib/systemd/system/firewalld.service; disabled; vendor p
reset: enabled)
   Active: inactive (dead)
     Docs: man:firewalld(1)

Jan 07 15:27:36 master systemd[1]: Starting firewalld - dynamic firewall da.....
Jan 07 15:27:38 master systemd[1]: Started firewalld - dynamic firewall daemon.
Jan 07 15:33:04 master systemd[1]: Stopping firewalld - dynamic firewall da.....
Jan 07 15:33:05 master systemd[1]: Stopped firewalld - dynamic firewall daemon.
Hint: Some lines were ellipsized, use -l to show in full.
```

图 2.40　禁用防火墙

2.4.3　时钟同步

所有节点的系统时间都要与当前时间保持一致,所有节点均需做如下操作来与 NTP 服务器进行时间同步。

①查看系统当前时间,如图 2.41 所示。如果系统时间与当前时间不一致,则需要修改本

27

地时区配置,如图 2.42 所示。

②根据 NTP 服务器来同步时间,如图 2.43 所示。

```
[root@master ~]# date
Tue Jan  7 15:55:02 CST 2020
```

图 2.41　查看系统当前时间

```
[root@master ~]# cd /usr/share/zoneinfo/Asia
[root@master Asia]# ls
Aden        Chongqing    Jerusalem    Novokuznetsk    Tbilisi
Almaty      Chungking    Kabul        Novosibirsk     Tehran
Amman       Colombo      Kamchatka    Omsk            Tel_Aviv
Anadyr      Dacca        Karachi      Oral            Thimbu
Aqtau       Damascus     Kashgar      Phnom_Penh      Thimphu
Aqtobe      Dhaka        Kathmandu    Pontianak       Tokyo
Ashgabat    Dili         Katmandu     Pyongyang       Tomsk
Ashkhabad   Dubai        Khandyga     Qatar           Ujung_Pandang
Atyrau      Dushanbe     Kolkata      Qyzylorda       Ulaanbaatar
Baghdad     Famagusta    Krasnoyarsk  Rangoon         Ulan_Bator
Bahrain     Gaza         Kuala_Lumpur Riyadh          Urumqi
Baku        Harbin       Kuching      Saigon          Ust-Nera
Bangkok     Hebron       Kuwait       Sakhalin        Vientiane
Barnaul     Ho_Chi_Minh  Macao        Samarkand       Vladivostok
Beirut      Hong_Kong    Macau        Seoul           Yakutsk
Bishkek     Hovd         Magadan      Shanghai        Yangon
Brunei      Irkutsk      Makassar     Singapore       Yekaterinburg
Calcutta    Istanbul     Manila       Srednekolymsk   Yerevan
Chita       Jakarta      Muscat       Taipei
Choibalsan  Jayapura     Nicosia      Tashkent
[root@master Asia]# cp Shanghai /etc/localtime
```

图 2.42　修改本地时区配置

yum install ntp	#如果 ntp 命令不存在,在线安装 ntp
ntpdate pool. ntp. org	#执行此命令同步日期时间
date	#查看当前系统时间

```
[root@master Asia]# ntpdate pool.ntp.org
 7 Jan 16:13:45 ntpdate[20873]: adjust time server 193.182.111.141 offset 0.0023
56 sec
```

图 2.43　根据 NTP 服务器同步时间

2.4.4　配置 SSH 免密钥登录

SSH 是一种加密的网络传输协议,可以在不安全的网络中为网络服务提供安全的传输环境。SSH 免密钥登录可以使登录信息不会遭到泄露,同时也简化、方便了系统之间的登录操作,提高了工作效率。Hadoop 中的 NameNode 和 DataNode 数据通信采用了 SSH 协议,因此,需要配置各节点之间的 SSH 免密钥登录。

因为 SSH 免密钥登录的功能与用户密切相关,所以需要指定为哪一个用户配置 SSH 免密钥登录。本书为 apache 用户进行配置,对其他用户的配置方法是一样的。注意,以下操作均在 apache 用户下执行,且三个节点均需执行步骤①~⑦的操作。

①在 apache 用户目录下,创建. ssh 目录,执行命令"mkdir /home/apache/. ssh"。

②在终端执行命令"ssh-keygen -t rsa",生成密钥对。其中,"ssh-keygen"是密钥生成器,"-t"是参数,"rsa"是一种非对称加密算法。生成的密钥对分别是公钥文件"id_rsa. pub"和私钥文件"id_rsa"。在这个过程中需要连续按四次回车键。如图 2.44 所示。

③切换到. ssh 目录"cd /home/apache/. ssh"。

④生成授权文件。将公钥文件"id_rsa. pub"中的内容复制到"authorized_keys"文件中,命令为"cat id_rsa. pub ＞＞ authorized_keys",如图 2.45 所示。

```
[apache@master ~]$ mkdir /home/apache/.ssh
[apache@master ~]$ ssh-keygen -t rsa
Generating public/private rsa key pair.
Enter file in which to save the key (/home/apache/.ssh/id_rsa):
Enter passphrase (empty for no passphrase):
Enter same passphrase again:
Your identification has been saved in /home/apache/.ssh/id_rsa.
Your public key has been saved in /home/apache/.ssh/id_rsa.pub.
The key fingerprint is:
SHA256:WaTirWFFhxmBdV7Q0qYXW2HW7tFeZzHyu3m29+GbB6E apache@master
The key's randomart image is:
+---[RSA 2048]----+
|        o===+. +o |
|       ..o*.=+.o. |
|        . o o+ +o.+|
|        . + o. o .o*|
|        + S  . . ==|
|       . o   E ..o|
|       .        oo|
|                 .oB|
|                 *O|
+----[SHA256]-----+
[apache@master ~]$ cd /home/apache/.ssh
[apache@master .ssh]$ ls
id_rsa  id_rsa.pub
```

图 2.44 master 节点生成密钥对

```
[apache@master ~]$ cd .ssh
[apache@master .ssh]$ ls
id_rsa  id_rsa.pub
[apache@master .ssh]$ cat id_rsa.pub >> authorized_keys
[apache@master .ssh]$ ls
authorized_keys  id_rsa  id_rsa.pub
```

图 2.45 生成授权文件

⑤对.ssh 目录及文件赋予权限,输入以下两条命令:

```
chmod 700 /home/apache/.ssh
chmod 600 /home/apache/.ssh/ *
```

⑥各节点使用 SSH 登录各自主机进行测试,第一次登录需要输入"yes"进行确认,第二次及以后登录则不需要输入任何内容。如图 2.46 所示为使用 SSH 命令登录 slave2。

```
[apache@slave2 .ssh]$ chmod 700 /home/apache/.ssh
[apache@slave2 .ssh]$ chmod 600 /home/apache/.ssh/*
[apache@slave2 .ssh]$ ssh slave2
The authenticity of host 'slave2 (192.168.6.102)' can't be established.
ECDSA key fingerprint is SHA256:AxwuR7fbhoVwktvwEyO9BRhfBlrQMivWPAO/SsyWXfA.
ECDSA key fingerprint is MD5:2a:5f:c5:fb:c5:24:bb:d1:5f:2d:fd:8d:17:ca:ca:f2.
Are you sure you want to continue connecting (yes/no)? yes
Warning: Permanently added 'slave2,192.168.6.102' (ECDSA) to the list of known hosts.
Last login: Wed Jan  8 13:37:43 2020 from slave2
[apache@slave2 ~]$ ssh slave2
Last login: Wed Jan  8 13:49:43 2020 from slave2
```

图 2.46 使用 SSH 命令登录 slave2

⑦将所有节点中的公钥"id_rsa.pub"复制到 master 中的"authorized_keys"文件中。在各节点的终端中执行命令"cat /home/apache/.ssh/id_rsa.pub | ssh apache@ master 'cat >> /home/apache/.ssh/authorized_keys'",slave1 和 slave2 执行过程中需要输入 master 节点的apache用户登录密码。

⑧切换到.ssh 目录,将 master 节点中的 authorized_keys 文件分发到 slave1 和 slave2,需要输入 slave1 和 slave2 的 apache 用户登录密码。

⑨登录测试。完成上述操作后,master、slave1 和 slave2 互相之间使用 SSH 进行登录,如果都能免密钥登录,说明 SSH 配置成功。如图 2.47 所示为在 master 节点进行 SSH 登录测试。

```
[apache@master .ssh]$ ssh master
Last login: Wed Jan  8 13:45:47 2020 from master
[apache@master ~]$ ssh slave1
Last login: Wed Jan  8 13:48:37 2020 from slave1
[apache@slave1 ~]$ ssh master
Last login: Wed Jan  8 13:59:11 2020 from master
[apache@master ~]$ ssh slave2
Last login: Wed Jan  8 13:49:46 2020 from slave2
[apache@slave2 ~]$ ssh master
Last login: Wed Jan  8 13:59:19 2020 from slave1
```

图 2.47 master 节点进行 SSH 免密钥登录测试

2.4.5　JDK 的安装与配置

本书采用的 JDK 的版本为 JDK 1.8,具体的安装与配置过程如下。

①在 master 节点的 apache 用户下进行如下操作:

a. 创建目录"/home/apache/package"和"/home/apache/soft"。

b. 将本地的"jdk-8u211-linux-x64. tar. gz"通过 xftp 上传到 master 节点的"/home/apache/package"目录下,注意 xftp 与 master 连接时使用 apache 用户建立连接。

c. 进行解压。切换到"/home/apache/package"目录下,将 JDK 安装包解压到"/home/apache/soft"目录中。在终端中执行命令"tar -zvxf jdk-8u211-linux-x64. tar. gz -C /home/apache/soft"。

```
[apache@ master  ~ ] $ mkdir /home/apache/package          #创建 package 目录
[apache@ master  ~ ] $ mkdir /home/apache/soft             #创建 soft 目录
[apache@ master  ~ ] $ cd /home/apache/package
[apache@ master package] $ ls
jdk-8u211-linux-x64. tar. gz
[apache@ master package] $ tar -zvxf jdk-8u211-linux-x64. tar. gz -C /home/apache/soft
                                                           #进行解压
```

解压成功后,切换到 soft 目录下,可以看到新增了一个"jdk1.8.0_211"的目录。

```
[apache@ master soft] $ cd  ~ /app
[apache@ master soft] $ ls
jdk1.8.0_211
```

d. 将 JDK 分发给 slave1 和 slave2。首先在 slave1 和 slave2 中新建目录"/home/apache/soft",然后在 master 终端中执行下面的两条命令,将 master 的 JDK 安装文件分发给 slave1 和 slave2。

```
scp -r /home/apache/soft/jdk1.8.0_211 slave1: ~ /apache/soft/
scp -r /home/apache/soft/jdk1.8.0_211 slave2: ~ /apache/soft/
```

分发完成后,登录到 slave1 和 slave2 主机,可以在"/home/apache/soft"目录下看到新增了一个"jdk1.8.0_211"的目录。

②修改环境变量,将 JDK 安装目录配置到环境变量中。三个节点均切换到 root 用户进行环境变量的修改,在终端执行命令"vi /etc/profile",定位到文末,添加内容如图 2.48 所示。

```
unset i
unset -f pathmunge
export JAVA_HOME=/home/apache/soft/jdk1.8.0_211
export PATH=$PATH:$JAVA_HOME/bin:$JAVA_HOME/jre/bin
export CLASSPATH=$CLASSPATH:.:$JAVA_HOME/lib:$JAVA_HOME/jre/lib
```

图 2.48　在环境变量中配置 JDK 路径

修改完成后一定要执行命令"source /etc/profile",使配置生效。

③测试 JDK 是否安装成功,使用命令"javac""java"和"java -version",有正确输出则配置成功。如果提示"command not found",则说明配置错误。注意,如果使用"java -version"显示出的 JDK 版本不是 JDK 1.8.0_211,则需要将默认的版本删除,这是因为 master 桌面版自带

有 JDK。

2.4.6　Hadoop 安装

Hadoop 的安装过程如下：

①下载 Hadoop 安装包"hadoop-2.7.7. tar. gz"，通过 xftp 上传到 master 的"/home/apache/package"目录下。注意，xftp 需要使用 apache 用户与 master 建立连接。

②切换到"/home/apache/package"，将 hadoop-2.7.7. tar. gz 解压到"/home/apache/soft"目录下。命令为" tar -zvxf hadoop-2. 7. 7. tar. gz -C /home/apache/soft/"。解压完成后，"/home/apache/soft"目录下增加了一个名为"hadoop-2.7.7"的目录。

至此，Hadoop 安装完成。

2.4.7　修改 Hadoop 配置文件

修改 Hadoop 的配置文件一定要在 apache 用户下操作，否则会由于权限问题而导致 Hadoop 集群配置失败。首先切换到 Hadoop 的配置文件目录"cd /home/apache/hadoop-2.7.7/etc/hadoop/"，然后修改相应的配置文件。

(1)修改"hadoop-env. sh"

在 Hadoop 中，以 env. sh 结尾的文件通常是配置所需的环境变量。"hadoop-env. sh"文件主要配置与 Hadoop 环境相关的变量。使用"vi hadood-env. sh"打开文件，修改"JAVA_HOME"的安装路径："export JAVA_HOME =/home/apache/soft/jdk1.8.0_211"。

(2)修改"core-site. xml"

"core-site. xml"是 Hadoop 的全局配置文件，主要配置 Hadoop 的公有属性。首先递归创建目录"mkdir -p /home/apache/data/hdfs/tmp"，然后打开"core-site. xml"文件，用命令："vi core-site. xml"，修改该文件内容。

```
< configuration >
        < property >
                < name > fs. defaultFS </name >
                < value > hdfs://master:9000 </value >
        </property >
        < property >
                < name > hadoop. tmp. dir </name >
                < value >/home/apache/data/hdfs/tmp </value >
        </property >
</configuration >
```

配置中的属性说明如下：

fs. defaultFS	#设置集群的 hdfs 访问路径
hadoop. tmp. dir	#指定 NameNode、DataNode 等存放数据的公共目录

(3)修改"hdfs-site. xml"

"hdfs-site. xml"文件主要配置和 HDFS 相关的属性。

dfs. replication	#设置数据块副本存放个数
dfs. name. dir	#设置 NameNode 的存放路径
dfs. data. dir	#设置 DataNode 的存放路径
dfs. permissions	#dfs 的权限配置
dfs. permissions. enabled	#dfs 的权限配置

在"/home/apache/data/hdfs"目录下新建 name 和 data 目录,接着打开"hdfs-site. xml"文件。

```
[apache@ master ~] $ mkdir /home/apache/data/hdfs/name
[apache@ master ~] $ mkdir /home/apache/data/hdfs/data
[apache@ master ~] $ cd /home/apache/soft/hadoop-2. 7. 7/etc/hadoop
[apache@ master hadoop] $ vi hdfs-site. xml
```

修改"hdfs-site. xml"文件内容如下:

```
< configuration >
        < property >
                < name > dfs. replication </ name >
                < value >2 </ value >
        </ property >
        < property >
                < name > dfs. name. dir </ name >
                < value >/home/apache/data/hdfs/name </ value >
        </ property >
        < property >
                < name > dfs. data. dir </ name >
                < value >/home/apache/data/hdfs/data </ value >
        </ property >
        < property >
                < name > dfs. permissions </ name >
                < value > false </ value >
        </ property >
        < property >
                < name > dfs. permissions. enabled </ name >
                < value > false </ value >
        </ property >
</ configuration >
```

(4)修改"mapred-site. xml"

"mapred-site. xml"是 MapReduce 的配置文件,默认情况下 Hadoop 中没有该文件,可通过执行"cp mapred-site. xml. template mapred-site. xml"复制一个,并进行编辑。为了使提交的MapReduce程序运行在分布式模式,而不是本地 local 模式,可以指定由 YARN 作为 MapReduce

的程序运行框架。

```
< configuration >
        < property >
                < name > mapreduce. framework. name </name >
                < value > yarn </value >
        </property >
</configuration >
```

（5）修改"yarn-site. xml"

"yarn-site. xml"文件主要配置 YARN 的一些信息。编辑"yarn-site. xml"文件,添加内容如下:

```
< configuration >
        < property >
                < name > yarn. resourcemanager. address </name >
                < value > master:18032 </value >
        </property >
        < property >
                < name > yarn. resourcemanager. scheduler. address </name >
                < value > master:18030 </value >
        </property >
        < property >
                < name > yarn. resourcemanager. resource-tracker. address </name >
                < value > master:18031 </value >
        </property >
        < property >
                < name > yarn. resourcemanager. admin. address </name >
                < value > master:18141 </value >
        </property >
        < property >
                < name > yarn. resourcemanager. webapp. address </name >
                < value > master:8088 </value >
        </property >
        < property >
                < name > yarn. nodemanager. aux-services </name >
                < value > mapreduce_shuffle </value >
        </property >
</configuration >
```

各个属性说明如下:

```
yarn. resourcemanager. address    #设置客户端访问的 ResouceMannager 地址
yarn. resourcemanager. scheduler. address    #设置 ApplicationManager 的访问地址
yarn. resourcemanager. resource-tracker. address    #设置 NodeManager 的访问地址
yarn. resoucemanager. admin. address    #设置管理员的访问地址
yarn. resoucemanager. webapp. address    #设置对外 ResouceManager 的 Web 访问地址
yarn. nodemanager. aux-services    #配置用户自定义服务,此处配置的是 MapReduce 的Shuffle
```

(6)修改"slaves"文件

"slaves"文件主要根据集群规划配置 DataNode 节点所在的主机名,首先 master 节点通过该文件获得集群的子节点名称,然后再通过"/etc/hosts"文件得到各子节点对应的 IP,从而与自己进行通信。编辑 slaves 文件"vi slaves",将原文件中的 localhost 删除,替换为 slave1 和 slave2,如图 2.49 所示。

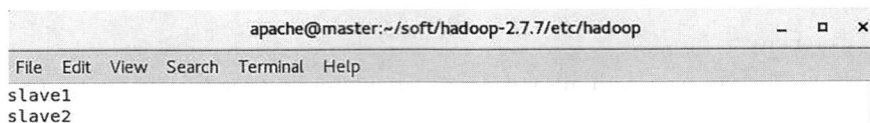

```
apache@master:~/soft/hadoop-2.7.7/etc/hadoop          _  □  ×
 File  Edit  View  Search  Terminal  Help
 slave1
 slave2
```

图 2.49　修改 slaves 文件

2.4.8　Hadoop 集群启停

(1)向所有节点分发 Hadoop 安装包

Hadoop 的配置文件修改完成后,将修改后的 Hadoop 安装文件分发给各个子节点。

```
scp -r /home/apache/soft/hadoop-2.7.7 slave1: ~ /soft/
scp -r /home/apache/soft/hadoop-2.7.7 slave2: ~ /soft/
```

(2)修改所有节点的环境变量

修改三个节点的环境变量。在 root 用户下执行命令"vi /etc/profile",在文件中添加 Hadoop 的环境变量,如图 2.50 所示。保存并退出后,执行"source /etc/profile"命令,使配置生效。

```
export JAVA_HOME=/home/apache/soft/jdk1.8.0_211
export HADOOP_HOME=/home/apache/soft/hadoop-2.7.7
export PATH=$PATH:$JAVA_HOME/bin:$JAVA_HOME/jre/bin:$HADOOP_HOME/bin:$HADOOP_HOME/sbin
export CLASSPATH=$CLASSPATH:.:$JAVA_HOME/lib:$JAVA_HOME/jre/lib
```

图 2.50　添加 Hadoop 环境变量

(3)格式化 NameNode

切换到 apache 用户,在 master 节点执行 NameNode 格式化操作,slave1 和 slave2 节点不用格式化。需要特别注意的是,NameNode 不能多次格式化,否则会导致 NameNode 和 DataNode 中的 clusterID 值不一致,从而使得 Hadoop 启动不正确。

```
[ root@ master hadoop]# su apache
[ apache@ master hadoop] $ hdfs namenode -format
```

（4）启动集群

在 master 的终端执行命令"start-all. sh"启动 Hadoop 集群,该命令可由"start-dfs. sh"和 "start-yarn. sh"代替,用于分别启动 HDFS 和 YARN。首次启动 Hadoop 时,会提示输入 yes 或 no,输入 yes,第二次及以后启动不会输入任何内容。启动完成后,在三个节点的终端输入 jps 命令,如果出现如图 2.51 至图 2.53 所示的进程,则表示 Hadoop 集群构建成功。

```
[apache@master soft]$ jps
13424 ResourceManager
13568 Jps
13266 SecondaryNameNode
13049 NameNode
```

```
[apache@slave1 soft]$ jps
7443 DataNode
7544 NodeManager
7644 Jps
```

```
[apache@slave2 soft]$ jps
7425 DataNode
7526 NodeManager
7626 Jps
```

図 2.51　master 进程　　　　図 2.52　slave1 进程　　　　図 2.53　slave2 进程

（5）关闭集群

在 master 的终端中输入命令"stop-all. sh",用于关闭整个 Hadoop 集群,如果只是关闭 HDFS,可使用"stop-hdfs. sh"命令。Hadoop 集群关闭后,在各个主机上通过 jps 命令查看进程 是否都正常关闭,如果还有"僵尸"进程存在,则使用 kill 命令将其杀死。

2.5　Hadoop 平台运行及测试

2.5.1　Web 页面查看 Hadoop 集群信息

Hadoop 集群启动后,可以在浏览器中查看集群运行情况。

在浏览器中输入"http://192.168.6.100:50070"(或"http://master:50070"),可以查看 HDFS 文件系统上存储的目录和文件等信息,如图 2.54 显示的是 NameNode 的信息。

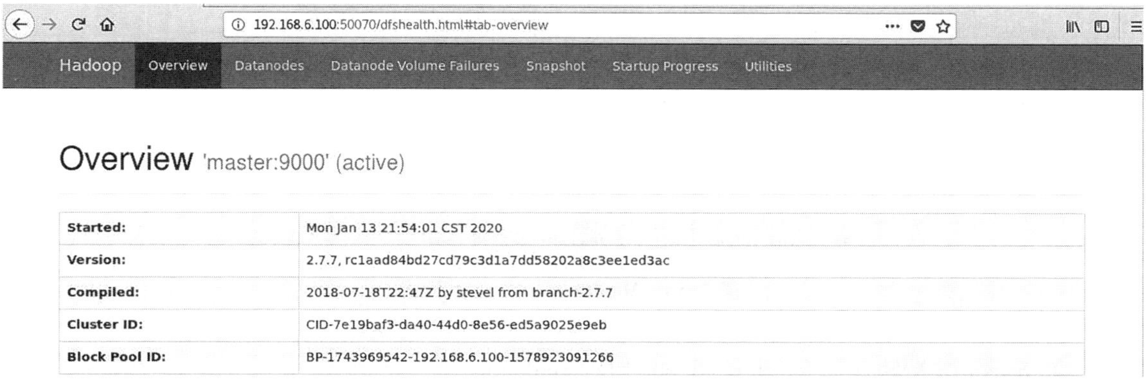

← → C ⌂	① 192.168.6.100:50070/dfshealth.html#tab-overview	⋯ ♡ ☆	Ⅲ\ ▥ ≡

Hadoop	Overview	Datanodes	Datanode Volume Failures	Snapshot	Startup Progress	Utilities

Overview 'master:9000' (active)

Started:	Mon Jan 13 21:54:01 CST 2020
Version:	2.7.7, rc1aad84bd27cd79c3d1a7dd58202a8c3ee1ed3ac
Compiled:	2018-07-18T22:47Z by stevel from branch-2.7.7
Cluster ID:	CID-7e19baf3-da40-44d0-8e56-ed5a9025e9eb
Block Pool ID:	BP-1743969542-192.168.6.100-1578923091266

図 2.54　NameNode 信息

在浏览器中输入"http://192.168.6.100:8088"(或"http://master:8088")显示 YARN Web 界面,可以查看作业执行的状态和进度等信息,如图 2.55 所示。

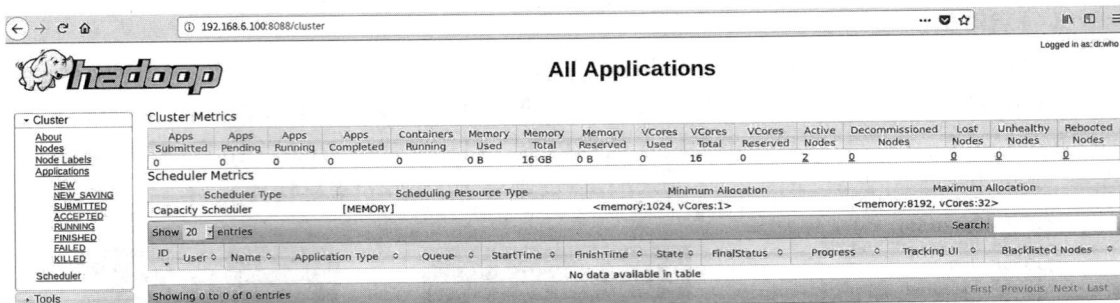

图 2.55　YARN Web 信息

2.5.2　测试运行 Hadoop 集群

可以在 master 节点上运行 Hadoop 的程序,以验证整个集群是否正常。

(1)运行 Hadoop 自带的 MapReduce 例子求 pi

切换到目录"/home/apache/soft/hadoop-2. 7. 7/share/hadoop/mapreduce/",运行命令 "hadoop jar hadoop-mapreduce-examples-2.7.7. jar pi 10 10",启动 10 个 Map 和 10 个 Reduce 任务求 pi 值,如果结果如图 2.56 所示,则表明 Hadoop 集群正常。

```
[apache@ master  ~ ] $ cd /home/apache/soft/hadoop-2.7.7/share/hadoop/mapreduce
[apache@ master mapreduce] $ hadoop jar hadoop-mapreduce-examples-2.7.7. jar pi 10 10
```

```
                          Reduce output records=0
                          Spilled Records=40
                          Shuffled Maps =10
                          Failed Shuffles=0
                          Merged Map outputs=10
                          GC time elapsed (ms)=252671
                          CPU time spent (ms)=142210
                          Physical memory (bytes) snapshot=1014718464
                          Virtual memory (bytes) snapshot=22847315968
                          Total committed heap usage (bytes)=1250795520
                Shuffle Errors
                          BAD_ID=0
                          CONNECTION=0
                          IO_ERROR=0
                          WRONG_LENGTH=0
                          WRONG_MAP=0
                          WRONG_REDUCE=0
                File Input Format Counters
                          Bytes Read=1180
                File Output Format Counters
                          Bytes Written=97
                Job Finished in 421.109 seconds
                Estimated value of Pi is 3.20000000000000000000
```

图 2.56　MapReduce 求 pi 的结果

(2)运行 Hadoop 自带的 WordCount 程序

在 master 终端输入命令"start-all. sh"启动 Hadoop。

①创建目录"mkdir /home/apache/data/test",在这个目录下创建文件"vi wctest. txt",并输入以下内容:

```
hello world
hello hadoop
hello apache
```

②在 HDFS 文件系统中创建一个 hdfstest 目录,执行命令"hdfs dfs -mkdir /hdfstest"。命令

执行成功后,可使用命令"hdfs dfs -ls /"进行查看,如图 2.57 所示。

```
[apache@master test]$ hdfs dfs -mkdir /hdfstest
[apache@master test]$ hdfs dfs -ls /
Found 3 items
drwxr-xr-x   - apache supergroup          0 2020-01-15 09:52 /hdfstest
drwx------   - apache supergroup          0 2020-01-13 21:59 /tmp
drwxr-xr-x   - apache supergroup          0 2020-01-13 21:59 /user
```

图 2.57　HDFS 文件系统上新建目录

③切换到"/home/apache/data/test"目录,将本地的"wctest. txt"文件上传到 hdfstest 目录中,命令为"hdfs dfs -put wctest. txt /hdfstest",上传成功后可以看到 HDFS 文件系统的 hdfstest 目录下多了一个名为"wctest. txt"的文件,如图 2.58 所示。

```
[apache@master test]$ hdfs dfs -put wctest.txt /hdfstest
[apache@master test]$ hdfs dfs -ls /hdfstest
Found 1 items
-rw-r--r--   2 apache supergroup         38 2020-01-15 09:56 /hdfstest/wctest.txt
```

图 2.58　上传测试文件到 HDFS

④运行 Hadoop 自带的 WordCount 程序。

```
apache@ master test］$ cd /home/apache/soft/hadoop-2.7.7/share/hadoop/mapreduce
［apache@ master mapreduce］$ hadoop jar hadoop-mapreduce-examples-2.7.7. jar wordcount /hdfstest/wctest. txt /hdfstest/output
```

程序运行完成后,通过命令"hdfs dfs -cat /hdfstest/output/ * "查看运行结果,如图 2.59 所示。

```
[apache@master mapreduce]$ hdfs dfs -cat /hdfstest/output/*
apache  1
hadoop  1
hello   3
world   1
```

图 2.59　WordCount 运行结果

也可以通过 Web 界面查看运行结果。在浏览器中输入"http://master:50070",单击 Utilities 菜单下的"Browse the file system",查看 HDFS 文件系统。在搜索框中输入"/hdfstest/output",可以查到运行结果,如图 2.60 所示。"_SUCCESSS"文件是 MapReduce 作业运行成功的标志,"part-r-00000"文件是 MapReduce 作业的最终运行结果,下载后即可查看,结果与图2.59 的一致。

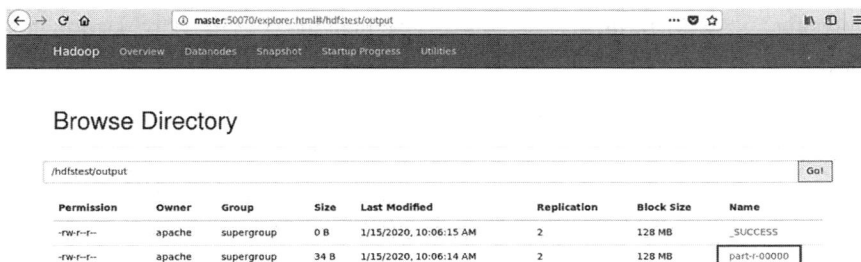

图 2.60　Web 界面查看运行结果

以上结果显示 WordCount 测试运行没有问题,说明 Hadoop 集群构建成功。

习 题 2

一、单选题

1. 下列选项中,可以配置 HDFS 地址、端口号以及临时文件目录的是(　　)。

   A. core-site. xml　　　　　　　　　　B. hdfs-site. xml

   C. mapred-site. xml　　　　　　　　　D. yarn-site. xml

2. Hadoop 集群启动成功后,用于监控 HDFS 集群的端口是(　　)。

   A. 50010　　　　　B. 50075　　　　　C. 8485　　　　　D. 50070

3. 下列选项中,可以重启引导系统的是(　　)。

   A. OK　　　　　B. Cancel　　　　　C. Reboot　　　　　D. Apply

4. 下列选项中,关于 SSH 服务说法正确的是(　　)。

   A. SSH 服务是一种传输协议　　　　　B. SSH 服务是一种通信协议

   C. SSH 服务是一种数据包协议　　　　D. SSH 服务是一种网络安全协议

5. 下列选项中,一键启动 HDFS 集群的命令是(　　)。

   A. start-namenode. sh　　　　　　　B. start-datanode. sh

   C. start-dfs. sh　　　　　　　　　　D. start-slave. sh

6. 在 Hadoop 的解压目录下,可以查看 Hadoop 的目录结构的命令是(　　)。

   A. jps　　　　　B. ll　　　　　C. tar　　　　　D. find

7. 下列选项中,存放 Hadoop 配置文件的目录是(　　)。

   A. include　　　　　B. bin　　　　　C. libexec　　　　　D. etc

8. 在配置 Linux 网络参数时,固定 IP 地址是将路由协议配置为(　　)。

   A. static　　　　　B. dynamic　　　　　C. immutable　　　　　D. variable

9. 下列选项中,可以对 Hadoop 集群进行格式化的是(　　)。

   A. hdfs namenode -format　　　　　B. hadoop namenode -ls

   C. hdfs datanode -ls　　　　　　　　D. hdfs datanode -format

10. 下列选项中,查看 Linux 系统的 IP 配置的命令是(　　)。

    A. ipconfig　　　　　B. find　　　　　C. ifconfig　　　　　D. arp -a

二、多选题

1. 下列选项中,关于 Hadoop 集群说法正确的是(　　)。

   A. Hadoop 集群包含 Worker 节点　　　B. Hadoop 集群包含 Master 节点

   C. Hadoop 集群包含 Slave 节点　　　　D. Hadoop 集群包含 HMaster 节点

2. Hadoop 提供的自定义配置时编辑的配置文件中,包含(　　)。

   A. core-site. xml　　B. hdfs-site. xml　　C. mapred-site. xml　　D. yarn-site. xml

三、判断题

1. 伪分布式模式下的 Hadoop 功能与完全分布式模式下的 Hadoop 功能相同。(　　)

2. 启动 Hadoop 集群时,可能出现 NodeManager 进程无法启动或者启动后自动关闭情况,这是由于系统内存和资源分配不足导致的。(　　)

3. 执行"start-all. sh"命令,可以一键启动整个 Hadoop 集群的服务。(　　)

4. "yarn-env. sh"配置文件是用来保证 Hadoop 系统能够正常执行 HDFS 的守护进程 NameNode、Secondary NameNode 和 DataNode。(　　)

5. 通过执行命令"service iptables status"可以关闭 Linux 系统的防火墙。(　　)

6. Hadoop 集群执行完 MapReduce 程序后,会输出"_SUCCESS"和"part-r-00000"结果文件。(　　)

7. 通过使用虚拟机软件(如 VMware Workstation),可以在同一台电脑上构建多个 Linux 虚拟机环境。(　　)

8. 当完成 Hadoop 集群的安装和配置后,就可以直接启动集群。(　　)

9. 当配置好虚拟机的主机名和 IP 映射后,就可以正常使用虚拟机。(　　)

10. 启动 Hadoop 集群,只能有一种方式启动,即单节点逐个启动。(　　)

11. 在 Hadoop 的解压目录下的 bin 目录中,存放的是 Hadoop 的配置文件。(　　)

12. 在"hdfs-site. xml"配置文件中,可以配置 HDFS 数据块的副本数量。(　　)

13. 在安装部署 Hadoop 集群之前,不需要提前安装并配置好 JDK。(　　)

四、填空题

1. 当出现＿＿＿＿＿＿时,说明 Hadoop 集群已经被格式化成功。

2. Hadoop 集群启动成功后,通过端口＿＿＿＿＿＿监控 YARN 集群。

3. Hadoop 的解压目录下＿＿＿＿＿＿目录存放的是 Hadoop 管理脚本,包含 HDFS 和 YARN 中各类服务的启动或关闭脚本。

4. 通过执行＿＿＿＿＿＿命令,可以使得配置的环境变量文件生效。

5. "hadoop-mapreduce-examples-2. 7. 7. jar"包中有计算＿＿＿＿＿＿和 pi 值的功能。

6. 在 Hadoop 集群执行完 MapReduce 程序后,输出的结果文件＿＿＿＿＿＿表示此次任务成功执行。

7. Hadoop 支持在＿＿＿＿＿＿系统和 Windows 系统上进行安装使用。

8. Hadoop 提供的＿＿＿＿＿＿和 yarn-env. sh 配置文件是用来指定 Hadoop 和 YARN 所需的运行环境。

9. 一键启动 YARN 集群的命令是＿＿＿＿＿＿。

10. ＿＿＿＿＿＿配置文件用于配置 HDFS 的 NameNode 和 DataNode 两大进程。

11. 启动 Hadoop 集群,主要是启动其内部包含的＿＿＿＿＿＿和 YARN 集群。

12. ＿＿＿＿＿＿配置文件用于记录 Hadoop 集群的所有从节点的主机名。

13. 在虚拟机配置 IP 映射时,选择＿＿＿＿＿＿模式进行配置。

第 **3** 章
HDFS 分布式文件系统

学习目标：

1. 了解 HDFS 演变；
2. 掌握 HDFS 特点；
3. 掌握 HDFS 的架构和原理；
4. 掌握 HDFS 的 Shell 和 Java API 操作。

3.1 Hadoop 的文件系统

在讨论 HDFS 之前需先说明一下什么是分布式文件系统。分布式文件系统是使用多台计算机或服务器来管理数据的系统。换句话说，HDFS 是一种将系统数据存储在集群中多个节点或机器上，并且这些数据允许多个用户访问的文件系统。这与平时使用有文本系统的 Windows 操作系统的机器的文件系统基本类似，唯一的不同之处是：分布式文件系统解决了数据集的大小超过一台独立物理计算机的存储能力的问题，庞大的数据集被存放在多台机器上，分布式文件系统可以组织这些在不同机器上的数据通过网络对数据进行读写，这使得人们感觉所有的数据都存储在一台机器上。

3.1.1 文件系统的介绍

Hadoop 整合了很多的文件系统，而 HDFS 只是 Hadoop 文件系统中比较优秀的一种，Hadoop 可以集成除了 HDFS 的其他文件系统，这点也充分体现出 Hadoop 的可扩展性。Hadoop 定义了一个文件系统的抽象类，在 Java 中这个抽象类是"org. apache. hadoop. fs. FileSystem"，一个文件系统只有实现了这个抽象类的方法才可以成为支持 Hadoop 的文件系统，目前实现 Hadoop 抽象类的文件系统见表3.1。

表 3.1　Hadoop 文件系统

文件系统	Java 实现(org. apache. hadoop)	定　义
LOCAL	fs. LocalFileSystem	支持有客户端校验和的本地文件系统,该功能在 fs. RawLocalFileSystem 中实现
HDFS	hdfs. DistributionFileSystem	Hadoop 的分布式文件系统
WebHDFS	hdfs. web. WebHdfsFileSystem	使用 HTTP 方式读写 HDFS 数据的文件系统
Secure WebHDFS	hdfs. web. SWebHdfsFileSystem	WebHDFS 的 HTTPS 传输方式
VIEW	viewfs. ViewFileSystem	一种 Hadoop 文件系统的挂载表,通常被用来创建 NameNode 的挂载点
HFTP	hdfs. HftpFileSystem	支持通过 HTTP 方式以只读的方式访问 HDFS,DistCP 经常用在不同的 HDFS 集群间复制数据
HSFTP	hdfs. HsftpFileSystem	支持通过 HTTPS 方式以只读的方式访问 HDFS
HAR	fs. HarFileSystem	构建在 Hadoop 文件系统之上,对文件进行归档。Hadoop 归档文件主要用来减少 NameNode 的内存使用
FTP	fs. ftp. FtpFileSystem	由 FTP 服务器支持的文件系统
S3(本地)	fs. s3native. NativeS3FileSystem	基于 Amazon S3 的文件系统
S3(基于块)	fs. s3. NativeS3FileSystem	基于 Amazon S3 的文件系统,以块格式存储解决了 S3 的 5 GB 文件大小的限制
SWIFT	fs. swift. snative. SwiftNativeFileSystem	对接 Openstack 的 SWIFT 服务的文件系统

在表 3.1 中,LOCAL,是对本地文件系统访问的实现类;HDFS,是 Hadoop 中常用的分布式文件系统;WebHDFS 和 Secure WebHDFS,是通过 Web 方式来读写 HDFS 的两种形式,其分别通过 HTTP 或 HTTPS 来操作文件访问接口;FTP,是使用 FTP 协议来实现对文件的传输操作,同时其也提供两种访问方式 HFTP 和 HSFTP,而 HFTP 和 HSFTP,是通过 HTTP 和 HTTPS 实现的;HAR,是 Hadoop 体系下访问压缩文件的实现类,它主要应用于当文件非常多时,将这些文件压缩成一个压缩包进行访问,这样可以有效地减少元数据的数量,提高访问效率。S3,是对 Amazon 云服务提供的存储系统的实现;SWIFT,是对开源云平台 Openstack 的 SWIFT 服务的访问实现。

3.1.2　Hadoop 文件系统对外接口

Hadoop 提供了很多文件系统的访问接口,由于 Hadoop 是用 Java 进行开发的,所以可以通过调用 Java API 实现与 Hadoop 文件系统的交互操作。除此之外,使用文件系统的方法还有:命令行、HTTP、C 语言 API、NFS、FUSER 等。

(1) HTTP 调用

WebHDFS 和 SWebHDFS 协议是调用 HDFS 文件系统的两种协议,这两种方法属于 HTTP 操作。WebHDFS 的文件系统使用方式为"webhdfs://",如果需要使用 SSL 进行保护,就应使用 SWebHDFS,其使用方式为"swebhdfs://"。需要注意点是:HTTP 的交互方式比原生的 Java 客户端慢,因而不适合操作大文件。该调用方法有两种访问方式:直接访问和通过代理访问。该调用方法不受限于 Hadoop 的版本,除了 WebHDFS 和 SWebHDFS,HFTP 和 HSFTP 都属于 HTTP 调用方式的一种。

（2）Java 接口

在实际的应用中,对 Hadoop 中大部分文件系统之间的交互,大多数还是通过 Java API 实现的,通过实现 FileSystem 类来具体操作。虽然有很多服务有自带访问工具,但对接它们的接口在 HDFS 中依旧被广泛使用,用来进行 Hadoop 文件系统之间的相互调用,例如:FTP、S3、SWIFT 等服务。

（3）C 语言库

Libhdfs 是用于接入 Hadoop 分布式文件系统(HDFS)的 C API。它以操纵 HDFS 文件和文件系统为目的,为 HDFS API 的子集提供 C API。Libhdfs 是 Hadoop 发行版的一部分,使用该接口可以实现任意 Hadoop 文件系统的访问,也可以使用 JNI(Java Native Interface)调用 Java 文件系统客户端,Libhdfs API 是 Hadoop FileSystem API 的子集。Libhdfs 的头文件详细描述了每个 API,可在" $ HADOOP_HDFS_HOME / include / hdfs. h"中找到。

（4）WebDAV

"HDFS-WebDAV"能够将已经搭建好的 HDFS 文件系统进行挂载,从而可以实现将大部分操作系统中的 WebDAV 共享作为本地文件系统,可以像使用本地文件系统一样使用 HDFS。

（5）FUSE

用户空间文件系统(Filesystem in USErspace, FUSE)是将文件系统整合为一个 UNIX 文件系统,在用户控件中执行。如果想将数据备份到 HDFS 中,用 Linux Fuse 的功能将 HDFS 挂载到本地的文件系统下会是一个非常好的选择。通过使用 FUSE,Hadoop 的任意文件系统都可以作为一个标准文件系统进行挂载,在挂载成功后,就可以使用 Unix 的基本命令(ls、cat 等)与该文件系统进行交互,还可以编程对接原生的 API 进行访问。

（6）Thrift

Hadoop 是目前使用比较多的分布式文件系统,由于 Hadoop 是用 Java 写的,对非 Java 程序人员,不好直接使用它的接口,不过它提供了 Thrift 接口服务器,因此,也可以采用其他语言来编写 Hadoop 的客户端。Thrift 是一个支持跨种语言的远程调用框架,通过 Thrift 远程调用框架,结合"hadoop1. x"中的 Thrift,编写了一个针对"hadoop2. x"的 Thrift,供外部程序调用。

3.2　HDFS 的简介

Hadoop 分布式文件系统(HDFS)是一种可以在低成本计算机硬件上运行的高容错性分布式文件系统。HDFS 提供对应用程序数据的高吞吐量访问,并且适用于具有大数据集的应用程序。它与现有的分布式文件系统有许多相似之处,但与其他分布式文件系统的区别很明显,其区别是,HDFS 放宽了一些可一直操作系统接口(POSIX)的要求,以实现对文件系统数据的流式访问。HDFS 最初是作为 Apache Nutch Web 搜索引擎项目的基础结构而构建,目前,HDFS 已经成为 Apache Hadoop 核心项目的一部分。

3.2.1　HDFS 的设计特点

（1）大数据处理

运行在 HDFS 上的数据规模一般都是 GB 级别或 TB 级别,甚至是 PB 级别的数据。这不仅要求 HDFS 具备处理超大型规模数据的能力,而且能支持集群的节点数为上千个,且每个节点处理文件数量能达到百万级别。

（2）流式数据访问

在 HDFS 上运行的应用程序需要对其数据集进行流式访问。在大多数情况下,分析任务都会涉及数据集中的大部分数据,因此,HDFS 的设计初衷是用于批处理,而不是用于用户交互,所有其重点在于数据访问的高吞吐量,而不是数据访问低延迟性。流式的数据访问提高了数据访问的高吞吐量,增强了 HDFS 的性能。

（3）高容错性

由于 HDFS 是分布式存储架构,因此该系统下存在很多节点。而节点与节点之间的数据会自动保存多个副本,通过增加副本的方式提高容错性,且每个节点服务器都存储文件系统数据的一部分。如果节点损坏或副本丢失,其数据会自动恢复。

除此之外,该系统可构建在廉价的机器上,实现线性扩展。当集群增加新节点之后,NameNode也可以感知,将数据分发和备份到相应的节点上。

（4）检测和快速应对硬件故障

HDFS 实例包含数百或数千个服务器计算机,每个服务器计算机都存储文件系统数据的一部分。在实际情况下集群中组件的故障率很低,这使得 HDFS 的某些组件始终无法运行。因此,检测故障并快速、自动地从故障中恢复是 HDFS 的核心目标。

3.2.2　HDFS 的局限性

HDFS 虽然有着大数据处理、流式数据访问、高容错性、检测和快速应对硬件故障等优势,但是,现在的 HDFS 在处理某些特定问题时不但没有优势,反而会存在一定的局限性,因此,了解 HDFS 的优势和劣势对以后使用 HDFS 解决特定问题很有帮助。HDFS 的局限性主要表现在以下几个方面:

1）不适合低延迟数据访问

HDFS 设计之初的目的是能够处理大型数据集并进行分析工作,这就要求它具有很高的数据吞吐量。HDFS 不适合处理一些用户要求低延迟性的应用请求,这是由于 HDFS 针对高数据吞吐量做了优化,这是以牺牲获取数据时延为代价的。对于低延迟的访问需求,HBase 是更好的选择。

2）不适合大量的小文件存储

在分布式存储系统中,NameNode 可以视为系统的主节点。它用来维护文件系统树和系统中所有文件和目录的元数据(Metadata),因此,该文件系统所能存储的文件数量的大小受限于 NameNode 的内存容量。例如:每个文件、目录和数据块的存储信息大约占 150 B。如果有一百万个小文件,每个小文件都会占一个数据块,至少需要 300 MB 内存。如果是上亿级别的,就会远远超出当前硬件的能力。

3）不支持多用户的并行写入和文件修改

目前对于上传到 HDFS 上的文件,不支持文件修改操作。虽然 Hadoop 2.0 支持文件的末尾增加功能,但是还是不建议对 HDFS 上的文件进行修改,因为效率低下。

HDFS 适用于一次写入多次读取的情况,使用 HDFS 操作文件时,该文件不允许多线程同时写入,这样会导致文件的同步性问题。因此,在同一时间内,只能有一个用户执行写操作。

3.3　HDFS 的架构及原理

HDFS 采用主从体系架构管理文件系统,HDFS 的系统架构如图 3.1 所示,一个 HDFS 的分布式集群由单个 NameNode、多个 DataNode 和 Client 组成。其中,NameNode 是一个中心服务器,也称为主节点,它主要用来管理 HDFS 的名称空间、处理客户端读写请求、管理数据块映射信息、配置副本策略等。DataNode 是数据节点,也称为从节点,它主要负责存储实际的数据块和执行数据块的读写操作,一个文件被分解成一个或多个数据块,这些块数据被存储在一组 DataNode 上。值得注意的是:一个节点只能运行一个 DataNode 进程。Client 是客户端,它主要负责与 NameNode 交互获取文件的位置信息,与 DataNode 交互读取或写入数据,而且它还提供了一些命令,可以管理 HDFS,比如 NameNode 的格式化等。

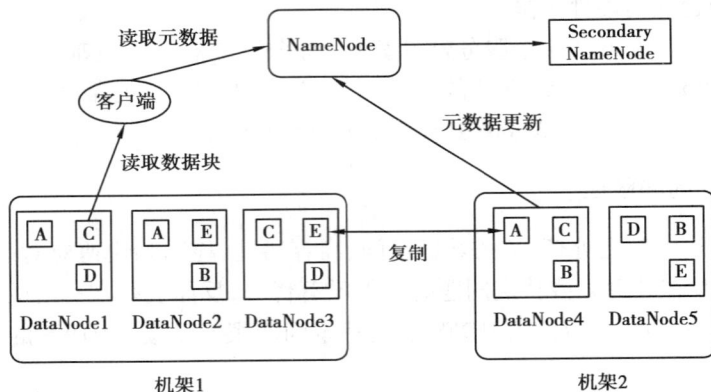

图 3.1　HDFS 系统架构图

前面对 HDFS 的体系结构进行了介绍,以下将介绍 HDFS 的相关概念。

（1）数据块 Block

数据块是 HDFS 中每个磁盘都有的默认存储最小单位,数据块是文件存储处理的逻辑单元,这种概念与 Linux 文件系统中的磁盘块类似。HDFS 上的文件系统被划分为多个块作为独立的存储单元,其大小可以已通过 Hadoop 的配置参数"dfs.blocksize"来规定,在 Hadoop 2.x 版本中 Block 的默认大小被定义为 128 MB,而在老版本中一般大小为 64 MB。这就好比一个大文件会被拆分成一个个的块,然后存储于不同的机器。如果一个文件少于 Block 大小,那么实际占用的空间为其文件的大小。

数据块信息可以通过 Hadoop 的 Web 界面查看到,从图 3.2 可知,存储在 HDFS 的文件名称为"helloworld.txt",且该文件存储在 slave2 和 slave1 两个 DataNode 上,数据块池 ID 为"BP-1743969542-192.168.6.100-1578923091266",该存储块的 BlockID 为"1073741993",可以在节

点 slave1 和节点 slave2 上找到该文件的数据块,并查看其内容。

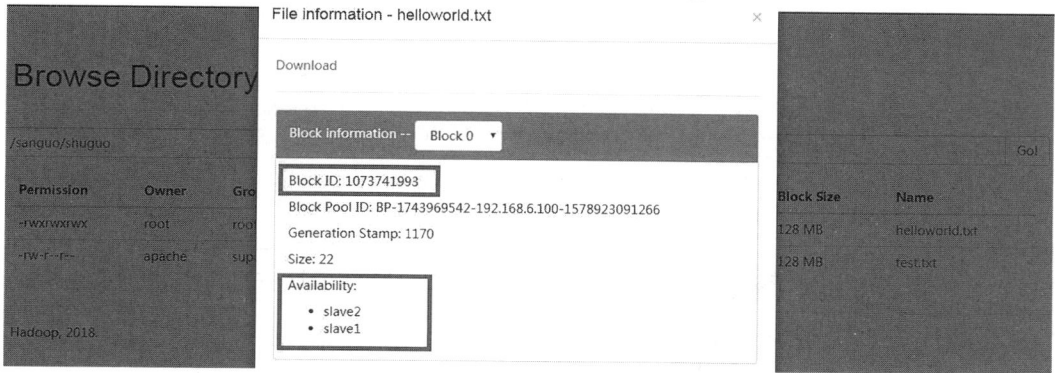

图 3.2　数据块 Web 界面

打开 slave1 节点,进入路径"/home/apache/data/hdfs/data/current/BP-1743969542-192. 168. 6. 100-1578923091266/current/finalized/subdir0/sundir0",然后查看数据块"blk _ 1073741993",发现内容与"helloworld. txt"的内容完全一致,因此,该数据块信息与 Web 界面完全对应;还可以查看 slave2 节点的数据块内容,同样可以发现该文本的数据块副本,如图 3.3 所示。

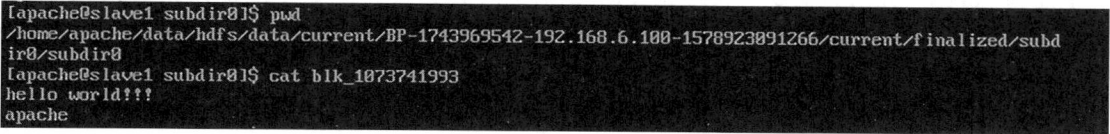

图 3.3　slave 节点数据块内容

(2)副本存放策略

为了保证数据节点或机架出现故障后数据的完整性,每个块都会被复制到多台 DataNode 上,默认复制三份,并且分布在两个机架内的三个节点上,存放的原则如下:

①Block 副本放在与 Client 所在的 Node 里(如果所在 Node 太忙,也会随机选择)。

②副本放置在与第一个节点不同的机架中的 Node 中。

③副本与第二个在同一个机架,随机放在不同的 Node 中。

如图 3.4 所示,当一个 DataNode 出现故障后,因为 A 数据块存储在两个机架上且有三个副本,所以可以保证数据不丢失且正常运行。

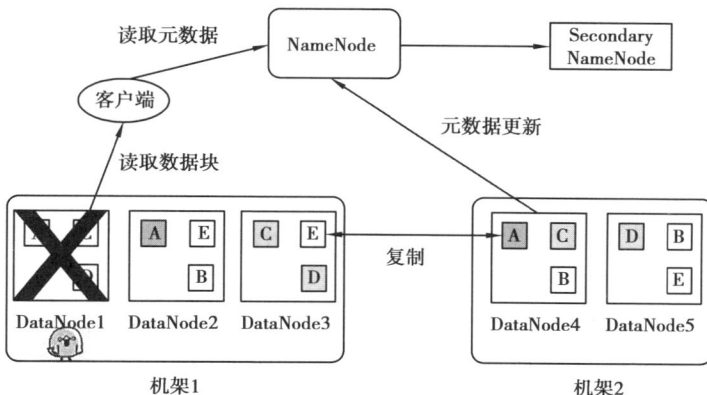

图 3.4　DataNode 故障

如图 3.5 所示,当一个机架出现故障后,因为 A 数据块存储在两个机架上且有三个副本,所以依旧可以保证数据不丢失。

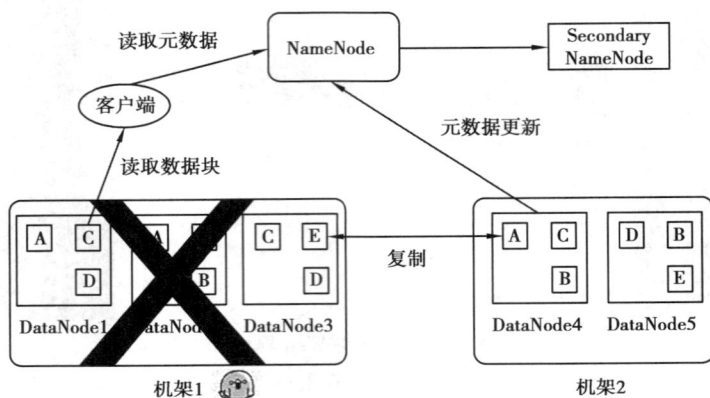

图 3.5　机架故障

(3) 元数据节点 NameNode

NameNode 是分布式系统中的主节点,也称为中心服务器,它是 HDFS 的主从结构中的中心枢纽,存储着元数据等重要信息。元数据包括两个部分:文件与数据块的映射表、数据块与数据节点的映射表。NameNode 的四个功能:管理 HDFS 的名称空间、配置副本策略、管理数据块的映射信息、处理客户端读写请求。

图 3.6 反映了 NameNode 将元数据保存到磁盘上的流程。该元数据包括两个文件,即 Fsimage 和 Editlogs。

Fsimage 是在 NameNode 启动时对整个文件系统的快照,Editlogs 是在 NameNode 启动后对文件系统的改动序列。只有在 NameNode 重启时,Editlogs 才会合并到 Fsimage 文件中,从而得到一个文件系统的最新快照。

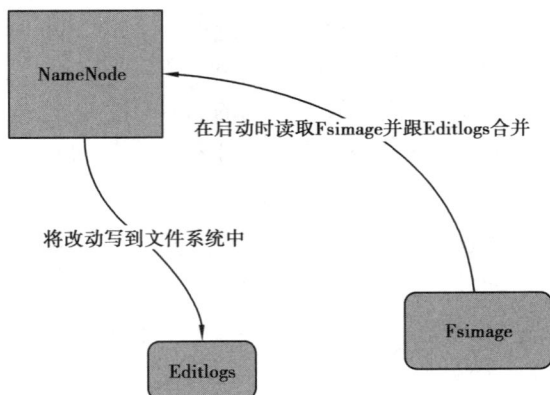

图 3.6　NameNode 保存数据流程

(4) 数据节点 DataNode

DataNode 是分布式系统中的从节点,也称为 slaver。它是 HDFS 中的工作节点,用于存放数据块 Block,一个集群中可以一个 NameNode 和多个 DataNode。DataNode 通常以机架的形式组织,机架之间通过交换机将整个系统连接起来。DataNode 的功能有两个:存储实际的数据块和执行数据块的读写操作。可以通过图 3.1 看到在分布式系统中 DataNode 的位置。

（5）辅助元数据节点 SecondaryNameNode

上文提及只有在 NameNode 重启时，Editlogs 才会合并到 Fsimage 文件中，从而得到一个文件系统的最新快照。但是，在产品集群中 NameNode 是很少重启的，而在运行过程中 Editlogs 就会变得越来越大，使得其很难管理。

SencondaryNameNode 就是用来解决这种问题的，它的主要作用是合并 NameNode 的 Editlogs 到 Fsimage 文件中，从而解决 Editlogs 越来越大的问题。它的其他作用还包括：辅助 NameNode，分担工作量；在紧急情况下可以辅助恢复 NameNode。但是，需要注意的是：SencondaryNameNode 并不是 NameNode 的热备，当 NameNode 宕机时，它并不能马上替换 NameNode 并提供服务。

如图 3.7 所示，SecondaryNameNode 的工作流程如下：

①SecondaryNameNode 定时到 NameNode 去获取 Editlogs，并更新到 Fsimage 上。

②一旦它有了新的 Fsimage 文件，它将其拷贝回 NameNode 中。

③NameNode 在下次重启时会使用这个新的 Fsimage 文件，从而减少重启的时间。

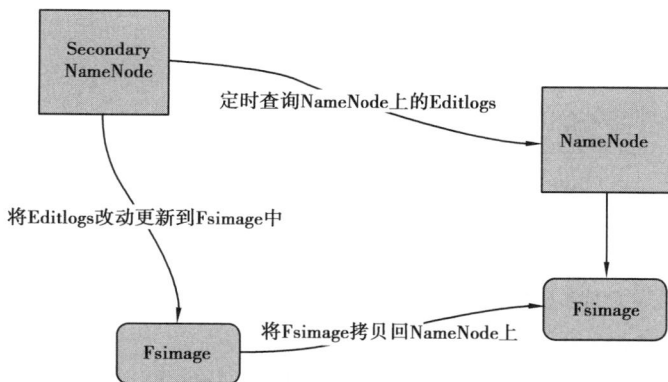

图 3.7　SecondaryNameNode **工作流程**

3.4　HDFS 的 Shell 操作

HDFS 是一种能够对大量文件进行存储和读取的分布式文件系统，HDFS 将这些文件分成数据块以后再将其副本存储到不同的 DataNode 中。Hadoop 提供了很多对外操作文件的方式，其中包括 Web 方式、API 方式、Shell 方式等。本节主要介绍 HDFS 分布式文件系统的 Shell 操作，Hadoop 支持很多 Shell 命令，比如："hadoop version、hadoop jar、hadoop checknative、hadoop fs"等。

3.4.1　Hadoop **相关命令**

本书使用的是"/home/apache/soft/hadoop-2.7.7/bin"目录下的 Hadoop 脚本，但是如果按照本书第 2 章已经配置过环境变量以后可以直接输入"hadoop"查看命令，该脚本的使用方法如下：

Usage：hadoop［--config confdir］［COMMAND | CLASSNAME］

Hadoop 脚本命令的参数解释见表 3.2，CLASSNAME 是要运行的类名，而对于 Hadoop 脚本的参数有很多种，其中包括：fs、version、jar、checknative、distcp、daemonlog、credential 等，这些命令在此就不逐一进行解释，可以通过使用"hadoop"命令查看这些命令的具体解释与用法。

表 3.2　Hadoop 脚本参数解释

命令选项	参数介绍
--config confdir	（可选设置参数）覆盖默认配置路径，查看默认的配置路径可以输入"＄HADOOP_HOME"查看，例如： ［apache@ masterhadoop-2.7.7］＄＄HADOOP_HOME bash：/home/apache/soft/hadoop-2.7.7：Is a directory
COMMAND	各种命令参数，例如：version、fs、jar、classpath 等

下面列举出几个 Hadoop 脚本使用方法。

(1) 查看 Hadoop 版本

使用命令"hadoop version"查看 Hadoop 运行版本，可以看到使用的是 Hadoop 2.7.7 版本，正在运行的 Jar 包的位置等信息。

```
［apache@ master ~］$ hadoop version
Hadoop 2.7.7
Subversion Unknown -r c1aad84bd27cd79c3d1a7dd58202a8c3ee1ed3ac
Compiled by stevel on 2018-07-18T22：47Z
Compiled with protoc 2.5.0
From source with checksum 792e15d20b12c74bd6f19a1fb886490
This command was run using
/home/apache/soft/hadoop-2.7.7/share/hadoop/common/hadoop-common-2.7.7.jar
```

(2) 检查 Hadoop 本地代码可用性

使用命令"hadoop checknative -a"查看 Hadoop 本地代码的可用性，在默认情况下，此命令只检查 libhadoop 的可用性，也可以使用该命令检查环境的安装情况。除此之外，也可以使用"hadoop checknative -h"查看命令的具体解释情况。

```
［root@ master lib64］# hadoop checknative -a
20/01/18 13：22：57 INFO bzip2. Bzip2Factory：Successfully loaded & initialized native-bzip2
library system-native
20/01/18 13：22：57 INFO zlib. ZlibFactory：Successfully loaded & initialized native-zlib library
Native library checking：
hadoop：　true /home/apache/soft/hadoop-2.7.7/lib/native/libhadoop. so.1.0.0
zlib：　　true libz. so.1
```

```
snappy：   true libsnappy. so. 1
lz4：      true revision：99
bzip2：    true libbz2. so. 1
openssl：true libcrypto. so
```

（3）执行 Jar 包

当写好一个 Java 代码,然后通过编译生成 Jar 包以后,通常使用"java -jar xxx. jar"的命令来运行 Jar 包。如果编写了一个 Hadoop 的 Java 程序,就不能简单地使用上述的命令。由于编写的程序是依赖于 Hadoop 环境的,因此使用命令"hadoop jar xxx. jar"来运行 Jar 包。在本书第 2 章进行环境测试的过程中,就使用了 Hadoop 已经提前编写好的一段程序,这段程序已经打包成"hadoop-mapreduce-examples-2.7.7. jar"。因此,需要运行命令"hadoop jar hadoop-mapreduce-examples-2.7.7. jar pi 10 10",通过启动 10 个"map"和 10 个"reduce"任务求 pi 值。

```
［apache@ master  ~ ］$ cd /home/apache/soft/hadoop-2. 7. 7/share/hadoop/mapreduce
［apache@ master mapreduce］$ hadoop jar hadoop-mapreduce-examples-2. 7. 7. jar pi 10 10
```

（4）修改与查看 Log 日志级别

会查看 Log 日志是一名程序员的基本技能之一,只有学会查看 Log 日志,才能分析问题并找到解决方法。在 Hadoop 中,由于进行大量的计算,每次运行程序都会产生大量的日志,为了能够对日志进行筛选,可以通过设置日志级别的方式来进行日志的过滤。

日志库将日志分为 5 个级别,分别为 DEBUG、INFO、WARN、ERROR 和 FATAL。这 5 个级别对应的日志信息重要程度不同,它们的重要程度由低到高依次为 DEBUG < INFO < WARN < ERROR < FATAL。日志输出规则为:只输出级别不低于设定级别的日志信息。例如,级别设定为 INFO,则 INFO、WARN、ERROR 和 FATAL 级别的日志信息都会被输出,但级别比 INFO 低的 DEBUG 则不会被输出。因此,使用"hadoop daemonlog -getlevel"获取日志级别,使用"hadoop daemonlog -setlevel"设置日志级别,可以设置的节点包括 HDFS、NameNode、Secondary NameNode、DataNode、JournalNode、YARN、ResourceManager、NodeManager。举例如下:

查看 NameNode 的 Log 日志级别使用命令"hadoop daemonlog -getlevel 127. 0. 0. 1：50070 org. apache. hadoop. hdfs. server. namenode. NameNode"。

```
［apache@ master mapreduce］$ hadoop daemonlog -getlevel 127. 0. 0. 1：50070
org. apache. hadoop. hdfs. server. namenode. NameNode
Connecting to
http：//127. 0. 0. 1：50070/logLevel? log = org. apache. hadoop. hdfs. server. namenode. Name-
Node
Submitted Log Name：org. apache. hadoop. hdfs. server. namenode. NameNode
Log Class：org. apache. commons. logging. impl. Log4JLogger
Effective level：INFO
```

使用命令"hadoop daemonlog -setlevel 127. 0. 0. 1：50070 org. apache. hadoop. hdfs. server. na-menode. NameNode WARN"将 NameNode 的日志级别从"INFO"改为"WARN"级别。

```
[apache@ master mapreduce] $ hadoop daemonlog -setlevel 127. 0. 0. 1:50070
org. apache. hadoop. hdfs. server. namenode. NameNode WARN
Connecting to
http://127. 0. 0. 1:50070/logLevel? log = org. apache. hadoop. hdfs. server. namenode. Name-
Node
&level = WARN
Log Class：org. apache. commons. logging. impl. Log4JLogger
Effective level：WARN
```

（5）集群间拷贝 DistCP

DistCP 是 Apache Hadoop 上下文中的 Distributed Copy（分布式拷贝）的缩写。它是一个用于大规模集群内部和集群之间拷贝的工具。DisctCP 使用 MapReduce 实现文件分发、数据错误处理与恢复、报告生成等功能。由于其 MapReduce 的使用，使得 DisctCP 可以在集群中的多个可用节点上进行操作，从而提高效率。

DistCp 常用于在集群之间的拷贝：

hadoop distcp hdfs://nn1:8020/source   hdfs://nn2:8020/destination

上述命令会将 nn1 集群的"/source"目录下的所有文件或目录展开并存储到一个临时文件中，这些文件内容的拷贝工作被分配给多个 Map 任务，然后每个 NodeManager 分别执行从 nn1 到 nn2 的拷贝操作。

（6）其他命令

除了上述已经介绍的命令，Hadoop 还提供了一些其他命令，其包括：Archive（创建档案文件）、Classpath（查看 Hadoop 类路径）、Credential（管理凭证）、NameNode（管理 NameNode 命令）、SecondaryNameNode（管理 SecondaryNameNode 命令）等，在此就不再进行详细的介绍了。

3.4.2 Hadoop 文件处理命令

Hadoop 对于文件处理包括很多种类型的命令，比如 hadoop fs、hadoop dfs 和 hdfs dfs 都是 HDFS 最常用的 Shell 命令，用来查看 HDFS 文件系统的目录结构、上传和下载数据、创建文件等。这三个命令既有联系有又区别：

①hadoop fs：适用于任何不同的文件系统，比如本地文件系统和 HDFS 文件系统。

②hadoop dfs：只能适用于 HDFS 文件系统。

③hdfs dfs：与"hadoop dfs"命令的作用一样，也只能适用于 HDFS 文件系统。

在本书中，统一使用"hadoop fs"命令，对 HDFS 进行操作。所有的 Hadoop 命令均使用的是"/home/apache/soft/hadoop-2. 7. 7/bin"目录下的 Hadoop 脚本，直接输入"hadoop fs"查看命令，该脚本的使用方法如下：

```
Usage：hadoop fs [generic options]
    [-appendToFile <localsrc> ... <dst>]
    [-cat [-ignoreCrc] <src> ...]
    [-checksum <src> ...]
    [-chgrp [-R] GROUP PATH...]
    [-chmod [-R] <MODE[,MODE]... | OCTALMODE> PATH...]
    [-chown [-R] [OWNER][:[GROUP]] PATH...]
```

```
〔-copyFromLocal〔-f〕〔-p〕〔-l〕＜localsrc＞…＜dst＞〕
〔-copyToLocal〔-p〕〔-ignoreCrc〕〔-crc〕＜src＞…＜localdst＞〕
〔-count〔-q〕〔-h〕＜path＞…〕
〔-cp〔-f〕〔-p｜-p〔topax〕〕＜src＞…＜dst＞〕
〔-createSnapshot＜snapshotDir＞〔＜snapshotName＞〕〕
〔-deleteSnapshot＜snapshotDir＞＜snapshotName＞〕
〔-df〔-h〕〔＜path＞…〕〕
〔-du〔-s〕〔-h〕＜path＞…〕
〔-expunge〕
〔-find＜path＞…＜expression＞…〕
〔-get〔-p〕〔-ignoreCrc〕〔-crc〕＜src＞…＜localdst＞〕
〔-getfacl〔-R〕＜path＞〕…
```

"hadoop fs"的使用方法有还有很多,以上只是列举出其中一些,该命令与 Linux 命令基本相同,这里区分大小写。如果熟悉 Linux 操作命令基本不需要解释。下面从实践出发,列举出场景中常用的一些命令。

（1）输出命令参数"-help"

查看命令"rm"的使用方法,输入"hadoop fs -help rm"。除此之外,该命令可以查看很多其他的命令,包括 mkdir、put、get 等。

```
〔apache@ master bin〕$ hadoop fs -help rm
-rm〔-f〕〔-r｜-R〕〔-skipTrash〕＜src＞…:
    Delete all files that match the specified file pattern. Equivalent to the Unix
    command "rm ＜src＞"
-skipTrash    option bypasses trash, if enabled, and immediately deletes ＜src＞
-f            If the file does not exist, do not display a diagnostic message or
                  modify the exit status to reflect an error.
-〔rR〕          Recursively deletes directories
```

（2）显示目录信息"-ls"

查看 HDFS 中根路径下的文件目录,输入命令"hadoop fs -ls /"。除此之外,还可以使用命令"hadoop fs -lsr"递归列出匹配 Pattern 的文件信息,类似 ls,只不过递归列出所有子目录信息。

```
〔apache@ master bin〕$ hadoop fs -ls /
Found 3 items
drwxr-xr-x    - apache supergroup         0 2020-01-15 11:31 /hdfstest
drwx------    - apache supergroup         0 2020-01-13 21:59 /tmp
drwxr-xr-x    - apache supergroup         0 2020-01-18 14:30 /user
```

（3）在 HDFS 上创建目录"-mkdir"

创建文件夹目录"/sanguo/shuguo",输入命令"hadoop fs -mkdir -p /sanguo/shuguo"。

```
[apache@ master bin] $ hadoop fs -mkdir -p /sanguo/shuguo
[apache@ master bin] $ hadoop fs -ls /
Found 4 items
drwxr-xr-x    - apache supergroup          0 2020-01-15 11:31 /hdfstest
drwxr-xr-x    - apache supergroup          0 2020-01-19 11:19 /sanguo
drwx------    - apache supergroup          0 2020-01-13 21:59 /tmp
drwxr-xr-x    - apache supergroup          0 2020-01-18 14:30 /user
```

(4)在 HDFS 上删除目录"-rm"

删除文件夹"/test",输入命令"hadoop fs -rm /test"。使用命令"hadoop fs -rmr [skipTrash]<src >",可以递归删除所有的文件和目录,等价于 UNIX 下的"rm -rf <src >"。

```
[apache@ master tmp] $ hadoop fs -rmr /test
rmr: DEPRECATED: Please use 'rm -r' instead.
20/01/19 14:19:54 INFO fs. TrashPolicyDefault: Namenode trash configuration: Deletion
interval = 0 minutes, Emptier interval = 0 minutes.
Deleted /test
```

(5)从本地剪切粘贴到 HDFS 中"-moveFromLocal、-copyFromLocal、-put"

在/tmp 目录下,创建"helloworld. txt"文件;然后将该文件剪切到 HDFS 中已经创建好的"/sanguo/shuguo"目录下,使用命令"hadoop fs -moveFromLocal/tmp/helloworld. txt/sanguo/shuguo"。

除了剪切功能,HDFS 还提供了复制功能,该复制功能可以使用"-copyFromLocal"命令,实现从本地复制粘贴到 HDFS 的功能。例如:"hadoop fs -copyFromLocal /tmp/helloworld. txt /sanguo/shuguo"。

与 moveFromLocal 相同的参数还有"-put",可以使用命令"hadoop fs -put ./test. txt /sanguo/shuguo/test. txt",将本地文件拷贝到 HDFS 中的"/sanguo/shuguo"目录下,并重命名为"test. txt"。

```
[apache@ master bin] $ touch /tmp/helloworld. txt
[apache@ master tmp] $ hadoop fs -moveFromLocal /tmp/helloworld. txt /sanguo/shuguo
[apache@ master tmp] $ hadoop fs -ls /sanguo/shuguo
Found 1 items
-rw-r--r--   2 apache supergroup          0 2020-01-19 13:19
/sanguo/shuguo/helloworld. txt
[apache@ master tmp] $ hadoop fs -put ./test. txt /sanguo/shuguo/test. txt
[apache@ master tmp] $ hadoop fs -ls /sanguo/shuguo
Found 2 items
-rwxrwxrwx   2 root    root             22 2020-01-19 13:58
/sanguo/shuguo/helloworld. txt
-rw-r--r--   2 apache supergroup         22 2020-01-19 16:26 /sanguo/shuguo/test. txt
```

（6）从 HDFS 中复制粘贴到本地"-copyToLocal、-get"

将刚才保存在 HDFS 中的"helloworld. txt"文件复制粘贴到"/tmp"目录下，可以使用命令
"hadoop fs -copyToLocal /sanguo/shuguo/helloworld. txt /tmp"，而对于剪切功能来讲，本书使用
的 Hadoop 版本没有先剪切到本地的功能。

与 copyToLocal 相同的参数还有"-get"，可以使用命令"hadoop fs -get /sanguo/shuguo/hel-
loworld. txt /tmp/test. txt"，将 HDFS 文件拷贝到本地"/tmp"目录下，并重命名为"test. txt"。

```
［apache@ master tmp］$ hadoop fs -copyToLocal /sanguo/shuguo/helloworld. txt /tmp
［apache@ master tmp］$ ls | grep hello
helloworld. txt
［apache@ master tmp］$ hadoop fs -get /sanguo/shuguo/helloworld. txt /tmp/test. txt
［apache@ master tmp］$ ls | grep test
test. txt
```

（7）从 HDFS 中查看文件"-cat"

查看保存在 HDFS 中的文本文件"helloworld. txt"的内容，可以使用命令"hadoop fs -cat /
sanguo/shuguo/helloworld. txt"。

```
［apache@ master tmp］$ hadoop fs -ls /sanguo/shuguo
Found 1 items
-rw-r--r--  2 apache supergroup   15 2020-01-19 13：45   /sanguo/shuguo/helloworld. txt
［apache@ master tmp］$ hadoop fs -cat /sanguo/shuguo/helloworld. txt
hello world！！！
```

（8）从 HDFS 中追加一个文件到已经存在的文件末尾"-appendToFile"

appendToFile 是将文本追加到 HDFS 文本文件后的命令，首先需要在本地目录下创建
"aaa. txt"文本文件内容为"apache"，然后将该文本文件的内容追加到已经在 HDFS 文件"hel-
loworld. txt"后面，使用命令"hadoop fs -appendToFile /tmp/aaa. txt /sanguo/shuguo/helloworld.
txt"，完成功能。

```
［apache@ master tmp］$ echo "apache" > aaa. txt
［apache@ master tmp］$ hadoop fs -appendToFile ./aaa. txt /sanguo/shuguo/helloworld. txt
［apache@ master tmp］$ hadoop fs -cat /sanguo/shuguo/helloworld. txt
hello world！！！
apache
```

（9）修改文件所属权限"-chgrp、-chmod、-chown"

"hadoop fs -chmod ［-R］< MODE［,MODE］…| OCTALMODE > PATH…"：该命令的含义
是：修改文件的权限，"-R"标记递归修改。修改文件为最高权限，可以使用命令" hadoop
fs-chmod 777 /sanguo/shuguo/helloworld. txt"。

"hadoop fs -chown ［-R］［OWNER］［:［GROUP］］PATH…"：该命令的含义是：修改文件
的所有者和组。"-R"表示递归。使用命令"hadoop fs -chown root:root /sanguo/shuguo/hel-
loworld. txt"，将该文件设置为 Root 组内。

```
[apache@ master tmp] $ hadoop fs -chmod 777 /sanguo/shuguo/helloworld. txt
[apache@ master tmp] $ hadoop fs -chown root:root /sanguo/shuguo/helloworld. txt
```

（10）修改副本数量"-setrep"

HDFS 是分布式存储系统,存储在 HDFS 的文件为了保证其数据不丢失,一般该文件会存在副本,且这些副本会存储在同一个 DataNode 或不同的 DataNode 或不同的机架,而 setrep 就是将存储在 HDFS 中文本的副本数量进行修改的命令,因此,可以使用命令"hadoop fs -setrep 10 /sanguo/shuguo/test. txt",修改副本的保存数量。

如图 3.8 所示,浏览器访问 Hadoop 的 Web 界面,本书使用浏览器访问"http://192.168. 6.100:50070/explorer. html#/sanguo/shuguo"也可以查看到在"/sanguo/shuguo"目录下的"test. txt"文本已经从原来的副本数 2 变成副本数 10。

```
[apache@ master tmp] $ hadoop fs -setrep 10 /sanguo/shuguo/test. txt
Replication 10 set：/sanguo/shuguo/test. txt
```

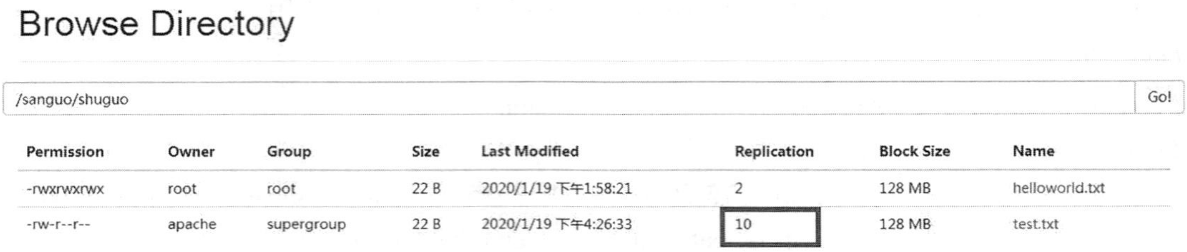

Browse Directory

Permission	Owner	Group	Size	Last Modified	Replication	Block Size	Name
-rwxrwxrwx	root	root	22 B	2020/1/19 下午1:58:21	2	128 MB	helloworld.txt
-rw-r--r--	apache	supergroup	22 B	2020/1/19 下午4:26:33	10	128 MB	test.txt

图 3.8　test. txt 副本数图

（11）查看文件系统空间"-du"

"hadoop fs -du < path >"命令的含义是:列出指定的文件系统空间总量(B),等价于 unix 下的针对目录命令"du -sb < path >/ ∗ "和针对文件命令"du -b < path >",输出格式如"name (full path) size(in bytes)"。下面使用命令"hadoop fs -du /",列出 HDFS 中根目录下的占用空间。

```
[apache@ master tmp] $ hadoop fs -du /
72          /hdfstest
44          /sanguo
1734951     /tmp
0           /user
```

（12）其他命令

从上述操作案例可以看出,很多文件操作命令都与 Unix 系统命令相似。下面对部分命令进行简单的介绍。

①-cp:从 HDFS 的一个路径拷贝到 HDFS 的另一个路径。

②-mv:在 HDFS 目录中移动文件。

③-tail:显示一个文件的末尾。

④-rmdir:删除空目录。

希望读者可多了解本书没有提到的其他命令,对 HDFS 的 Shell 命令加深印象,从而对上述命令的使用方法有更全面的了解。

3.5　HDFS 的 Java API 操作

本章的 3.1 节介绍了各种文件系统对应的 Java API 实现,使用 Java 的方式调用 Hadoop 是非常重要的技能,本章将深入介绍使用 Java 与 HDFS 进行交互的基本方法。通过网络下载 Hadoop 的对应版本压缩包,同时也可以查看其中的“Java API”文档。

3.5.1　环境配置

环境配置是进行 Java 开发的准备工作,需要配置 Java 环境、Hadoop 环境和 Maven 环境,添加 Winutils 工具。其具体的配置步骤如下:

(1) 安装 Java 并配置环境变量

从官方网站下载 JDK 并进行安装,安装路径不要有空格和中文字符,以免之后配置环境变量出现错误,安装以后配置环境变量。为了验证环境变量的安装情况,打开终端 cmd. exe,然后输入“java -version”,会显示出 Java 的版本信息,如图 3.9 所示。

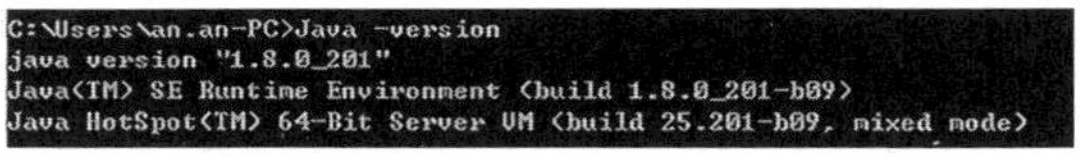

图 3.9　Java 版本信息

(2) 安装 Maven 并配置环境变量

由于开发环境使用了 Maven 作为项目管理工具,所以需要配置本地的 Maven 环境,如果读者使用本地 Jar 包的方式进行开发,可以不安装 Maven 环境,直接在开发工具中导入 Jar 包即可。

从官方网站下载 Maven 压缩包,然后解压并配置环境变量,为了验证环境变量的安装情况,打开终端 cmd. exe,然后输入“mvn -version”,会显示出 Maven 的版本信息,如图 3.10 所示。

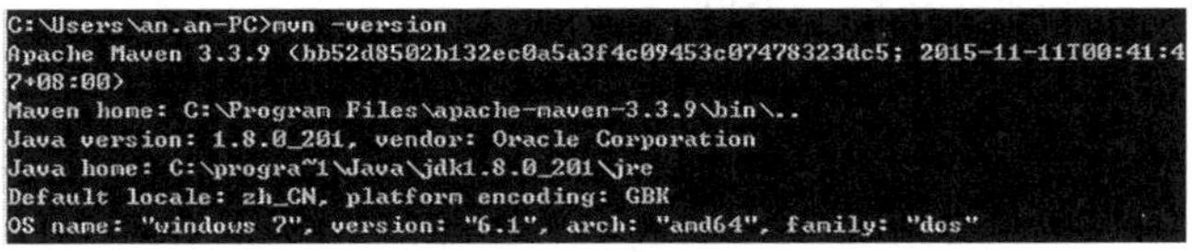

图 3.10　Maven 版本信息

(3) 安装 Hadoop 并配置环境

从官方网站分支上下载 Hadoop 安装包,解压到路径下,并配置环境变量。为了验证环境变量的安装情况,打开终端“cmd. exe”,然后输入“hadoop version”,会显示出 Hadoop 的版本信息,如图 3.11 所示,图中也显示了本书中 Hadoop 的安装路径。

(4) 下载 Winutils 工具

自行搜索下载工具 Winutils,进行解压,将其文件夹下的 winutils. exe 文件拷贝到刚才配置好的 Hadoop 安装包下的“bin”文件下,本书路径为“C:\Program Files\hadoop-2. 7. 7\bin”,如图 3.12 所示。

图 3.11　Hadoop 版本信息

图 3.12　Winutils. exe 文件信息

（5）使用 Eclipse 或者 IntelliJ IDEA 创建一个基于 Maven 的工程

具体创建过程在此不详细介绍，请读者自行查阅资料。如果使用了导入 Jar 包的方式进行 Hadoop 开发，可以创建普通工程。

（6）在"pom. xml"文件中添加依赖

如果使用 Maven 进行项目依赖管理，就需要添加相应的依赖包信息，创建好一个 Maven 工程以后，需要单击并修改该工程下的"pom. xml"文件，增加该工程的相应依赖。第一次修改"pom. xml"文件后，开发工具 Eclipse 或 IntelliJ IDEA 会自动的根据修改内容从官网下载相应的依赖 jar 包，这一过程消耗的时间会非常长。在"pom. xml"文件中增加的内容如下：

```
< dependencies >
        < dependency >
            < groupId > org. apache. hadoop < /groupId >
            < artifactId > hadoop-common < /artifactId >
            < version > 2. 7. 2 < /version >
        < /dependency >
        < dependency >
            < groupId > org. apache. hadoop < /groupId >
            < artifactId > hadoop-client < /artifactId >
            < version > 2. 7. 2 < /version >
        < /dependency >
        < dependency >
            < groupId > org. apache. hadoop < /groupId >
            < artifactId > hadoop-hdfs < /artifactId >
            < version > 2. 7. 2 < /version >
        < /dependency >
        < dependency >
            < groupId > jdk. tools < /groupId >
```

```
< artifactId > jdk. tools </ artifactId >
< version > 1. 8 </ version >
< scope > system </ scope >
< systemPath >  C:/Program
Files/Java/jdk1. 8. 0_201/lib/tools. jar </ systemPath >
        </ dependency >
</ dependencies >
```

以上步骤配置成功以后,在第 2 章已经搭建好 Hadoop 环境且虚拟机中服务运行正常的情况下,就可以进行 Java 代码的开发工作了。下面介绍如何通过 Java 代码使用 FileSystem 类进行 HDFS 的基本操作。

3.5.2　FileSystem 类

Hadoop 的官方解释为:FileSystem 是文件系统的通用抽象基类,它可以作为一个分布式文件系统,也可以作为用来映射本地文件的系统。所有需要使用文件系统的用户,都需要先创建一个 FileSystem 对象来进行操作。获得 FileSystem 对象需要使用如下两个静态方法来实现:

public static FileSystem get(Configuration conf) throws IOException

public static FileSystem get(final URI uri,Final Configuration conf)

对于详细的使用方法,Hadoop 的官方压缩包提供了对应文档,官方网站上也提供了 API 文档可以参考。

(1)本地与 HDFS 互传

使用 Java 对接 Hadoop 中的 HDFS,其具体的编程思路分为以下三步:获取文件系统、进行相应操作、关闭资源。

①初始化并获取文件系统:创建 Configuration 对象是初始化文件系统的第一步,Configuration 对象封装了客户端或服务端的配置信息;然后,对下面程序进行解释,该程序设置了副本数(dfs. replication)为 2;最后,创建的文件系统对象,准备对文件进行操作。

②对文件进行操作:下面程序主要是将本机的"E://1. txt"上传至 HDFS 的根路径文件名称为"1. txt"。文件操作可以有很多种方式,具体的使用方法可以参考上面提到的官方文档。

③关闭资源:为了避免造成计算机资源浪费,关闭操作并显示。下面是程序的内容:

```
import org. apache. hadoop. conf. Configuration;
import org. apache. hadoop. fs. FileSystem;
import org. apache. hadoop. fs. Path;
import java. io. IOException;
import java. net. URI;
import java. net. URISyntaxException;
public class HDFSClient {
    //1 初始化并获取文件系统
    static Configuration configuration = new Configuration( );
    static FileSystem hdfs;
```

```
    static {
        System. setProperty ("hadoop. home. dir", "C:\\Program Files\\hadoop-2. 7. 7");
        configuration. set ("dfs. replication", "2");
        try {
            hdfs = FileSystem. get( new URI ("hdfs://192. 168. 6. 100:9000"),
configuration, "apache");
        } catch (Exception e) {
            e. printStackTrace();
        }
    }
    //2 从本地文件上传至HDFS 根路径
    public void copy( FileSystem fs, String src, String des) throws IOException{
    fs. copyFromLocalFile( false, new Path( src), new Path( des));
}

    public static void main( String[] args) throws IOException,
InterruptedException, URISyntaxException{
        HDFSClient client = new HDFSClient();
        client. copy( hdfs,"e:/1. txt","/1.txt");
        hdfs. close();//3. 关闭资源
        System. out. println ("over");
    }
}
```

如图 3. 13 所示,运行程序结束后,显示出"over",然后通过浏览器访问"http://192. 168. 6. 100:50070/explorer. html",在路径中输入根目录查看已经上传了"1. txt"文件且其副本数为 "2",用户为 apache。如图 3. 14 所示,可以通过输入命令"hadoop fs -ls /",查看 HDFS 的根路 径下存在"1. txt"文件。

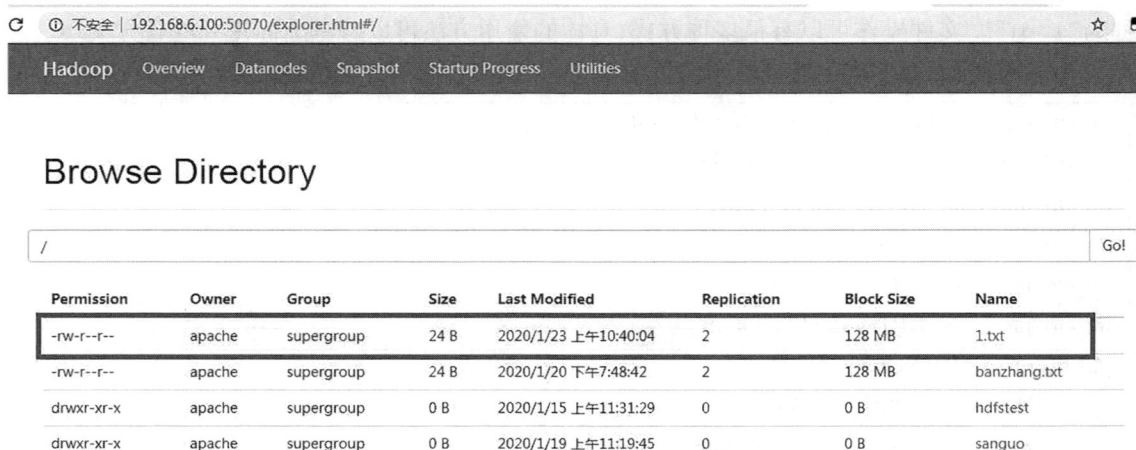

Browse Directory

Permission	Owner	Group	Size	Last Modified	Replication	Block Size	Name
-rw-r--r--	apache	supergroup	24 B	2020/1/23 上午10:40:04	2	128 MB	1.txt
-rw-r--r--	apache	supergroup	24 B	2020/1/20 下午7:48:42	2	128 MB	banzhang.txt
drwxr-xr-x	apache	supergroup	0 B	2020/1/15 上午11:31:29	0	0 B	hdfstest
drwxr-xr-x	apache	supergroup	0 B	2020/1/19 上午11:19:45	0	0 B	sanguo

图 3. 13　文件上传情况

```
^C[apache@master hadoop]$ hadoop fs -ls /
Found 6 items
-rw-r--r--   2 apache supergroup         24 2020-01-23 13:21 /2.txt
-rw-r--r--   2 apache supergroup         24 2020-01-20 19:48 /banzhang.txt
drwxr-xr-x   - apache supergroup          0 2020-01-15 11:31 /hdfstest
drwxr-xr-x   - apache supergroup          0 2020-01-19 11:19 /sanguo
drwx------   - apache supergroup          0 2020-01-13 21:59 /tmp
drwxr-xr-x   - apache supergroup          0 2020-01-18 14:30 /user
```

图 3.14　HDFS 根路径目录

至此已经介绍了使用 FileSystem 将本地文件上传至 HDFS 的程序,除此之外,该类还提供了从 HDFS 下载文件的方法 moveToLocalFile(Path src, Path dst),其使用方法可以参考文档。

(2)文件夹创建与删除

FileSystem 中一些常用代码调用方法,用户可以根据自己需求在主函数中进行调用。下面程序中"hdfs"是 FileSystem 的对象,调用方法 mkdirs 在 HDFS 中创建文件夹。

表 3.3 给出了部分 FileSystem 的使用方法,其中包括创建文件夹、检查文件是否存在、是否递归删除指定文件的方法,可以根据下面的代码进行参考。

表 3.3　FileSystem 部分使用方法

返回类型	方　　法	解　　释
Boolean	mkdirs(Path f)	使用默认权限创建文件夹
Boolean	exists(Path f)	检查是否存在
Boolean	delete(Path f, Boolean recursive)	是否递归删除指定文件或文件夹

```
// 创建文件夹
public void createDir(String dir) throws IOException {
    hdfs.mkdirs(new Path(dir));
    System.out.println("newdir \t" + dir);
}
// 删除文件或文件夹
public void deleteFile(String fileName) throws IOException {
    Path f = new Path(fileName);
    boolean isExists = hdfs.exists(f);
    if (isExists) {         //if exists, delete
        boolean isDel = hdfs.delete(f,true);
        System.out.println(fileName + "  delete? \t" + isDel);
    } else {
        System.out.println(fileName + "  exist? \t" + isExists);
    }
}
```

通过在主函数中使用加入语句"client.createDir("/apache1")",以此来调用 createDir 方法创建文件夹 apache1,然后使用命令"hadoop fs -ls /",查看 HDFS 中已经创建文件夹 apache1,如图 3.15 所示。在主函数中使用"client.deleteFile(Path f, Boolean recursive)"就可

以删除文件或文件夹,该方法的第一个参数是 HDFS 要删除的文件路径,第二个参数是是否递归删除。

```
[apache@master hadoop]$ hadoop fs -ls /
Found 7 items
-rw-r--r--   2 apache supergroup         24 2020-01-23 13:21 /2.txt
drwxr-xr-x   - apache supergroup          0 2020-01-23 14:46 /apache1
-rw-r--r--   2 apache supergroup         24 2020-01-20 19:48 /banzhang.txt
drwxr-xr-x   - apache supergroup          0 2020-01-15 11:31 /hdfstest
drwxr-xr-x   - apache supergroup          0 2020-01-19 11:19 /sanguo
drwx------   - apache supergroup          0 2020-01-13 21:59 /tmp
drwxr-xr-x   - apache supergroup          0 2020-01-18 14:30 /user
```

图 3.15　HDFS 文件夹上传情况

(3)文件详情、重命名

通过 FileSystem 类还可以对文件进行重命名,判断是文件或是文件夹,还可以查看文件的名称、长度、分组、权限和存储的块信息等。下面介绍了程序中使用的方法,见表 3.4。

表 3.4　FileSystem 部分使用方法

返回类型	方　法	解　释
Abstract Boolean	rename（Path src，Path dst）	从 src 重命名到 dst
Boolean	isFile(Path f)	是否是文件
Boolean	isDirectory(Path f)	是否是文件夹
org. apache. hadoop. fs. RemoteIterator < LocatedFileStatus >	listFiles(Path f，Boolean recursive)	列出文件状态与块信息

```
public void renameFile( FileSystem fs，String src，String dst) throws IOException{
    fs. rename( new Path( src)，new Path( dst)) ;// 文件重命名
}
public boolean isFile( FileSystem fs，String path) throws IOException{
    return fs. isFile( new Path( path)) ;// 判断是否是文件
}
public boolean isDir( FileSystem fs，String path) throws IOException{
    return fs. isDirectory( new Path( path)) ;// 判断是否是文件夹
}
```

通过 FileSystem 类的 listFiles 方法可以列出指定路径的文件状态与块信息,该方法返回了一个迭代器"org. apache. hadoop. fs. RemoteIterator < LocatedFileStatus >",该迭代器中是 Locate-FileStatus 类。LocateFileStatus 类定义了文件状态,例如:文件的块信息等。该类有很多属性可以访问,具体属性见表 3.5。下面程序通过循环遍历迭代器,然后显示每个文件的名称、长度、权限、分组、块信息和所在节点。

表 3.5　LocateFileStatus 类属性

属　性	解　释	属　性	解　释
Length	文件长度	Permission	权限

续表

属　　性	解　　释	属　　性	解　　释
Isdir	是否是文件	Owner	归属者
Block_replication	块复制	Group	归属组
Blocksize	块大小	Symlink	符号链接
Modification_time	修改时间	Path	路径
Access_time	上次访问时间	Locations	位置

```
public void testListFiles(String path) throws IOException, InterruptedException,
URISyntaxException {
    //2 获取文件详情
    RemoteIterator<LocatedFileStatus> listFiles = hdfs.listFiles(new Path(path), true);
    while (listFiles.hasNext()) {
        LocatedFileStatus status = listFiles.next();
        System.out.println(status.getPath().getName());// 文件名称
        System.out.println(status.getLen());// 长度
        System.out.println(status.getPermission());// 权限
        System.out.println(status.getGroup());// 分组
        BlockLocation[] blockLocations = status.getBlockLocations();// 获取存储的块信息
        for (BlockLocation blockLocation : blockLocations) {
            // 获取块存储的主机节点
            String[] hosts = blockLocation.getHosts();
            for (String host : hosts) {
                System.out.println(host);
            } }
        System.out.println("----------分割线----------");
    }}
```

运行结果如下:

```
banzhang. txt
24
rw-r--r--
supergroup
slave2
slave1
```

```
-----------分割线----------
_SUCCESS
0
rw-r--r--
supergroup
-----------分割线----------
```

（4）文件读取

通过 FileSystem 类的 open 方法可以打开 HDFS 上的指定文件。该方法返回的类是"org. apache. hadoop. fs. FSDataInputStream"，返回的 FSDataInputStream 类型通过 InputStreamReader 读取，并使用 BufferReader 作为缓冲，从而读取该文本内容。

读取 HDFS 的根路径下名为"banzhang. txt"文本文件的程序如下：

```java
import java. io. BufferedReader;
import java. io. InputStreamReader;
import java. net. URI;
import org. apache. hadoop. conf. Configuration;
import org. apache. hadoop. fs. FileSystem;
import org. apache. hadoop. fs. Path;
public class HCat{
    public void cat(String fpname) throws Exception{
        Path path = new Path(fpname);
        FileSystem fs = FileSystem. get( new URI( "hdfs://192. 168. 6. 100:9000") , new Configuration( ) );
        BufferedReader br = new BufferedReader(new InputStreamReader(fs. open(path)));
        String line = br. readLine( );
        while(line ! = null){
            System. out. println(line);
            line = br. readLine( );}
        br. close( );}
    public static void main(String[ ] args){
        System. setProperty( "hadoop. home. dir" , "C:\\Program Files\\hadoop-2. 7. 7");
        HCat hcat = new HCat( );
        try{
            hcat. cat( "/banzhang. txt" );
        }catch (Exception e){
            e. printStackTrace( );
        }}}
```

运行结果如下：

hello hadoop

hello hdfs

3.5.3　FileStatus 类

Hadoop 中的 FileStatus 类可以用来查看文件或目录的元数据信息,HDFS 中的任意文件或目录都可以得到对应的 FileStatus。前面查看文件详情的程序中使用了 LocateFileStatus 类,而该类就是继承自 FileStatus。因此,FileStatus 也封装了之前表 3.5 介绍过的所有属性,其包括元数据信息、文件长度、块大小、备份、修改时间、权限等。

获得 FileStatus 对象的方法一般是通过 FileSystem 的 getFileStatus()方法,或者使用其自身的构造方法得到。下面给出 FileStatus 的相关使用方法:

```
import java.sql.Timestamp;
import org.apache.hadoop.conf.Configuration;
import org.apache.hadoop.fs.FileStatus;
import org.apache.hadoop.fs.FileSystem;
import org.apache.hadoop.fs.Path;
import java.net.URI;
public class FileStatusMetadata {
    public static void main(String[] args) throws Exception{
        System.setProperty("hadoop.home.dir", "C:\\Program Files\\hadoop-2.7.7");
        Configuration configuration = new Configuration();// 读取 hadoop 文件系统的配置
        String fileUri = "hdfs://192.168.6.100:9000/banzhang.txt";// 查看 HDFS 中某文件的元数据信息
        FileSystem fileFS = FileSystem.get(URI.create(fileUri), configuration);
        FileStatus fileStatus = fileFS.getFileStatus(new Path(fileUri));
        System.out.println("查看 HDFS 中某文件的信息");// 获得这个文件的基本信息
        if(fileStatus.isDirectory() == false){
            System.out.println("这是个文件");}
        System.out.println("文件路径:" + fileStatus.getPath());
        System.out.println("文件长度:" + fileStatus.getLen());
        System.out.println("文件修改日期:" + new
                        Timestamp(fileStatus.getModificationTime()).toString());
        System.out.println("文件上次访问日期:" + new
                        Timestamp(fileStatus.getAccessTime()).toString());
        System.out.println("文件备份数:" + fileStatus.getReplication());
        System.out.println("文件的块大小:" + fileStatus.getBlockSize());
        System.out.println("文件所有者:" + fileStatus.getOwner());
        System.out.println("文件所在的分组:" + fileStatus.getGroup());
        System.out.println("文件的权限:" + fileStatus.getPermission().toString());
    }}
```

运行结果如下:

查看 HDFS 中某文件的信息

这是个文件

文件路径:hdfs://192.168.6.100:9000/banzhang.txt

文件长度:24

文件修改日期:2020-01-20 19:48:42.82

文件上次访问日期:2020-01-20 19:48:37.774

文件备份数:2

文件的块大小:134217728

文件所有者:apache

文件所在的分组:supergroup

文件的权限:rw-r--r—

```java
import java.sql.Timestamp;
import org.apache.hadoop.conf.Configuration;
import org.apache.hadoop.fs.FileStatus;
import org.apache.hadoop.fs.FileSystem;
import org.apache.hadoop.fs.Path;
import java.net.URI;
public class FileStatusMetadata {
    public static void main(String[] args) throws Exception {
        System.setProperty("hadoop.home.dir", "C:\\Program Files\\hadoop-2.7.7");
        // 读取hadoop 文件系统的配置
        Configuration configuration = new Configuration();
        System.out.println("查看 HDFS 中某目录的元数据信息");// 查看HDFS 中某
文件的元数据信息
        String dirUri = "hdfs://192.168.6.100:9000/hdfstest";
        FileSystem dirFs = FileSystem.get(URI.create(dirUri), configuration);
        FileStatus dirStatus = dirFs.getFileStatus(new Path(dirUri));
        if(dirStatus.isDirectory() == true){
            System.out.println("这是个目录");}
        System.out.println("目录路径:" + dirStatus.getPath());
        System.out.println("目录长度:" + dirStatus.getLen());
        System.out.println("目录修改日期:" + new
                Timestamp(dirStatus.getModificationTime()).toString());
        System.out.println("目录上次访问日期:" + new
                Timestamp(dirStatus.getAccessTime()).toString());
        System.out.println("目录备份数:" + dirStatus.getReplication());
        System.out.println("目录的块大小:" + dirStatus.getBlockSize());
```

```
        System. out. println("目录所有者:" + dirStatus. getOwner());
        System. out. println("目录所在的分组:" + dirStatus. getGroup());
        System. out. println("目录的权限:" + dirStatus. getPermission(). toString());
        System. out. println("这个目录下包含以下文件或目录:");
        for(FileStatus fs : dirFs. listStatus(new Path(dirUri))){
            System. out. println(fs. getPath());}}}
```

运行结果如下:

查看 HDFS 中某目录的元数据信息

这是个目录

目录路径:hdfs://192.168.6.100:9000/hdfstest

目录长度:0

目录修改日期:2020-01-15 11:31:29.295

目录上次访问日期:1970-01-01 08:00:00.0

目录备份数:0

目录的块大小:0

目录所有者:apache

目录所在的分组:supergroup

目录的权限:rwxr-xr-x

这个目录下包含以下文件或目录:

hdfs://192.168.6.100:9000/hdfstest/output

hdfs://192.168.6.100:9000/hdfstest/wctest. txt

3.5.4　FSDataInputStream 类

使用 FSDataInputStream 类创建的对象不是标准的"java. io"对象,FSDataImputStream 类是继承于"java. io"中 DataInputStream 接口的一个特殊类,使用该类可以对其进行 Java 中基本的 IO 流操作。除此之外,它还实现了 Seekable 和 PositionedReadable 两个接口,使其具有流式搜索和流式定位读取的功能。以下是 Seekable 接口源代码:

```
public interface Seekable {
    void seek(long var1) throws IOException;
    long getPos() throws IOException;
    @ Private
    boolean seekToNewSource(long var1) throws IOException;
}
```

Seek(long var1)方法可以通过参数 Var1 在文件中进行定位,定位到 Var1 的指定位置,如果 Var1 的值大于文件的长度,会抛出 IOException。GetPost()方法可以返回当前位置相对于文件开头位置的偏移量。需要注意的是:Seek()方法是一个相对高开销的操作,需要谨慎使用。建议用流数据来构建应用的访问方式(例如:MapReduce),而非执行大量 Seek()方法。

PositionedReadable 接口的实现,提供了 FSDataInputStream 类具有从指定位置读取一部分

数据的功能,下面是 PositionedReadable 接口的源代码:

```
public interface PositionedReadable {
    int read(long var1, byte[] var3, int var4, int var5) throws IOException;
    void readFully(long var1, byte[] var3, int var4, int var5) throws IOException;
    void readFully(long var1, byte[] var3) throws IOException;
}
```

read(long posttion, byte[] buffer, int offset, int length)方法是从文件的指定 position 位置向后读取 length 个字节,并将这些读取数据存储到 buffer 的指定偏移位置 offset 上,该方法不会改变文件当前的偏移位置且线程安全,该方法将返回实际读取字节数。

readFully(long position, byte[] buffer, int offset, int length)方法与前面的 read 方法类似,唯一的区别是:该方法读取的字节数是固定的,就是 length,而 read 方法读取的字节数可能小于等于 length。如果到文件末尾,则抛出 IOException。

下面给出使用 FSDataInputStream 类将 HDFS 上的文件拷贝到本机的程序,该程序借助了 Hadoop 中的工具类 IOUtils,该工具类提供了 copyBytes(InputStream in, OutPutStream out, Configuration conf)方法,将 HDFS 拷贝到本机的操作,HDFS 作为输入流,本机 PC 作为输出流,如图 3.16 所示。

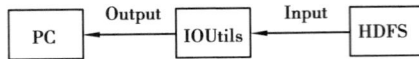

图 3.16　HDFS 拷贝到本机流程

```
public class IOCopy {
    public void getFileFromHDFS(String src, String dst) throws IOException, InterruptedException, URISyntaxException {
        Configuration configuration = new Configuration();//1 获取文件系统
        FileSystem fs = FileSystem.get(new URI("hdfs://192.168.6.100:9000"), new Configuration());
        FSDataInputStream fis = fs.open(new Path(src)); //2 获取输入流
        FileOutputStream fos = new FileOutputStream(new File(dst)); //3 获取输出流
        IOUtils.copyBytes(fis, fos, configuration); //4 流的对拷
        IOUtils.closeStream(fos); //5 关闭资源
        IOUtils.closeStream(fis);
        fs.close(); }
    public static void main(String[] args){
        System.setProperty("hadoop.home.dir", "C:\\Program Files\\hadoop-2.7.7");
        IOCopy iocpy = new IOCopy();
        try{
            iocpy.getFileFromHDFS("/banzhang.txt", "e:/banzhang.txt");
        } catch (Exception e) {
```

```
            e. printStackTrace( );
        }}}
```

　　程序执行结束以后,在 E 盘下多了一个"banzhang. txt"文件,该文件的内容与 HDFS 中的内容相同。

　　下面给出使用 Seek 方法的程序,本书只给出具体实现的方法,读者可以自己调用该方法实现。该程序使用 Seek 方法将输入流进行重新定位,然后将内容重新输出两次,最后查看输出流的位置。其程序如下:

```
    public void getFileFromHDFSseek( String src) throws IOException, InterruptedException,
URISyntaxException {
    // 1 获取文件系统
    Configuration configuration = new Configuration( );
    FileSystem fs = FileSystem. get( new URI( "hdfs://192. 168. 6. 100:9000"), new Con-
figuration( ));
    //2 获取输入流
    FSDataInputStream in = fs. open( new Path( src));
    System. out. println( "1. 当前所在位置:" + in. getPos( ));
    System. out. println( "2. 输出内容:");
    IOUtils. copyBytes( in, System. out, in. available( ));
    System. out. println( "3. 此时所在位置:" + in. getPos( ));
    System. out. print( "4. 重新定位:");
    System. out. println( "………………………………");
    in. seek( 0);
    System. out. println( "获取当前位置:" + in. getPos( ));
    System. out. println( "第二次内容输出:");
    IOUtils. copyBytes( in, System. out, in. available( ));
    System. out. println( "获取当前位置:" + in. getPos( ));// 获取当前位置
    System. out. println( "完成!");
    in. close( );
    fs. close( );
}
```

　　运行程序后,可以发现通过使用 Seek 函数对输入流重新定位到开始位置后,重新对 HDFS 中的文件进行的重新输出,其结果如下:

1. 当前所在位置:0

2. 输出内容:

hello hadoop

hello hdfs

3. 此时所在位置:24

4. 重新定位:………………………………………

获取当前位置:0

第二次内容输出:

hello hadoop

hello hdfs

获取当前位置:24

完成!

3.5.5　FSDataOutputStream 类

FSDataOutputStream 类重载了很多 Write 方法,这些 Write 方法写入很多类型的数据:比如字节数组,Long、Int、Char 等。要获得 FSDataOutputStream 的实例,必须先将 FileSystem 类与 HDFS 建立连接,然后通过路径返回 FSDataOutputStream 实例。

FileSystem 类有一系列创建文件的方法,这些方法大体分为 Create 函数和 Append 函数。Create 函数是给拟创建的文件指定一个 Path 对象,返回 FSDataOutputStream 对象。Append 函数是在 HDFS 上已有的文件末尾追加写入数据的方法。下面是具体的函数式:

Public FSDataOutputStream creat(Path p) throws IOException

Create 函数可以创建一个空文件,然后可以向该文件顺序写入,除了上述的方法,Create 函数还有很多重载的方法,用来设置是否强制覆盖文件、设置文件副本数、写入文件的缓存大小、文件块大小等。

Public FSDataOutputStream append(Path p) throws IOException

Append 函数可以打开一个已有文件,并在文件末尾追加数据。以日志文件为例,可以重启后在文件上继续写入日志。Append 方法也有很多重载的方法,下面将给出创建文件、文件追加的程序,其代码如下:

```
public void putFileToHDFS( String path) throws IOException, InterruptedException, URISyntaxException {
    Configuration configuration = new Configuration();//1 获取文件系统
    FileSystem fs = FileSystem.get( new URI( "hdfs://192.168.6.100:9000"), configuration);
    FileInputStream fis = new FileInputStream( new File( "e:/banzhang.txt"));//2 创建输入流
    FSDataOutputStream fos = fs.create( new Path( path)); //3 获取输出流
    IOUtils.copyBytes( fis, fos, configuration); //4 流对拷
    IOUtils.closeStream( fos); //5 关闭资源
    IOUtils.closeStream( fis);
    fs.close();}
```

运行程序后,从 Hadoop 的 Web 界面可以看到根路径下新建了"banhua.txt"文件,该文件内容与 E 盘下的"banzhang.txt"文本相同。本地文本的数据流作为输入流,HDFS 方向作为输出流,通过 IOUtils 进行拷贝操作,如图 3.17 所示。

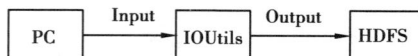

图 3.17　本机拷贝到 HDFS 流程

上面使用的是 Create 函数对 HDFS 进行的新建文件操作,后面使用 Append 函数对"banzhang. txt"文件追加内容,其程序如下:

```
public void appendFileToHDFS(String path) throws IOException, InterruptedException,
URISyntaxException {
    Configuration configuration = new Configuration();//1 获取文件系统
    FileSystem fs = FileSystem. get(new URI("hdfs://192.168.6.100:9000"), configura-
tion);
    FileInputStream fis = new FileInputStream(new File("e:/banzhang. txt")); //2 创建
输入流
    FSDataOutputStream fos = fs. append(new Path(path)); //3 获取输出流
    IOUtils. copyBytes(fis, fos, configuration); //4 流对拷
    IOUtils. closeStream(fos); //5 关闭资源
    IOUtils. closeStream(fis);
    fs. close();
}
```

程序运行结束后,使用命令"hadoop fs -cat /banzhang. txt"查看该文件,可以发现该文件进行了追加,其运行结果如下:

[apache@ master hadoop] $ hadoop fs -cat /banzhang. txt

hello hadoop

hello hdfshello hadoop

hello hdfs

3.5.6　HDFS 读写数据流程

HDFS 在读写数据中的工作流程由三部分组成,即客户端、NameNode 和 DataNode。其中,Distributed FileSystem 可以理解为 HDFS 客户端的 API,通过它可以实现客户端到 NameNode 的调用。其读取数据流程如图 3.18 所示。

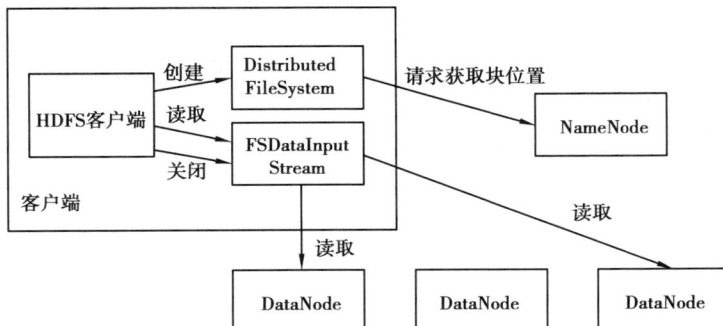

图 3.18　读取数据流程

下面详细介绍 HDFS 在读写数据中的工作流程:

①客户端通过 Distributed FileSystem 向 NameNode 请求下载文件,NameNode 中存储着文件的元数据(元数据包括两个部分:a. 文件与 Block 的映射表;b. Block 与 DataNode 的映射表),通过查找其元数据,找到 Block 所在的 DataNode 地址。需要注意的是:这里 NameNode 只会返回文件中开始的一部分 Block,而不是全部 Block。

②Distributed FileSystem 向客户端返回一个支持文件定位的输入流对象 FSDataInputStream,该对象主要用来为客户端提供读取数据的功能。

③目前客户端中已经有了请求数据的 DataNode 地址和一个可以读取数据的流对象,就可以读取 Block 了。客户端会在输入流基础上调用 Read( ),连接元数据中最近的 DataNode,并在数据流中重复调用 Read( ),直到其最近的 DataNode 中的 Block 读取完毕,关闭对该 DataNode 的连接;然后查找存储下一个数据块距离客户端最近的 DataNode,循环往复直至读取完毕,调用 Close( )关闭流操作。

需要注意的是:如果所连接的 DataNode 在读取中出现故障,客户端就会尝试连接存储这个 Block 的下一个最近 DataNode,并记录该节点故障情况,以防再重新连接浪费资源。

下面对文件写入流程进行详细介绍,在 HDFS 中新文件写入的流程图如图 3.19 所示。

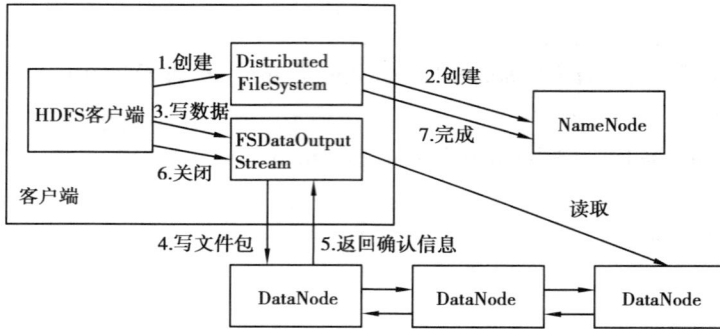

图 3.19　写入数据流程

①客户端通过 Distributed FileSystem 向 NameNode 请求上传文件。

②NameNode 检查目标文件是否存在,并验证新文件是否存在于文件系统中且客户端拥有创建文件权限。若可以上传,Distributed FileSystem 返回一个 FSDataOutputStream 用于客户端写入数据。

③FSDataOutputStream 会将文件分割成多个文件包,并拼接成队列,将用于上传的合适 DataNode 组成一个通信管道。

④客户端调用 DataStreamer 开始向 DataNode 上传文件包。DataStreamer 在创建文件流时,已经初始化,其主要作用是将队列中的文件包以流的方式发送到第一个 DataNode,然后将其推送给第二个 DataNode,直到最后一个 DataNode。

⑤当文件数据上传成功以后,调用 Close( )方法关闭数据流。这步操作会在连接 NameNode 确认文件写入完成之前将所有剩下的文件包放入 DataNode 管道,等待通知确认信息。

习 题 3

一、单选题

1. 下列选项中,若是( )节点关闭了,就无法访问 Hadoop 集群。

   A. NameNode　　　　　　　　B. DataNode

   C. Secondary NameNode　　　D. YARN

2. 下列说法中,关于客户端从 HDFS 中读取数据的说法错误的是( )。

   A. 客户端会选取排序靠前的 DataNode 来依次读取 Block 块

   B. 客户端会将最终读取出来所有的 Block 块合并成一个完整的最终文件

   C. 客户端会选取排序靠后的 DataNode 来依读取 Block 块

   D. 如果客户端本身就是 DataNode,那么将从本地直接获取数据

3. 下列选项中,用于检验数据完整性的信息的是( )。

   A. 心跳机制　　　B. ACK 机制　　　C. 选举机制　　　D. 垃圾回收机制

4. 下列选项中,关于 HDFS 说法错误的是( )。

   A. HDFS 是 Hadoop 的核心之一　　　B. HDFS 源于 Google 的 GFS 论文

   C. HDFS 用于存储海量大数据　　　　D. HDFS 是用于计算海量大数据

5. 下列选项中,用于存放部署 Hadoop 集群服务器的是( )。

   A. NameNode　　　B. DataNode　　　C. Rack　　　　　D. Metadata

6. 下列选项中,用于删除 HDFS 上文件夹的方法是( )。

   A. delete( )　　　B. rename( )　　　C. mkdirs( )　　　D. copyToLocalFile( )

7. 下列选项中,关于 HDFS 的架构说法正确的是( )。

   A. HDFS 采用的是主备架构　　　B. HDFS 采用的是主从架构

   C. HDFS 采用的是从备架构　　　D. 以上说法均错误

8. 下列选项中,用于上传文件的 Shell 命令是( )。

   A. -ls　　　　　　B. -mv　　　　　　C. -cp　　　　　　D. -put

二、多选题

1. 下列选项中,关于数据块说法正确的是( )。

   A. 磁盘进行数据读/写的最大单位　　B. 磁盘进行数据读/写的最小单位

   C. 数据块是抽象的块　　　　　　　　D. DataNode 是按 Block 对数据进行存储

2. 下列说法中,关于 Crontab 表达式说法正确的是( )。

   A. 通过执行 Crontab 表达式可以执行定时任务

   B. Crontab 表达式是由 6 个参数决定

   C. Crontab 表达式是由 5 个参数决定

   D. 以上说法均正确

3. 下列说法中,关于使用 Java API 操作 HDFS 说法正确的是( )。

   A. 需要引入 hadoop-common 依赖　　B. 需要引入 hadoop-hdfs 依赖

   C. 需要引入 hadoop-client 依赖　　　D. 以上说法均错误

4. 下列选项中，关于 Metadata 元数据说法正确的是(　　)。

　　A. 元数据维护 HDFS 文件系统中文件和目录的信息

　　B. 元数据记录与文件内容存储相关的信息

　　C. 元数据用来记录 HDFS 中所有 DataNode 的信息

　　D. 元数据用于维护文件系统名称并管理客户端对文件的访问

三、判断题

1. HDFS 目前不支持并发多用户的写操作，写操作只能在文件末尾追加数据。(　　)

2. HDFS 中提供 Secondary NameNode 节点，是为了取代 NameNode 节点。(　　)

3. 在 Windows 平台开发 HDFS 项目时，若不设置 Hadoop 开发环境，也是没问题的。(　　)

4. 传统文件系统存储数据时，若文件太大，会导致上传和下载非常耗时。(　　)

5. Hadoop 在设计时考虑到数据的安全与高效，数据文件默认在 HDFS 上存放一份。(　　)

6. 在采集数据的过程中，通过在滚动完文件的名称后添加一个标识的策略，不能避免因日志文件过大而导致上传效率低的问题。(　　)

7. DataNode 在客户端或者 NameNode 的调度下，存储并检索数据块，对数据块进行创建、删除等操作。(　　)

8. Namenode 存储的是元数据信息，元数据信息并不是真正的数据，真正的数据是存储在 DataNode 中。(　　)

9. 在安装配置 Windows 平台 Hadoop，配置后直接运行是没有问题的。(　　)

10. DataNode 是 HDFS 集群的主节点，NameNode 是 HDFS 集群的从节点。(　　)

11. 在 Linux 中，mkdir 命令主要用于在指定路径下创建子目录。(　　)

12. 在 Hadoop 2. x 版本下，Block 数据块的默认大小是 64 MB。(　　)

13. 由于 Hadoop 是使用 Java 语言编写的，因此可以使用 Java API 操作 Hadoop 文件系统。(　　)

14. HDFS 适用于低延迟数据访问的情况，例如毫秒级实时查询。(　　)

15. 由于 Hadoop 的设计对硬件要求低，因此无须构建在昂贵的高可用性机器上，导致无法保证数据的可靠性、安全性和高可用性。(　　)

16. 通过扩容的方式解决不了传统文件系统遇到存储瓶颈的问题。(　　)

17. Secondary NameNode 可以有效地解决 Hadoop 集群单点故障问题。(　　)

四、填空题

1. HDFS 是可以由＿＿＿＿＿＿组成，每个服务器机器存储文件系统数据的一部分。

2. DataNode 中的数据块是以文件的类型存储在磁盘中，其中包含两个文件，一是＿＿＿＿＿＿＿，二是每个数据块对应的一个元数据文件。

3. DataNode 之间需要建立＿＿＿＿＿＿通道，用于传输数据包。

4. 在 HDFS 写数据的流程中，数据是以＿＿＿＿＿＿的形式进行发送。

5. 传统的文件系统对海量数据的处理方式是将数据文件直接存储在＿＿＿＿＿＿台服务器上。

6. 在 NameNode 内部是以元数据的形式，维护着两个文件，分别是 FsImage 镜像文件和

_____文件。

7. _____会自动加载 HDFS 的配置文件 core-site. xml,从中获取 Hadoop 集群的配置信息。

8. _____节点,负责记录文件系统名称空间或其属性的任何更改操作,并存储配置文件中设置备份的数量。

9. NameNode 和 DataNode 通过_____,可以检测 DataNode 是否工作。

10. 一般关于日志文件产生都是根据_____而决定。

11. 一个元数据文件包括数据长度、_____以及时间戳。

12. HDFS 采用的是_____的数据一致性模型。

13. 客户端从 HDFS 中查找数据,即为_____数据;Client 从 HDFS 中存储数据,即为写数据。

14. 扩容的方式有两种,分别是_____和横向扩容。

15. HDFS 与现有的分布式文件系统的主要区别是 HDFS 具有_____能力。

16. NameNode 主要以_____的形式对数据进行管理和存储。

17. 文件系统对象 FileSystem 提供的方法_____用于从 HDFS 复制文件到本地磁盘。

18. 客户端发起文件上传请求,通过_____协议与 NameNode 建立通信。

19. 在 HDFS 中,通过执行_____命令查看 HDFS 根目录下的所有文件及文件夹。

五、简答题

1. 简述单点故障的产生。

2. 简述 HDFS 的优点和缺点。

3. 简述 FsImage 镜像文件和 EditLog 日志文件。

4. 简述 NameNode 管理分布式文件系统的命名空间。

5. 简述 HDFS 中 Secondary NameNode 节点的主要功能。

6. 简述 HDFS 读数据的原理。

第 **4** 章
MapReduce 分布式计算系统

学习目标：

1. 理解 MapReduce 的核心思想；
2. 掌握 MapReduce 的编程模型；
3. 掌握 MapReduce 的工作原理；
4. 掌握 MapReduce 常见编程组件的使用。

4.1 MapReduce 的介绍

Hadoop MapReduce 是一个面向大规模数据集的简单易用的并行计算模型，它极大地方便了编程人员在不会分布式并行编程的情况下，将自己的程序运行在分布式系统上。本章将对 MapReduce 进行系统的介绍，让读者对 MapReduce 有一个全面的认识。

4.1.1 MapReduce 基本思想

MapReduce 是 Google 提出的大规模并行计算框架，应用于大规模廉价集群上的大数据并行处理。MapReduce 采用"分而治之"的设计思想，将输入的大量数据（这些数据之间不存在或有较少的依赖关系）采用一定的划分方法进行分片，然后将一个数据分片交由一个任务去处理，这些任务并行计算，最后再汇总所有任务的处理结果。

MapReduce 将大数据计算任务划分成多个子任务，然后由各个分节点并行计算，最后通过整合各个节点的中间结果，将各个子任务的结果进行合并，得到最终结果。

MapReduce 借助函数式编程设计思想，将大数据处理过程主要拆分为 Map（映射）和 Reduce（归约）两个模块。Map（映射）用来将输入的大量键值对映射成新的键值对，Reduce（归约）负责收集整理 Map 操作生成的中间结果，并进行输出。

MapReduce 是一个并行计算与运行软件框架，能自动完成计算任务的并行化处理，自动划分计算数据和计算任务，在集群节点上自动分配和执行任务以及收集计算结果，为程序员隐藏系统底层细节。这样程序员就不需要考虑数据的存储、划分、分发、结果收集和错误恢复等诸多细节问题,这些问题都交由系统自行处理,大大减少了软件开发人员的负担。

4.1.2　MapReduce 处理流程

MapReduce 是一种并行编程模型,将计算分为两个阶段:Map 阶段和 Reduce 阶段。首先将输入数据划分成多个块,由多个 Map 任务并行计算。MapReduce 对 Map 任务的结果进行聚集和混洗,然后提供给 Reduce 任务作为其输入数据集。最终通过合并 Reduce 任务的输出得到最终结果。MapReduce 数据处理流程如图 4.1 所示。

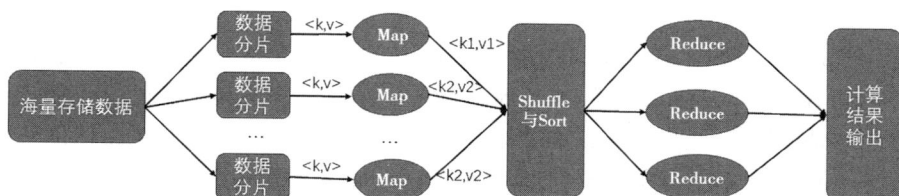

图 4.1　MapReduce 数据处理流程

(1) Map 任务处理

①从存储系统中读取输入文件内容,存储系统可以是本地文件系统或者 HDFS 文件系统等。对输入文件的每一行解析成一个 < key, value > 对,在默认情况下,key 表示行偏移量,value 表示这行的内容。

②每一个 < key, value > 对调用一次 map 函数。程序员需要根据实际的业务需要重写 map() 方法,对输入的 < key, value > 对进行处理,转换为新的 < key, value > 对输出。

(2) Shuffle 与 Sort

①对 Map 输出的 < key, value > 对进行分区,并将结果通过网络复制到不同的 Reducer 节点上。

②将不同分区的数据按照 key 进行排序,相同 key 的 value 放到一个集合中,形成新的键值对,即 < key, list(value) > 对,记为 < key, VALUE >。

(3) Reduce 任务处理

①调用 reduce 函数处理前面得到的每一个 < key, VALUE >。程序员需要根据实际的业务需要重写 reduce() 方法。

②将 reduce 函数的输出保存到文件系统中。

4.2　MapReduce 运行机制

4.2.1　MapReduce 编程模型简介

一个 MapReduce 作业通常将输入的数据集拆分成多个独立的块,这些块被 Map 任务以并行的方式进行计算。MapReduce 将 Map 任务的输出进行排序,然后将排序后的结果作为 Reduce 任务的输入。作业的输入和输出数据均被存储在文件系统中。MapReduce 框架负责任务调度、监控和重新执行失败的任务。

Hadoop MapReduce 为用户提供了五个可编程组件,分别是 InputFormat、Mapper、Partitioner、Reducer 和 OutputFormat。还有一个组件称为 Combiner,实际上是一个局部的 Reducer,通常用于 MapReduce 程序性能方面,不属于必备组件。一般情况下,用户只需要编写 Mapper 和 Reducer 类即可,其他类已由 MapReduce 实现,可以直接使用。

4.2.2　MapReduce 运行模式

Hadoop 的 MapReduce Job 的运行模式可以分为本地运行模式和集群运行模式。

(1)本地运行模式

在编写 MapReduce 程序时不带集群的配置文件,也就是 MapReduce 程序不要配置 YARN 作为运行框架,配置"mapreduce. framework. name = local",就可以实现程序的本地运行。MapReduce的本地运行模式无须启动远程的 Hadoop 集群,MapReduce 程序会被提交给本地执行器 LocalJobRunner 在本地以单进程的形式运行。输入数据及输出结果可以放在本地文件系统,也可以放在 HDFS 上。本地运行模式非常便于进行业务逻辑调试,只要在 Eclipse 中设置断点即可。

(2)集群运行模式

首先需要启动 YARN,Job 会提交到 YARN 框架中去执行,访问"http://master:8088"可以查看 Job 执行状态。在 MapReduce 的集群运行模式下,MR 程序将会提交给 YARN 集群 ResourceManager,分发到多个节点上并发执行。输入数据和输出结果一般位于 HDFS 文件系统。

将 MapReduce 程序提交集群的实现方法有以下几种:①将程序打包成 jar 包,上传到服务器,然后在集群的任意节点上调用 Hadoop 命令启动集群执行。②在 Linux 的 Eclipse 中直接运行 main 方法,将程序提交到集群中去运行,但采用此种方法,项目中要带 YARN 的配置。③在 Windows 的 Eclipse 中直接运行 main 方法,也可以提交给集群去运行,但需要作更多的修改。

4.2.3　MapReduce 运行流程

MapReduce 运行流程如图4.2 所示。

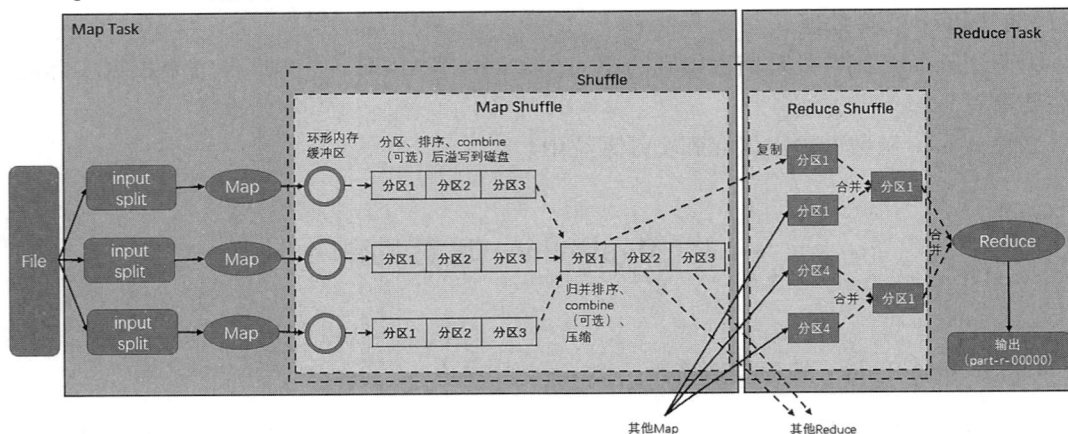

图 4.2　MapReduce 运行流程

(1)Map Task 工作原理

Map Task 负责 Map 阶段的整个数据处理流程,Map 阶段并行度由客户端提交作业时的切片个数决定。

①Split 阶段。MapReduce 从文件系统中读取文件后,会首先对读取的文件进行输入分片(input split)的划分。输入分片存储的并非数据本身,而是一个分片长度和一个记录数据的位置的数组。一般情况下,以 HDFS 的一个块的大小作为一个分片(也可以按 split 设置值来切片)。

②一个输入分片分配给一个 Map 任务。Map 任务分配完成后,再对传进来的分片进一步分解成一批键值对(<key,value>对),每一个键值对调用程序员事先编写的 Map 函数进行逻辑处理,输出新的 <key,value> 对。

③数据处理完成后,会调用 collect( ) 进行结果的收集和输出。collect( ) 将新生成的 <key,value> 对进行分区,并写入一个环形内存缓冲区中(默认为 100 MB)。

④溢写。当环形内存缓冲区满后(一般为写满缓冲区大小的 80% 时),MapReduce 会将数据写到本地磁盘上生成一个临时文件。首先,对需要溢写的缓存区内的数据进行分区,分区的个数由 Reduce 任务的个数决定,有多少个 Reduce 任务就划分为多少个分区,这样可以保证 Reduce 任务分到均衡的数据;然后对每个分区中的数据进行排序,经过排序后,数据按分区聚集在一起,且同一分区内所有数据按照 key 有序;最后进行溢写操作。如果用户设置了 Combiner,则还需要将排序后的结果以分区为单位合并成大文件,以避免同时打开大量文件和同时读取大量小文件产生的随机读取带来的开销。

（2）Shuffle **工作原理**

Shuffle 是 MapReduce 最为关键的一个阶段,主要负责将 Map 端生成的数据按键排好序传递到 Reduce 端,包括两个部分,即 Map 端的 Shuffle 和 Reduce 端的 Shuffle。

1）Map 端的 Shuffle

将 Map 输出的 <key,value> 对放到环形缓冲区中,当缓冲区空间写满 80% 时,准备将缓冲区中数据写入到磁盘,这样可以保证写入到内存缓冲区和写入到磁盘并行进行,而不用中止 Map。溢写之前,先按照分区和 key 等对数据进行排序,然后按分区将数据写入临时文件。如果有必要,还会进行合并操作,也就是将按分区输出的小文件合并成大文件,以提高效率。

2）Reduce 端的 Shuffle

Reduce 任务通过 HTTP 向各个 Map 任务复制它所需要的数据,Map 任务会在内存或磁盘上对数据进行合并,Reduce 任务复制过来的数据有些放在内存中,而有些放在磁盘上。Map 输出数据已经是有序的,Reduce 会对 Map 传递过来的数据不断地进行合并。一般 Reduce 端是一边复制数据一边合并数据,复制和合并是重叠的。合并完成后,便得到了 Reduce 端的输入文件。

（3）Reduce Task **工作原理**

①Reduce Task 负责 Reduce 阶段的整个数据处理流程。Reduce Task 的并行度可以通过"job. setNumReduceTasks( )"进行手动设置。Reduce Task 默认值是"1",输出文件个数为 1 个。若 Reduce Task 设置为"0",表示没有 Reduce 阶段,输出文件个数与 map 个数一致。

②Reduce Task 从各个 Map Task 上通过网络远程复制数据,每个 Map 传来的数据都是有序的。针对复制过来的数据,如果数据量较小,则直接存放在内存中;如果数据量大小超过一定阈值,则写到磁盘上。

③为了避免内存使用过多或磁盘上存在大量小文件,在 Reduce Task 进行复制的同时,会启动后台线程对内存和磁盘上的文件进行合并。因此,Reduce 端一边复制数据,一边合并数据。

④为了将 key 相同的数据聚集在一起,Reduce Task 会对所有数据进行一次归并排序,将相同 key 的 value 值放到一个列表中,生成形如 <key, list(value)> 的键值对。

⑤对每一个键值对调用程序员事先编写的 reduce() 函数进行计算,并将结果输出到文件系统中。

4.2.4 MapReduce 编程案例 WordCount 分析

单词统计(WordCount)是 MapReduce 经典案例之一,用于统计大量文件中每个单词出现的次数,本节通过分析一个单词统计案例来深入剖析 MapReduce 编程模型。

WordCount 的目标是将多个 input split 文件输入最终得到文件的词频统计,如图 4.3 所示。

(1)Map 阶段

1)文件转换

首先,从文件中读取数据,将用户输入分割成固定大小的分片(split),分片只是一个逻辑概念,并没有实际存储数据,源数据还是以块的形式存储在文件系统上。每一个分片会由 MapReduce 框架自动转换成一批键值对(<key, value> 对)作为一个 Mapper 任务的输入,其中,key 为字节偏移量(该行首字节位置 = 上一行首字节位置 + 上一行字符串长度),value 为该行数据内容。Mapper 会依次处理每一个 <key, value> 对。其具体的转换过程如图 4.4 所示。

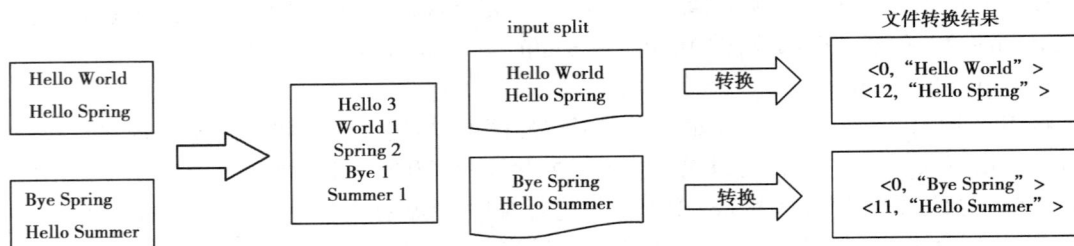

图 4.3　统计大量文件中的单词词频

图 4.4　文件转换成 <key, value> 对过程

2)map() 方法作用

用户自定义 map 方法用于处理 Mapper 任务输入的 <key, value> 对。map() 方法接受 <key, value> 对作为输入,将每一行数据拆分成单个的单词,记录下每个单词的个数为"1",生成新的 <key, value> 对。其中,key 是单词本身,value 一般为"1"。map() 方法的转换过程如图 4.5 所示。

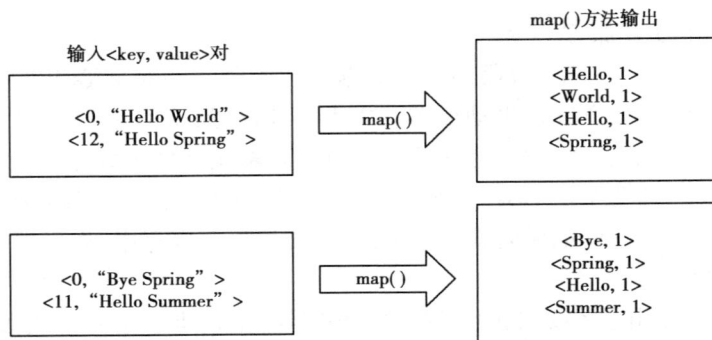

图 4.5　map() 方法的转换过程

使用 Java 实现时需要定义一个继承自 Mapper 的类,并且重写 map( )方法。以下是具体实现代码。

```
public static class WordCountMap extends Mapper < LongWritable, Text, Text, IntWritable > {
        private final IntWritable one = new IntWritable(1);
        private Text word = new Text( );
        @ Override
        protected void map( LongWritable key, Text value,
                Mapper < LongWritable, Text, Text, IntWritable > . Context context)
                throws IOException, InterruptedException {
            String line = value. toString( );
            StringTokenizer token = new StringTokenizer( line);
            while( token. hasMoreTokens( )) {
                word. set( token. nextToken( ));
                context. write( word, one);
            }
        }
    }
```

其中 Mapper 类是一个泛型类型,它有四个参数,分别代表 map( )方法的输入键类型、输入值类型、输出键类型、输出值类型。这里指定输入键类型为 LongWritable,输入值类型为 Text,输出键类型为 Text,输出值类型为 IntWritable。这些类型都是 Hadoop 自己开发的基本类型,存放于"org. apache. hadoop. io"包中,使用时需要导入相应的包。定义 IntWritable 类型的变量 one 初始化为"1",用于记录每个单词出现 1 次,最终 map 输出的 value 就是 one。Context 对象用于保存作业运行的上下文信息。整个过程就是将 < key, value > 对输入,然后将 Text 类型的 value 转换成字符串类型后,再拆分成一个一个的单词,最后将每个单词及其个数(1 个)形成新的键值对输出。

3)Map 端的 Shuffle

map( )方法输出新的 < key, value > 对后(key 是单词,value 值为"1"),Mapper 任务会首先将这些键值对按照 key 值排序,这样就能将相同的单词聚集在一起。接着会进行一个 Combine 过程,也就是对每一个 Map 结果进行归并,将 key 值相同的 value 值累加,得到 Mapper 的最终输出结果,即将相同的单词的个数进行局部累加。Map 端的 Shuffle 过程如图 4.6 所示。

(2)Reduce **阶段**

1)Reduce 端的 Shuffle

Mapper 的输出结果通过网络传递给 Reducer 任务后,Reducer 会先对接收到的各个 Mapper 的数据进行合并,然后进行排序,并将相同 key 的 value 合并到一个集合中,形成新的" < key, list(value) > "形式的键值对。Reduce 端的 Shuffle 过程如图 4.7 所示。

2)reduce( )方法作用

调用用户自定义的 reduce( )方法处理经过 Shuffle 后得到的键值对,可得到最终的 WordCount 的输出结果。reduce( )方法考察每一个 < key, list(value) > 对,将同一个 key 的 value 值

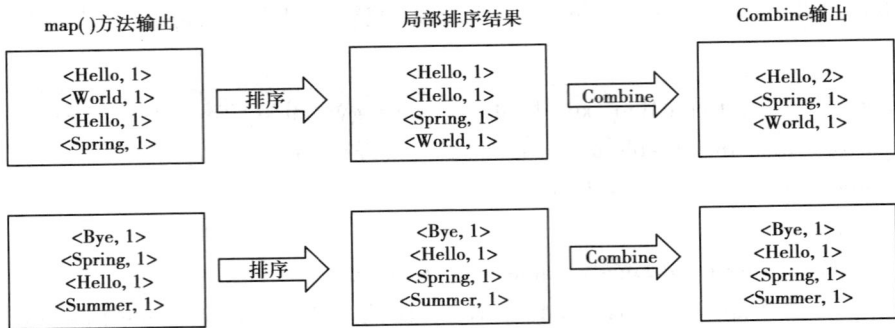

图 4.6　Map 端的 Shuffle 过程

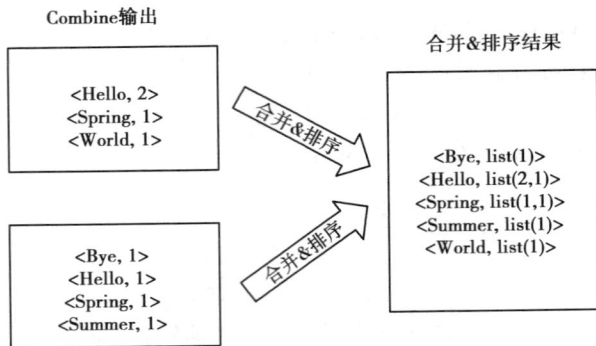

图 4.7　reduce 端的 Shuffle 过程

进行累加,就得到了该 key 也就是该单词的个数。reduce( )方法的作用过程如果 4.8 所示。

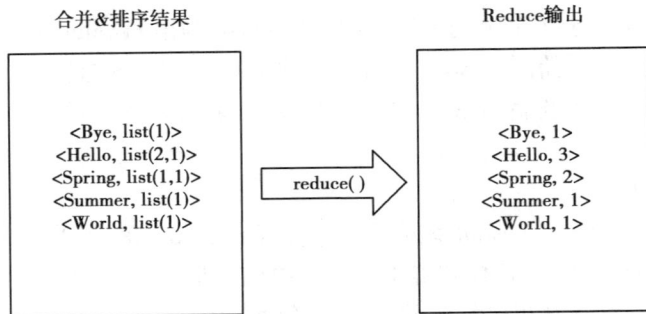

图 4.8　Reduce( )方法的作用过程

使用 Java 实现时需要定义一个继承自 Reducer 的类,并且重写 reduce( )方法。以下是具体实现代码,其中 Reducer 类是一个泛型类型,它有四个参数,分别代表 reduce( )方法的输入键类型、输入值类型、输出键类型、输出值类型。其中输入键和输入值类型需要和 Mapper 的输出键与输出值类型一致。这里指定输入键类型为 Text,输入值类型为 IntWritable,输出键类型为 Text,输出值类型为 IntWritable。reduce( )方法遍历输入的每一个键值对,将同一个 key 的值进行累加,统计出单词的词频并进行输出。

```
public static class WordCountReduce extends Reducer < Text, IntWritable, Text, IntWritable > {
    @ Override
    protected void reduce( Text key, Iterable < IntWritable > values,
            Reducer < Text, IntWritable, Text, IntWritable > . Context context)
                    throws IOException, InterruptedException {
        int sum = 0;
        for( IntWritable val: values) {
            sum + = val. get( );
        }
        context. write( key, new IntWritable( sum) );
    }
}
```

（3）作业设置

WordCount 进行程序实现时,还需要在 main 函数中对作业进行一些设置,如指定输入数据路径和输出文件存放目录,配置 Mapper 和 Reducer,指定输入输出类型等。其具体代码如下所示。

```
public static void main( String[ ] args)
        throws IOException, ClassNotFoundException, InterruptedException {
    // Configuration 类代表作业的配置
    Configuration conf = new Configuration( );
    Job job = new Job( conf);

    // 指定主类为 WordCount. class
    job. setJarByClass( WordCount. class);
    job. setJobName( "wordcount");

    // 设置输出 key 类型为 Text,输出值类型为 IntWritable
    job. setOutputKeyClass( Text. class);
    job. setOutputValueClass( IntWritable. class);

    // 指定 Mapper 类和 Reducer 类
    job. setMapperClass( WordCountMap. class);
    job. setReducerClass( WordCountReduce. class);

    // 设置输入输出格式类
    job. setInputFormatClass( TextInputFormat. class);
    job. setOutputFormatClass( TextOutputFormat. class);
```

```
    // 设置输入数据文件路径和输出文件存放路径
    FileInputFormat. addInputPath(job, new Path("hdfs://master:9000/wordcounttest/word.
txt"));
    FileOutputFormat. setOutputPath(job, new Path("hdfs://master:9000/wordcounttest/out-
put"));
    // 提交作业并等待执行完成
    job. waitForCompletion(true);
}
```

注意:输出文件的存放目录不能提前存在,否则 Hadoop 会报错,并拒绝执行作业。

4.3 案例:使用 MapReduce 实现反向索引

4.3.1   Windows 下 Eclipse 远程开发环境搭建

本案例采用 Windows 远程开发,需要在 Windows 中搭建 Hadoop 的开发环境。

(1) 安装配置 JDK

在 Windows 下安装和配置 JDK 1.8,需要特别注意的是,JDK 的版本一定要与虚拟机中的版本一致。

1) 安装 JDK 1.8

到网上下载"jdk-8u191-windows-x64. exe",本案例搭建运行环境使用的是 64 位 Windows 10 系统,下载的是 64 位的 JDK。如果使用的是 32 位 Windows 系统,则需要下载安装 32 位的 JDK。下载完成后,双击安装包进行安装,过程不再赘述。

2) 环境变量设置

①配置 JDK 环境变量

在"计算机"上单击鼠标右键,选择"属性",在弹出的对话框中单击"高级系统设置",如图 4.9 所示。

图 4.9 高级系统设置

在"系统属性"对话框的"高级"选项卡中,单击"环境变量",如图 4.10 所示。

图 4.10　系统属性

在"环境变量"对话框中,新建系统变量"JAVA_HOME",输入值为 JDK 的安装路径,如图 4.11 所示。

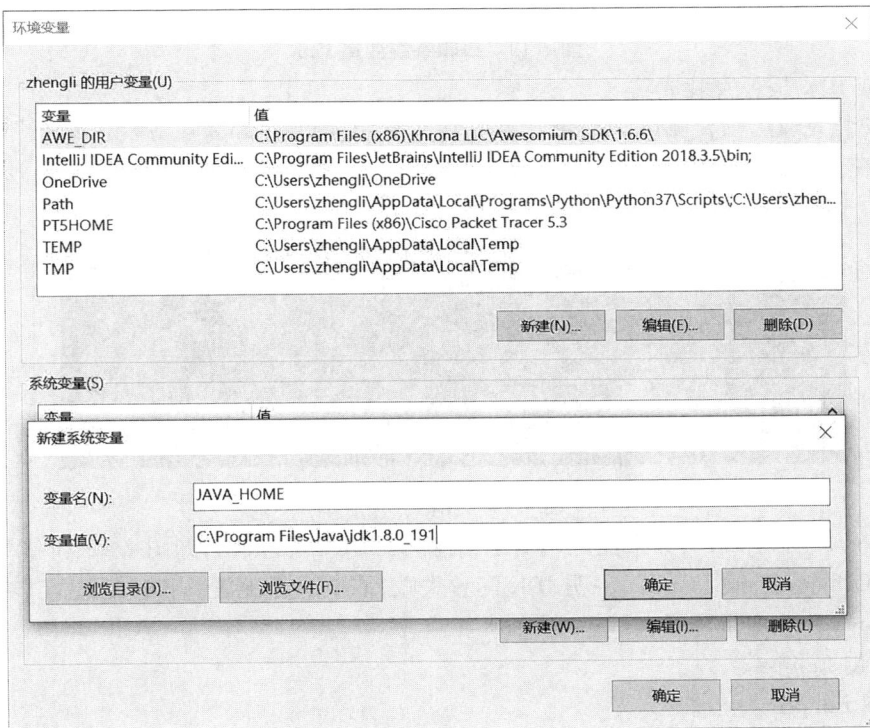

图 4.11　新建系统变量"JAVA_HOME"

编辑系统变量 CLASSPATH,如果没有该变量,则单击"新建"按钮进行创建。在编辑框中,输入变量值为 JDK 的安装目录的 lib 目录和 jre 下的 lib 目录。注意,第一个英文句号表示当前目录,不能省略,如图 4.12 所示。

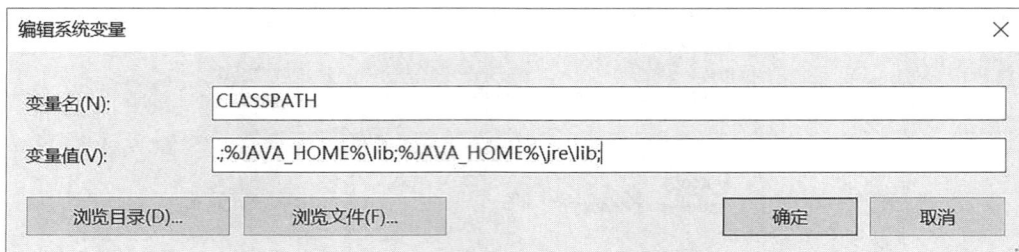

图 4.12　编辑系统变量 CLASSPATH

编辑系统变量 Path,在变量值的前面添加 JDK 安装目录的 bin 目录,如图 4.13 所示。注意,末尾的分号不能省略。至此,JDK 安装完成。

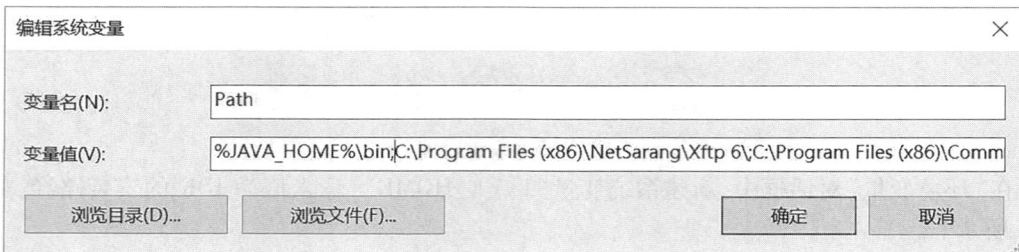

图 4.13　编辑系统变量 Path

②测试 JDK 是否安装成功

JDK 安装完成后需要测试其是否安装成功。按快捷键"Win + R"弹出"运行"对话框,输入"cmd",在命令提示符中输入"java -version"查看 JDK 版本是否正确,如图 4.14 所示。

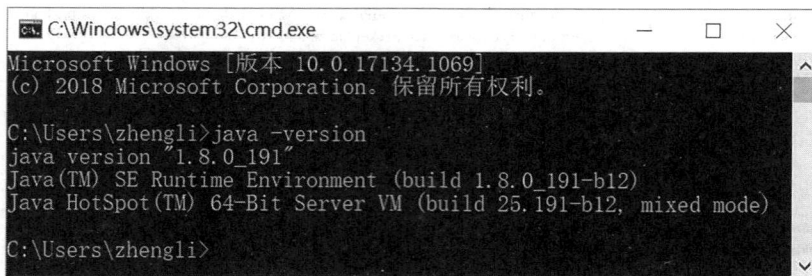

图 4.14　查看 JDK 版本

输入"javac"和"java",如果能正确输出信息,则 JDK 配置成功,如图 4.15 和图 4.16 所示。如果输出"Command not found",说明 JDK 配置失败,需要重新配置。JDK 的配置非常重要,一定要保证 Java 环境变量配置正确。

（2）安装 Eclipse

1）下载 Eclipse

到网上下载 Eclipse 的为免安装版,解压后即可使用。

```
C:\Windows\system32\cmd.exe                                    —    □    ×
C:\Users\zhengli>javac
用法: javac <options> <source files>
其中, 可能的选项包括:
  -g                          生成所有调试信息
  -g:none                     不生成任何调试信息
  -g:{lines,vars,source}      只生成某些调试信息
  -nowarn                     不生成任何警告
  -verbose                    输出有关编译器正在执行的操作的消息
  -deprecation                输出使用已过时的 API 的源位置
  -classpath <路径>           指定查找用户类文件和注释处理程序的
位置
  -cp <路径>                  指定查找用户类文件和注释处理程序的
位置
  -sourcepath <路径>          指定查找输入源文件的位置
  -bootclasspath <路径>       覆盖引导类文件的位置
  -extdirs <目录>             覆盖所安装扩展的位置
  -endorseddirs <目录>        覆盖签名的标准路径的位置
  -proc:{none,only}           控制是否执行注释处理和/或编译。
  -processor <class1>[,<class2>,<class3>...]  要运行的注释处理程序
的名称; 绕过默认的搜索进程
  -processorpath <路径>       指定查找注释处理程序的位置
  -parameters                 生成元数据以用于方法参数的反射
  -d <目录>                   指定放置生成的类文件的位置
  -s <目录>                   指定放置生成的源文件的位置
  -h <目录>                   指定放置生成的本机标头文件的位置
  -implicit:{none,class}      指定是否为隐式引用文件生成类文件
  -encoding <编码>            指定源文件使用的字符编码
  -source <发行版>            提供与指定发行版的源兼容性
  -target <发行版>            生成特定 VM 版本的类文件
  -profile <配置文件>         请确保使用的 API 在指定的配置文
件中可用
  -version                    版本信息
  -help                       输出标准选项的提要
  -A关键字[=值]               传递给注释处理程序的选项
  -X                          输出非标准选项的提要
  -J<标记>                    直接将 <标记> 传递给运行时系统
  -Werror                     出现警告时终止编译
  @<文件名>                   从文件读取选项和文件名
```

图 4.15　执行 javac 命令

```
C:\Windows\system32\cmd.exe                                    —    □    ×
C:\Users\zhengli>java
用法: java [-options] class [args...]
          (执行类)
   或  java [-options] -jar jarfile [args...]
          (执行 jar 文件)
其中选项包括:
  -d32          使用 32 位数据模型 (如果可用)
  -d64          使用 64 位数据模型 (如果可用)
  -server       选择 "server" VM
                默认 VM 是 server.

  -cp <目录和 zip/jar 文件的类搜索路径>
  -classpath <目录和 zip/jar 文件的类搜索路径>
                用 ; 分隔的目录, JAR 档案
                和 ZIP 档案列表, 用于搜索类文件。
  -D<名称>=<值>
                设置系统属性
  -verbose:[class|gc|jni]
                启用详细输出
  -version      输出产品版本并退出
  -version:<值>
                警告: 此功能已过时, 将在
                未来发行版中删除。
                需要指定的版本才能运行
  -showversion  输出产品版本并继续
  -jre-restrict-search | -no-jre-restrict-search
                警告: 此功能已过时, 将在
                未来发行版中删除。
                在版本搜索中包括/排除用户专用 JRE
  -? -help      输出此帮助消息
  -X            输出非标准选项的帮助
  -ea[:<packagename>...|:<classname>]
  -enableassertions[:<packagename>...|:<classname>]
                按指定的粒度启用断言
  -da[:<packagename>...|:<classname>]
  -disableassertions[:<packagename>...|:<classname>]
                禁用具有指定粒度的断言
  -esa  -enablesystemassertions
```

图 4.16　执行 java 命令

2）在 Eclipse 上配置 Hadoop 插件

在 Windows 上远程开发 MapReduce 项目需要使用插件"hadoop-eclipse-plugin-2.7.7.jar"（2.7.7 表示对应 Hadoop 版本号，需保持一致）。将下载好的插件存放在 Eclipse 安装目录下的 dropins 文件夹中。

3）配置 Hadoop 安装路径

以管理员身份运行解压缩软件将"hadoop-2.7.7.tar.gz"解压到 Windows 下，由于 Linux 文件格式和 Windows 不一样，在解压过程中可能会有错误提示，可以忽略。将 bin 目录下的 ha-doop.dll 和 winutils.exe（可以到网上自行下载）这两个文件复制到"C:\Windows\System32\"目录下。

重新打开 Eclipse，单击 Windows→Preferences，在左侧窗口中单击"Hadoop Map/Reduce"选项，在窗口右侧设置 Hadoop 安装路径，如图 4.17 所示。注意，Hadoop 的安装路径既不能有空格，也不能有中文。

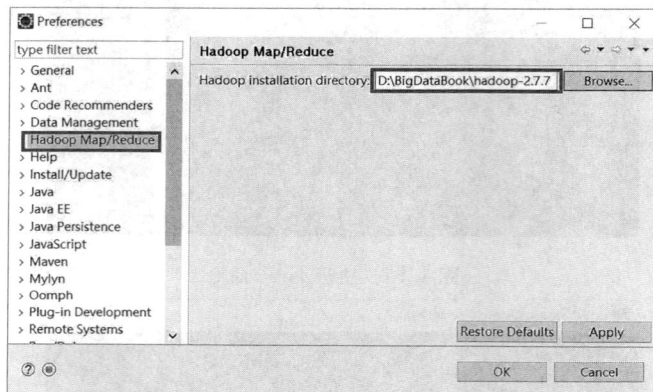

图 4.17　配置 Windows 下 Hadoop 安装路径

（3）配置 Map/Reduce Locations

单击 Eclipse 中 Window→Perspective→Open Perspective→Other，单击"Map/Reduce"，在下方窗口中单击"Map/Reduce Locations"，在其下空白处右击"New Hadoop Location"选项。在弹出的对话框中进行 Hadoop 的配置，如图 4.18 所示。其中"1"处配置"Location Name"，任意名称都可以，这里输入名称为"master"。"2"处的 Host 输入 Hadoop 集群中 master 节点的 IP 地址。"3"和"4"处分别设置通信端口号，配置成与 core-site.xml 文件中的设置一致即可。"5"处设置通信的用户名，这里设置为"apache"。

（4）配置 hostname 的解析

为了使 Windows 系统与 Hadoop 集群顺利通信，还需要配置 hostname 的解析。在 Windows 下打开"C:\Windows\System32\drivers\etc\hosts"文件，添加如下内容：

```
192.168.6.100 master
192.168.6.101 slave1
192.168.6.102 slave2
```

如此将 IP 地址和主机名进行映射后，在 Windows 中进行编程，就可以使用主机名来代替 IP 地址，更为便捷。

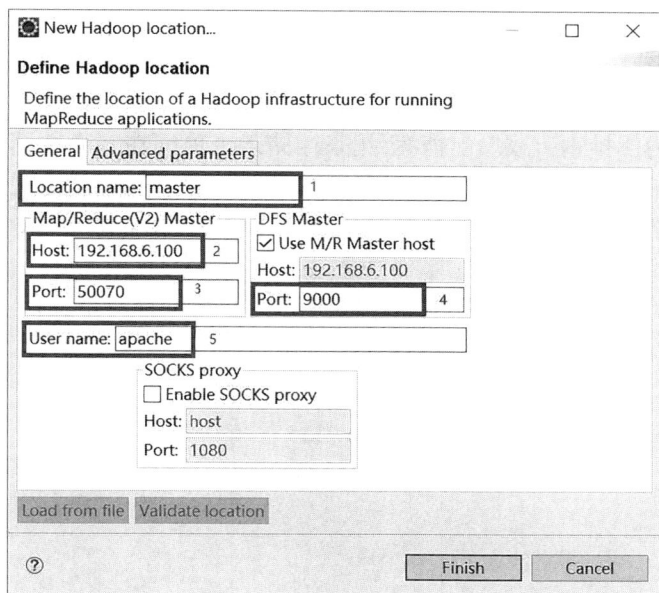

图 4.18　配置 Hadoop location

(5)进行通信测试

启动 Hadoop 集群后,打开 Eclipse,单击左侧的 DFS Locations。如果连接成功,在 Project Explorer 的 DFS Locations 下会看到 master 下的 HDFS 集群中的文件,如图 4.19 所示。此时,可以直接在 Eclipse 中操作 HDFS 集群上的文件。

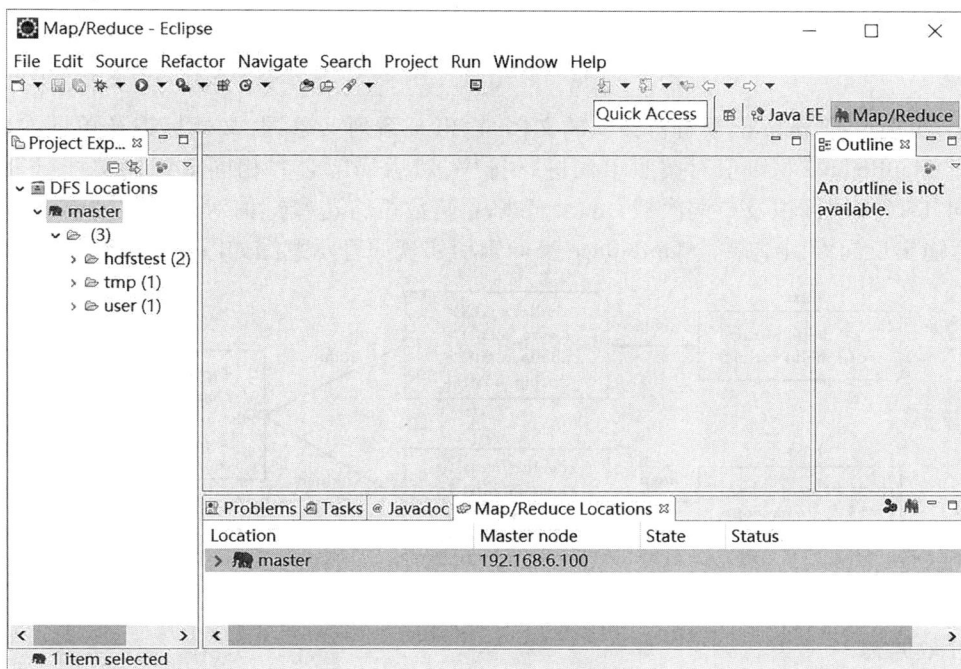

图 4.19　DFS Locations 展现

4.3.2　使用 MapReduce 实现反向索引

(1) 案例说明

反向索引也称为倒排索引或反向档案,用来存储某个单词在一个文档或一组文档中的存储位置的映射。它是文档检索系统中最常用的数据结构,搜索引擎就是利用反向索引来进行搜索的。通过反向索引可以快速地通过文章内的单词反向检索获取包含这个单词的文档标识列表,从而完成巨大文件的快速搜索。

以下用一个简单的示例来介绍反向索引实现原理。假设有两个文件 a. txt 和 b. txt,其内容如下:

```
a. txt:
hello world
hello spring


b. txt:
hello apache
hello hadoop
```

通过反向索引后,得到的结果如下:

```
apache    b. txt:1
hadoop    b. txt:1
hello     a. txt:2;b. txt:2
spring    a. txt:1
world     a. txt:1
```

整个实现过程:map 函数解析输入的文档,输出一系列 < 单词,文档标识及单词次数 > 的键值对。MapReduce 将键值对按照单词进行排序,然后局部合并相同单词的文档,形成一批" < 单词,list(文档标识及单词次数) > "。reduce 函数再将这些键值对进行进一步的排序、合并,最后输出反向索引结果。MapReduce 反向索引实现原理示意图如图 4.20 所示。

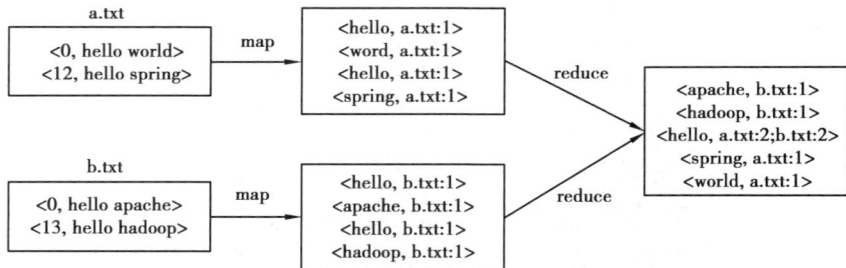

图 4.20　MapReduce 反向索引实现原理示意图

(2) 数据集

本案例的数据集为"InverseData. zip",包含三个英文文件,first. txt、second. txt 和 third. txt。首先,需要将这三个文件上传到 HDFS 的"/mrtest/in/"目录下。文件上传到 DFS 的方法可以选择以下两种方法中的任意一种。

第一种方法:将三个文件复制到 master 节点的"/home/apache/data/test"目录下,然后打开终端,创建目录"hdfs dfs -mkdir -p /mrtest/in"。上传文件:切换到"/home/apache/data/test"目录下,执行命令进行文件上传"hdfs dfs -put first. txt /mrtest/in""hdfs dfs -put second. txt /mrtest/in""hdfs dfs -put third. txt /mrtest/in",查看文件"hdfs dfs -ls /mrtest/in/",结果如图 4.21 所示。

```
[apache@master data]$ cd test
[apache@master test]$ ls
first.txt  second.txt  third.txt  wctest.txt
[apache@master test]$ hdfs dfs -mkdir -p /mrtest/in
[apache@master test]$ hdfs dfs -put first.txt /mrtest/in
[apache@master test]$ hdfs dfs -put second.txt /mrtest/in
[apache@master test]$ hdfs dfs -put third.txt /mrtest/in
[apache@master test]$ hdfs dfs -ls /mrtest/in
Found 3 items
-rw-r--r--   2 apache supergroup       1538 2020-02-18 18:11 /mrtest/in/first.txt
-rw-r--r--   2 apache supergroup       1437 2020-02-18 18:12 /mrtest/in/second.txt
-rw-r--r--   2 apache supergroup        461 2020-02-18 18:12 /mrtest/in/third.txt
```

图 4.21　linux 终端上传文件

第二种方法:直接通过 Eclipse 远程操作。首先在 DFS Locations 的 master 节点上单击鼠标右键,选择"Create new directory",创建新目录"mrtest"并在其下创建目录"in",然后在"in"目录上单击鼠标右键,选择"Upload files to DFS",将三个数据文件上传到 DFS;最后刷新 Eclipse 的 DFS Locations,查看文件是否上传成功,如图 4.22 所示。

(3)案例开发思路

本案例的最终目标是找出单词出现的文档列表及单词在文档中出现的次数,最终输出是" < 单词,文档列表及单词次数 >"的映射。在编写 MapReduce 程序之前,必须先明确 Map 和 Reduce 任务的输入输出的 < key, value > 对。以前面的例子来说,要输出结果"hello a. txt: 2;b. txt:2",则 Reduce 输出为" < hello, a. txt:2;b. txt:2 >"。为了达到这个目标,首先在 Map 端将每行数据进行解析,得到形如" < hello, a. txt:1 >"" < hello, a. txt:1 >"" < hello, b. txt:1 >"" < hello, b. txt:1 >"形式的一批键值对。经过 MapReduce 的排序合并过程,产生 Reduce 的输入键值对为" < hello, list(a. txt:1, a. txt:1, b. txt:1, b. txt:1) >"。此时,需要在 Reduce 任务中将每个 key 的 value 值列表进行处理,将同一个文件中的单词个数进行累加,从而得到最终的输出结果。

(4)程序实现

1)构建 MapReduce 项目

打开 Eclipse,单击 File→New→Project,选择"Map/Reduce Project",单击"Next"按钮。在弹出的对话框中,输入项目名称为"mrproject",项目名称可以自己设置,如图 4.23 所示。单击"Configure Hadoop install directory",进入图 4.24 进行 Hadoop 安装路径的设置。

在开发项目前,还需要导入 jar 包。选中项目,右击鼠标,选择"Build Path→Configure Build Path"命令。单击"Libraries→Add External JARs",将本地"hadoop/share/hadoop"目录下相应文件夹下的 jar 包导入即可。或者在工程中新建文件夹名为"lib",将"hadoop/share/hadoop"下文件夹中的 jar 包复制进去,然后使用"bulid path"进行导入,最后单击"Add JARs",选择工程

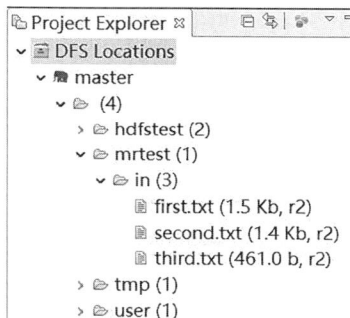

图 4.22　Eclipse 上传文件

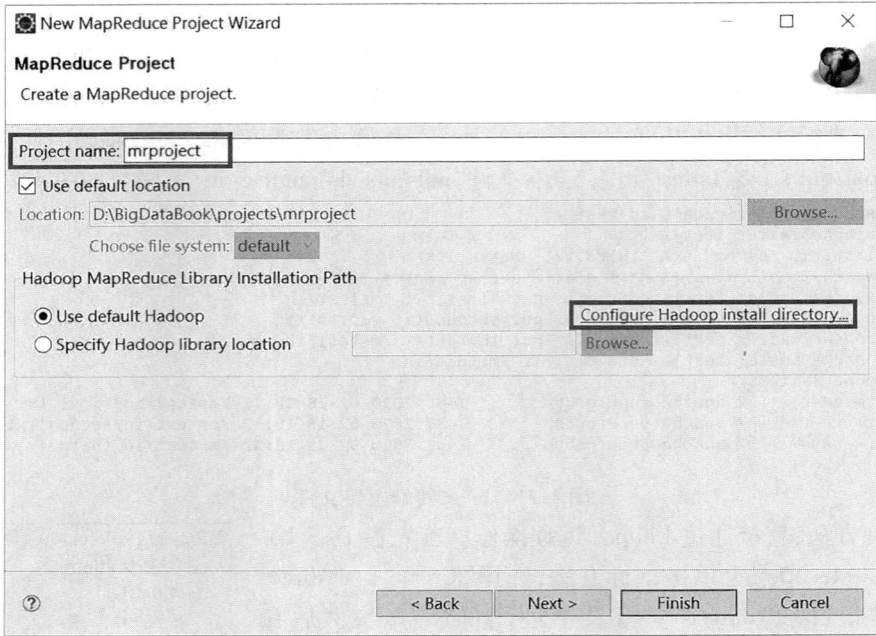

图 4.23　新建 Map/Reduce 项目

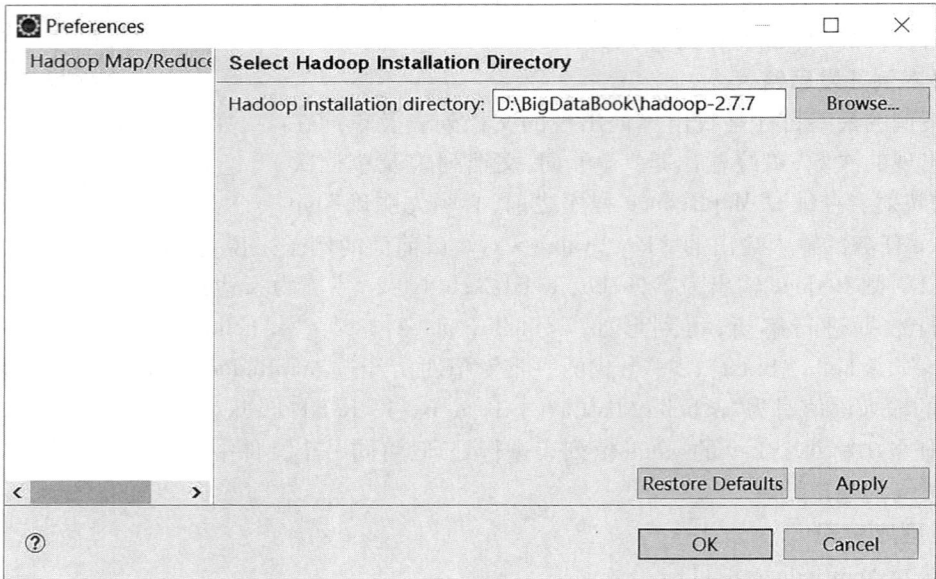

图 4.24　配置 Hadoop 安装路径

下的 lib 文件夹。

在 src 目录上单击鼠标右键,新建一个名为"com. mapreduce. test"的包,如图 4.25 所示。

在包"com. mapreduce. test"上单击鼠标右键,新建类"InverseIndex",如图 4.26 所示。

注意,需要设置 Eclipse 的编码为 UTF-8,具体为 Windows→Preferences→Workspace,设置"Text file encoding"为"UTF-8"。

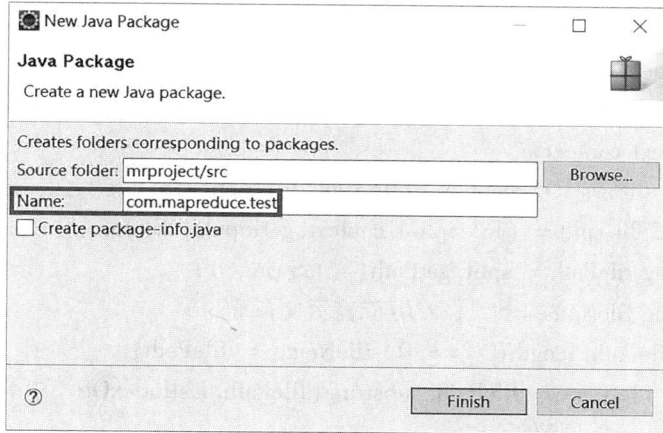

图 4.25　新建包

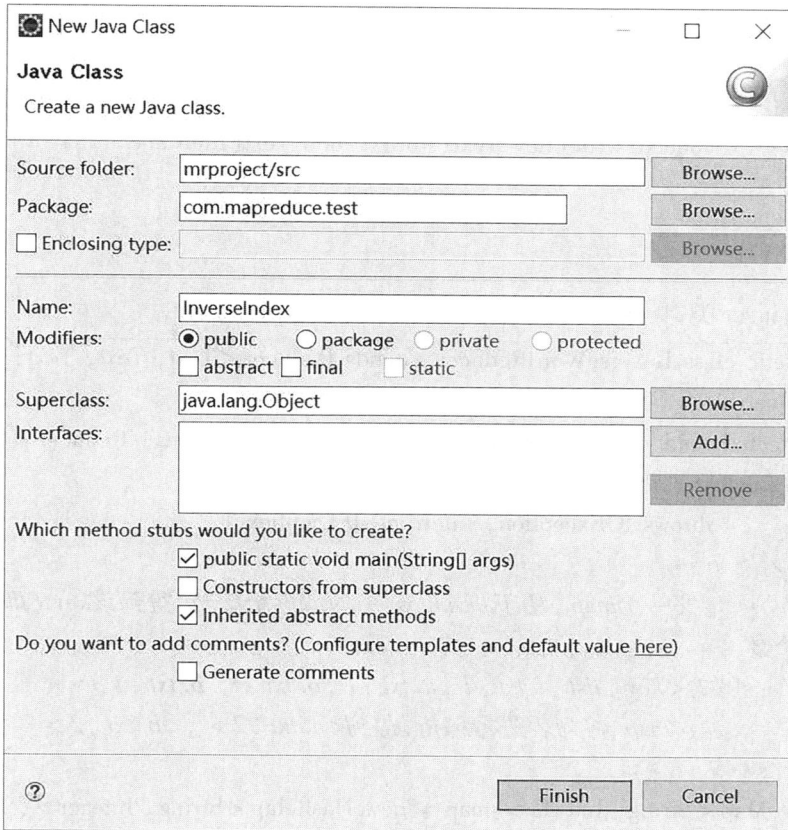

图 4.26　新建类

2）完整的程序实现

定义主类 InverseIndex，在其中分别定义 Mapper 类和 Reducer 类。

①定义 Mapper 类，具体如下：

```
    public static class ReverseWordMapper extends Mapper < LongWritable, Text, Text, Text > {
        @ Override
        protected void map ( LongWritable key, Text value, Mapper < LongWritable, Text,
Text, Text >. Context context )
                throws IOException, InterruptedException {
            FileSplit split = ( FileSplit ) context. getInputSplit ( );
            String filePath = split. getPath ( ). toString ( );
            String fileName = " ";// 用于表示文件名
            if( filePath. length ( ) == 0) fileName = filePath;
            else fileName = filePath. substring( filePath. lastIndexOf( "/" ) + 1);
            // 进行单词解析
            String Tokenizer st = new StringTokenizer( value. toString ( ));
            while( st. hasMoreTokens ( )) {
                String word = st. nextToken ( ). toLowerCase ( );
                word = word. replaceAll( "[ \\pP\\p{Punct} ]","" );// 去掉标点符号
                context. write( new Text( word ), new Text( fileName + ":1" ));
            }
        }
    }
```

②定义 Reducer 类,具体如下:

```
    public static class ReverseWordReducer extends Reducer < Text, Text, Text, Text > {
        @ Override
        protected void reduce ( Text key, Iterable < Text > values, Reducer < Text, Text,
Text, Text >. Context context )
                throws IOException, InterruptedException {
            /**
             * 定义一个map ,用于将values 中的值逐个解析,得到该key (即单词)在每
个文件中的个数
             * 如:< key , list (a. txt :1 , a. txt :1 , b. txt :1 , b. txt :1 )>
             * 通过map 将列表进行解析,得到< a. txt ,2 > ,< b. txt ,2 >
             */
            Map < String, Integer > map = new HashMap < String, Integer > ( );
            for( Text value: values) {
                String[ ] option = value. toString ( ). split( ":" );
                String k = option[0];// 获得文件名
                Integer v = Integer. valueOf( option[1] );
                if( map. containsKey( k )) {
                    v = map. get( k ) + v;
```

```
            }
        map. put( k , v ) ;
        }
        String outstr =  " " ;
        for( Map. Entry < String , Integer > entry : map. entrySet( ) ) {
            outstr =  outstr +  entry. getKey( )  +  " : " +  entry. getValue( ) ;
            outstr +  =  " ; " ;
        }
        outstr =  outstr. substring( 0 , outstr. lastIndexOf( " ; " ) ) ;
        context. write( key , newText( outstr ) ) ;
        }
    }
```

③主类 InverseIndex 的 main 方法中对 Job 进行设置,具体如下 :

```
public static void main( String[ ] args) throws
    IOException , URISyntaxException , ClassNotFoundException , InterruptedException {
    Configuration conf =  new Configuration( ) ;
    Job job =  new Job ( conf) ;
    // 指定主类
    job. setJarByClass( InverseIndex. class) ;
    job. setJobName( " InverseIndex" ) ;
    // 设置输入输出类型
    job. setOutputKeyClass( Text. class) ;
    job. setOutputValueClass( Text. class) ;
    // 指定 Mapper 和 Reducer 类
    job. setMapperClass( ReverseWordMapper. class) ;
    job. setReducerClass( ReverseWordReducer. class) ;
    // 读取参数中的输入文件路径
    String[ ] otherArgs =  new GenericOptionsParser( conf, args). getRemainingArgs( ) ;
    if( otherArgs. length <  2) {
        System. exit( 2) ;
    }
    / * *
     * otherArgs [0 ]存放输入文件路径: hdfs ://master :9000/mrtest/in/
     * otherArgs [1 ]存放输出文件路径: hdfs ://master :9000/mrtest/out/
     */
    // 获取目录 otherArgs [0 ]目录下所有文件路径
    URI uri =  new URI( " hdfs://master:9000" ) ;
    FileSystem fs =  FileSystem. get( uri, conf) ;
```

```
        // 列出目录内容
        FileStatus[ ] status = fs. listStatus( new Path( otherArgs[0] ) );
        // 获取目录下的所有文件
        Path[ ] listedPaths = FileUtil. stat2Paths( status );
        // 循环读取每一个文件
        for( Path p: listedPaths) {
            FileInputFormat. addInputPath( job, p);
        }
        // 设置输出路径
        FileOutputFormat. setOutputPath( job, new Path( otherArgs[1] ) );
        job. waitForCompletion( true );
    }
```

3) 项目运行过程中配置参数

在 InverseIndex. java 上单击鼠标右键,选择"Run As→Run Configurations",在弹出的对话框的左侧窗口中单击"Java Application"下的"InverseIndex"。在对应的右侧窗口中选择"Arguments",在"Program arguments"中输入参数"hdfs://master:9000/mrtest/in/"和"hdfs://master:9000/mrtest/out/",也就是文件的输入输出路径,如图 4.27 所示。

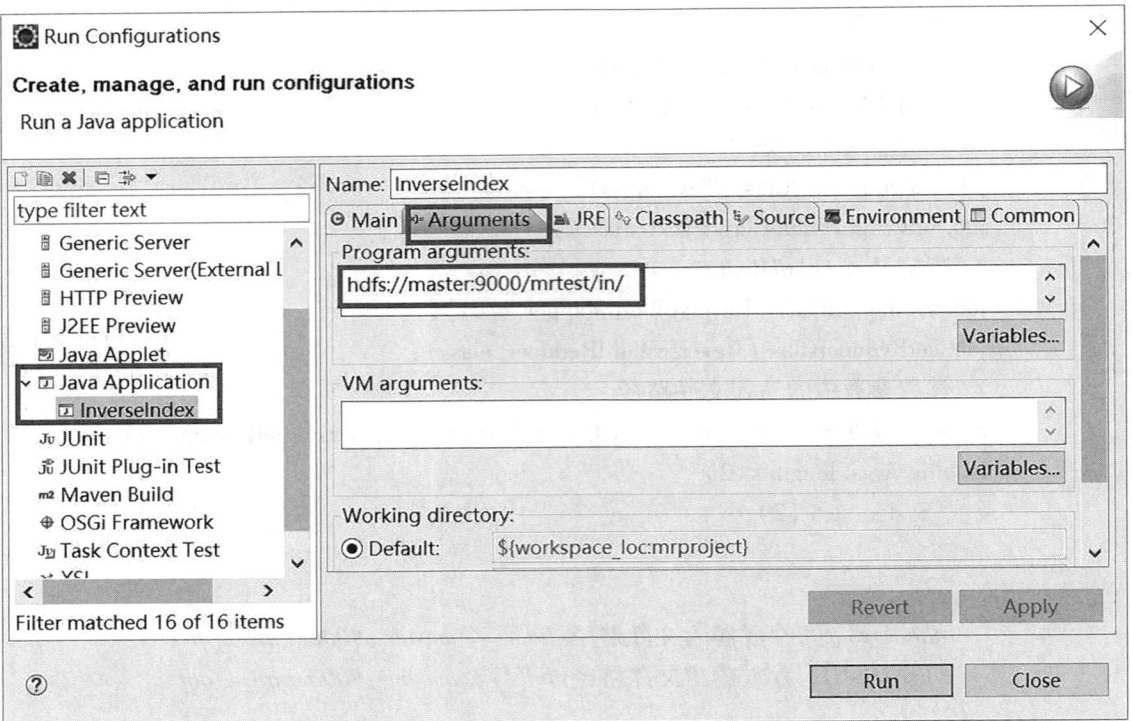

图 4.27　配置参数

94

4）项目运行结果

项目运行的部分结果如图 4.28 所示。

```
hdfs://192.168.6.100:9000/mrtest/out/part-r-00000 ⊠
 1 1989    third.txt:1
 2 1993    second.txt:1
 3 224 second.txt:1
 4 400 first.txt:1
 5 43  second.txt:1
 6 a   third.txt:1;second.txt:2;first.txt:6
 7 ability third.txt:1
 8 able    second.txt:1
 9 about   first.txt:1
10 absorbing   third.txt:2
11 active  second.txt:1
12 addicts8    second.txt:1
13 addition    third.txt:1
14 advantages  second.txt:1
15 air third.txt:5
16 almost  first.txt:1
17 also    second.txt:1;first.txt:1
18 always  second.txt:1
19 an  second.txt:1
20 and third.txt:3;second.txt:6;first.txt:5
21 are third.txt:1;second.txt:3;first.txt:2
22 as  second.txt:4
23 at  second.txt:1;first.txt:2
24 b   second.txt:1
25 back    second.txt:1
26 bank    first.txt:1
27 be  second.txt:2;first.txt:1
28 because second.txt:1
29 being   first.txt:1
30 below   first.txt:1
31 better  second.txt:1
32 between first.txt:1
```

图 4.28　项目运行结果

从结果可以看出,输出结果即是单词的反向索引。

习 题 4

一、单选题

1. 在 MapReduce 程序中,map( )函数接收的数据格式是(　　)。

　　A. 字符串　　　　　B. 整型　　　　　C. Long　　　　　D. 键值对

2. 每个 Map 任务都有一个内存缓冲区,默认大小是(　　)。

　　A. 128 MB　　　　B. 64 MB　　　　C. 100 MB　　　　D. 32 MB

3. 在 MapTask 的 Combine 阶段,当处理完所有数据时,MapTask 会对所有的临时文件进行一次(　　)。

　　A. 分片操作　　　　B. 合并操作　　　C. 格式化操作　　　D. 溢写操作

4. 下列选项中,主要用于决定整个 MapReduce 程序性能高低的阶段是(　　)。

　　A. MapTask　　　　　　　　　　B. ReduceTask

　　C. 分片、格式化数据源　　　　　D. Shuffle

二、判断题

1. MapReduce 编程模型借鉴了面向过程的编程语言的设计思想。（   ）

2. 在 MapReduce 程序进行格式化数据源操作时，是将划分好的分片格式化为键值对"<key,value>"形式的数据。（   ）

3. 带有倒排索引的文件称为"倒排索引文件"，简称"倒排文件"。（   ）

4. reduce()会将 map()输出的键值对作为输入，将相同 key 值的 value 进行汇总，输出新的键值对。（   ）

5. MapReduce 通过 TextOutputFormat 组件输出到结果文件中。（   ）

6. Combiner 组件可以让 Map 对 key 进行分区，从而可以根据不同的 key 分发到不同的 Reduce 中去处理。（   ）

7. 对于 MapReduce 任务来说，一定需要 Reduce 过程。（   ）

8. 在 MapReduce 程序中，只有 Map 阶段涉及 Shuffle 机制。（   ）

9. MapReduce 的数据流模型可能只有 Map 过程，由 Map 产生的数据直接被写入 HDFS 中。（   ）

10. Hadoop 提供的 Mapper 类是实现 Map 任务的一个抽象基类。（   ）

11. MapTask 作为 MapReduce 工作流程的前半部分，它主要经历 Read 阶段、Map 阶段、Collect 阶段、Spill 阶段和 Shuffle 阶段。（   ）

12. MapReduce 是 Hadoop 系统核心组件之一，它是一种可用于大数据并行处理的计算模型、框架和平台。（   ）

13. 由于 Combiner 组件不允许改变业务逻辑，所以无论调用多少次 Combiner，Reduce 的输出结果都是一样的。（   ）

14. ReduceTask 作为 MapReduce 工作流程的后半部分，主要经历了 Copy 阶段、Merge 阶段、Sort 阶段、Reduce 阶段和 Write 阶段。（   ）

15. 在 Reduce 阶段，设置 Map 和 Reduce 共存，当 Map 运行到一定程度后，Reduce 也开始运行，减少 Reduce 的等待时间，可以提高 MapReduce 的性能。（   ）

三、填空题

1. 在 MapTask 的 Split 阶段，将数据写入本地磁盘前，要对数据进行一次_____，并在必要时对数据进行合并、压缩等操作。

2. _____是 MapReduce 的核心，它用来确保每个 Reducer 的输入都是按键排序的。

3. MapReduce 编程组件中，_____组件主要用于描述输入数据的格式。

4. 当 Map 任务写入内存缓存区的数据到达阀值_____时，会启动一个线程将内存中的溢出数据写入磁盘。

5. MapReduce 程序的运行模式主要有两种，即本地运行模式和_____。

6. _____是文档检索系统中最常用的数据结构，被广泛应用于全文搜索引擎。

7. MapReduce 的核心思路是_____。

8. _____是指从研究对象中按照某一个指标进行倒序或正序排列，取其中所需的 n 个数据，并对这 n 个数据进行重点分析的方法。

9. 输入 Map 阶段的数据源，必须经过_____和格式化操作。

10. 在默认情况下，run()方法中的 setup()和 cleanup()方法在内部不作任何处理；也就是说,＿＿＿＿＿＿方法是处理数据的核心方法。

11. ReduceTask 在 Sort 阶段,为了将 key 相同的数据聚在一起,Hadoop 采用了基于＿＿＿＿＿＿＿＿＿＿的策略。

12. ＿＿＿＿＿＿组件的作用就是对 Map 阶段的输出的重复数据先进行一次合并计算,然后将新的 < key,value > 对作为 Reduce 阶段的输入。

13. Reduce 是 MapReduce 数据流模型的最后处理过程,其结果＿＿＿＿＿＿进行第二次汇总。

14. MapReduce 通过默认组件＿＿＿＿＿＿将待处理的数据文件的每一行数据都转变为 < key,value > 键值对。

15. MapReduce 在操作海量数据时,每个 MapReduce 程序被初始化为一个工作任务,每个工作任务可以分为＿＿＿＿＿＿和＿＿＿＿＿＿两个阶段。

16. MapReduce 编程模型的实现过程是通过＿＿＿＿＿＿和＿＿＿＿＿＿函数来完成的。

四、简答题

1. 简述 MapReduce 的 Map 阶段和 Reduce 阶段。

2. 简述 MapReduce 的工作流程。

第**5**章
ZooKeeper 分布式协调服务

学习目标:

1. 了解 ZooKeeper 的概念和特性;
2. 理解 ZooKeeper 数据模型;
3. 掌握 ZooKeeper 的 Watch 机制和选举机制;
4. 掌握 ZooKeeper 的集群部署;
5. 掌握 ZooKeeper 的 Shell 操作和 Java API 操作;
6. 熟悉 ZooKeeper 的应用场景。

5.1 认识 ZooKeeper

5.1.1 ZooKeeper 简介

ZooKeeper 起源于雅虎研究院的一个研究小组,当时研究人员发现,在雅虎内部很多大型系统基本都需要一个类似的系统来进行分布式协调,但是这些系统往往都存在分布式单点问题。所谓"单点问题",是在整个分布式系统中如果某个独立功能的程序或者角色只运行在某一台服务器上,这个节点就成为单点。一旦这台服务器宕机,整个分布式系统将无法正常运行,这种现象被称为"单点故障"。因此,雅虎的开发人员试图开发一个通用的无单点问题的分布式协调框架,以便让开发人员将精力集中在处理业务逻辑上。而 ZooKeeper 正好是做分布式协调服务的。

ZooKeeper 是一个分布式的,开放源码的分布式应用程序协调服务,是 Google 的 Chubby 一个开源的实现,是 Hadoop 和 Hbase 的重要组件。它是一个为分布式应用提供一致性服务的软件,提供的功能包括配置维护、域名服务、分布式同步、组服务等。

ZooKeeper 的目标就是封装好复杂易出错的关键服务,将简单易用的接口和性能高效、功能稳定的系统提供给用户。ZooKeeper 包含一个简单的原语集,提供 Java 和 C 的接口。

ZooKeeper 代码版本中提供了分布式独享锁、选举、队列的接口。其中分布锁和队列有 Java 和 C 两个版本,选举只有 Java 版本。

5.1.2　ZooKeeper 特性

ZooKeeper 是一个分布式协调服务,它具备全局一致性、可靠性、顺序性、原子性以及实时性特点,它是为用户的分布式应用程序提供协调服务。

首先,ZooKeeper 是为别的分布式程序服务的,ZooKeeper 本身就是一个分布式程序(只要有半数以上节点存活,ZooKeeper 就能正常服务);其次,ZooKeeper 所提供的服务涵盖:主从协调、服务器节点动态上下线、统一配置管理、分布式共享锁、统一名称服务等。

虽然 ZooKeeper 可以提供各种服务,但是 ZooKeeper 在底层其实只提供了两个功能:①管理(存储、读取)用户程序提交的数据,并保证全局一致性,就是说每个服务器都有一份相同的数据副本。一次数据更新要么成功,要么失败,不存在中间状态。保证全局有序,一台服务器上的甲消息在乙消息之前,那么所有服务器的顺序都是这样的;②为用户程序提供数据节点监听服务,保证客户端在一个时间段范围内获得服务器的更新或者失效信息。

(1)读特性

由 ZooKeeper 的一致性可知,客户端无论连接哪个 Server,获取的均是同一个视图。因此,读操作可以在客户端与任意节点间完成。ZooKeeper 集群读流程如图 5.1 所示。

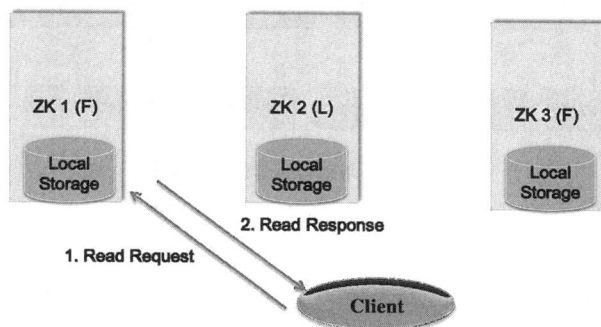

图 5.1　ZooKeeper 集群读流程

(2)写特性

与读请求一样,客户端可以向任一个 Server 提出写请求。Server 将这一请求发送给 Leader。Leader 获取写请求后,会向所有节点发送这条写请求信息,询问是否能够执行这次写操作。Follower 节点根据自身情况给出反馈信息,向 leader 节点发送 ACK 应答消息,Leader 根据反馈信息,若获取到的可以执行写操作的数量大于实例总数的一半,则认为本次写操作可执行。Leader 将结果反馈给各 Follower,并完成写操作,各 Follower 节点同步 leader 的数据,本次写操作完成。ZooKeeper 集群写流程如图 5.2 所示。

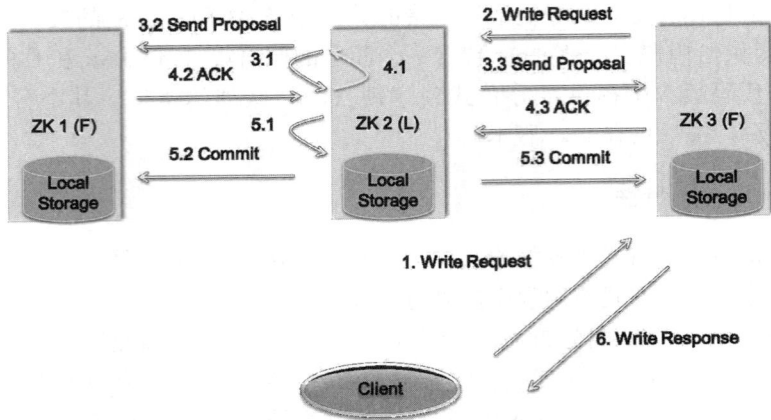

图 5.2　ZooKeeper 集群写流程

5.1.3　ZooKeeper 集群角色

ZooKeeper 集群是由多台服务器节点（Server）组成，这些节点通过复制保证各个服务器节点的数据一致性。只要有半数以上节点存活，ZooKeeper 就能正常服务。

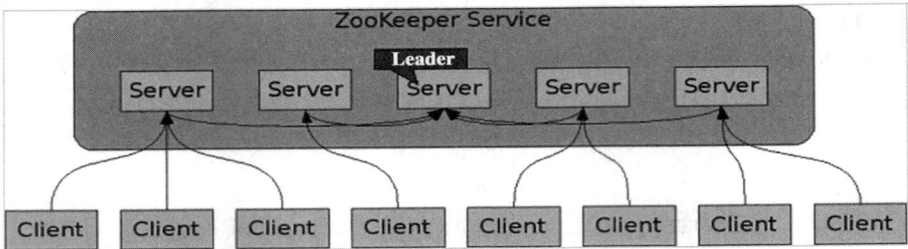

图 5.3　ZooKeeper 集群架构图

如图 5.3 所示，ZooKeeper 集群由一组 Server 节点组成，这一组 Server 节点中存在一个角色为 Leader 的节点，其他节点都为 Follower。当客户端 Client 连接到 ZooKeeper 集群，并且执行写请求时，这些请求会被发送到 Leader 节点上，然后 Leader 节点上数据变更会同步到集群中其他的 Follower 节点。

Leader 节点在接收到数据变更请求后，首先将变更写入本地磁盘，以作恢复之用。当所有的写请求持久化到磁盘以后，才会将变更应用到内存中。

ZooKeeper 使用了一种自定义的原子消息协议（ZooKeeper Atomic Broadcast Zab），在消息层的这种原子特性，保证了整个协调系统中的节点数据或状态的一致性。Follower 基于这种消息协议能够保证本地的 ZooKeeper 数据与 Leader 节点同步，然后基于本地的存储来独立地对外提供服务。

当一个 Leader 节点发生故障失效时，失败故障是快速响应的，消息层负责重新选择一个 Leader，继续作为协调服务集群的中心，处理客户端写请求，并将 ZooKeeper 协调系统的数据变更同步（广播）到其他的 Follower 节点。

集群当中的角色和功能见表 5.1。

表 5.1　ZooKeeper **集群角色和功能**

角　　色		功　　能
领导者 （Leader）		领导者负责进行投票的发起和决议,更新状态
学习者 （Learner）	跟随者 （Follower）	Follower 用于接收客户请求,并向客户端返回结果,在选主过程中参与投票
	观察者 （Observer）	Observer 可以接收客户端连接,将写请求转发给 leader 节点,但 Observer 不参加投票过程,只同步 Leader 的状态。Observer 的目的是扩展系统,提高读取速度
客户端（Client）		请求发起方

5.2　ZooKeeper 的数据模型

5.2.1　**数据存储结构**

ZooKeeper 的数据模型具备以下特点:

①从图 5.4 中可以看出,ZooKeeper 的数据模型在结构上与标准文件系统非常相似,都是采用这种树形层次结构,与文件系统的目录树也一样。

②ZooKeeper 树中的每个节点被称为 Znode,可以默认存储 1 MB 的数据,并且其有一个唯一的路径标识。

③节点 Znode 可以包含数据和子节点(每个节点包含状态信息、数据信息和子节点信息)。

④客户端应用可以在节点上设置监视器。

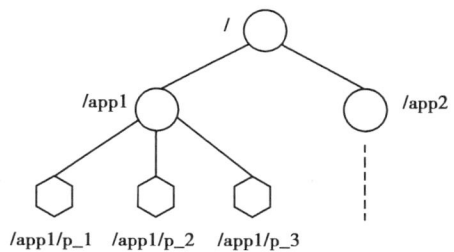

图 5.4　ZooKeeper **集群架构图**

5.2.2　**节点类型**

(1)Znode **的两种类型**

①临时(断开连接自己删除):它的生命周期依赖于它们的会话,一旦会话结束,临时节点会被自动删除;它也可以被手动删除。临时节点不允许拥有子节点。

②持久(断开连接不删除):它的生命周期不依赖于它们的会话,只有它所连接的客户端执行删除操作时,它才被删除。

(2)Znode **的四种形式的目录节点**

Znode 的目录默认的是 Persistent ,具体如下:

①PERSISTENT 永久节点。

②PERSISTENT_SEQUENTIAL 序列化永久节点。

③EPHEMERAL 临时节点。

④EPHEMERAL_SEQUENTIAL 序列化临时节点。

(3) Znode **序列号**

创建 Znode 时设置顺序标识,Znode 名称后会附加一个值,顺序号是一个单调递增的计数器,由父节点维护。顺序号也可以称为"序列号",是一个 10 位数字的号码,例如 0000000002。在分布式系统中,顺序号可以被用于为所有的事件进行全局排序,这样客户端可以通过顺序号推断事件的顺序。

5.2.3　节点属性

(1) **引用方式**

Zonde 通过路径引用,如同 Unix 中的文件路径。路径必须是绝对的,因而必须由斜杠字符来开头;除此以外,必须是唯一的,每一个路径只有一个表示方法,这些路径不能改变。在 ZooKeeper 中,路径由 Unicode 字符串组成,并且有一些限制。字符串"/zookeeper"用以保存管理信息,比如关键配额信息。

(2) Znode **结构**

ZooKeeper 命名空间中的 Znode,兼具文件和目录两个特点。既像文件一样维护着数据元信息、ACL、时间戳等数据结构,又像目录一样可以作为路径标识的一部分。图 5.4 中的每个节点称为一个 Znode。每一个 Znode 由以下 3 部分组成:

①stat:此为状态信息, 描述该 Znode 的版本、权限等信息。

②data:与该 Znode 关联的数据。

③children:该 Znode 下的子节点。

ZooKeeper 虽然可以关联一些数据,但并没有被设计为常规的数据库或大数据存储,相反它用来管理调度数据,例如分布式应用中的配置文件信息、状态信息、汇集位置等。这些数据的共同特性:它们都是很小的数据,通常以"KB"为单位。ZooKeeper 的服务器和客户端都被设计为严格检查,并限制每个 Znode 的数据大小至多 1 MB,但常规使用中应该远小于此值。

(3) **数据访问**

ZooKeeper 中的每个节点存储的数据都要被原子性的操作。读操作将获取与节点相关的所有数据,写操作也将替换节点的所有数据。另外,每一个节点都拥有自己的 ACL(访问控制列表),这个列表规定了用户的权限,即限定了特定用户对目标节点可以执行的操作。

(4) **顺序节点**

当创建 Znode 时,用户可以请求在 ZooKeeper 的路径结尾添加一个递增的计数。这个计数对于此节点的父节点来说是唯一的,它的格式为"%10d"(10 位数字,没有数值的数位用"0"补充,例如"0000000001")。当计数值大于 $2^{32}-1$ 时,计数器将溢出。

(5) **观察**

客户端可以在节点上设置 Watch,称为"监视器"。当节点状态发生改变时(Znode 的增、删、改)将会触发 Watch 所对应的操作。当 Watch 被触发时,ZooKeeper 将会向客户端发送且仅发送一条通知。

（6）时间戳

致使 ZooKeeper 节点状态改变的每一个操作都将使节点接收到一个 Zxid 格式的时间戳，并且这个时间戳全局有序。也就是说，每个对节点的改变都将产生一个唯一的 Zxid。如果 Zxid1 的值小于 Zxid2 的值，那么 Zxid1 所对应的事件发生在 Zxid2 所对应的事件之前。实际上，ZooKeeper 的每个节点维护着三个 Zxid 值，分别为：cZxid、mZxid、pZxid。

①cZxid：节点的创建时间所对应的 Zxid 格式时间戳。

②mZxid：节点的修改时间所对应的 Zxid 格式时间戳。

③pZxid：它与该节点的子节点或该节点本身的最近一次创建或删除的时间戳对应。实际操作中 Zxid 是一个 64 位的数字，它的高 32 位是 epoch 用来标识 Leader 关系是否改变，每次一个 Leader 被选出来，它都会有一个新的 epoch。低 32 位是个递增计数。

（7）版本号

对节点的每一个操作都将致使这个节点的版本号增加。每个节点维护着三个版本号，它们分别为：

①Version：节点数据版本号。

②cVersion：子节点版本号。

③aVersion：节点所拥有的 ACL 版本号。

（8）ZooKeeper 节点属性

通过前面的介绍可知，一个节点自身拥有表示其状态的许多重要属性，见表 5.2。

表 5.2　Znode 节点属性结构

状态属性	说　明
cZxid	数据节点创建时的事务 ID
cTime	数据节点创建时的时间
mZxid	数据节点最后一次更新时的事务 ID
mTime	数据节点最后一次更新时的时间
pZxid	数据节点的子节点列表最后一次被修改（是子节点列表变更，而不是子节点内容变更）时的事务 ID
cVersion	子节点的版本号
dataVersion	数据节点的版本号
aclVersion	数据节点的 ACL 版本号
ephemeralOwner	如果节点是临时节点，则表示创建该节点对会话的 SessionID；如果节点是持久节点，则该属性值为"0"
dataLength	数据内容的长度
numChildren	数据节点当前的子节点个数

在 ZooKeeper 中有 9 个基本操作，见表 5.3。

表 5.3 ZooKeeper 基本操作

操　　作	描　　述
create	创建 Znode（父 Znode 必须存在）
delete	删除 Znode（Znode 没有子节点）
exists	测试 Znode 是否存在，并获取它的元数据
getACL/setACL	为 Znode 获取/设置 ACL
getChildren	获取 Znode 所有子节点的列表
getData/setData	获取/设置 Znode 的相关数据
sync	使客户端的 Znode 视图与 ZooKeeper 同步

更新 ZooKeeper 操作是有限制的，delete 或 setData 必须明确要更新的 Znode 的版本号，可以调用 exists 找到。如果版本号不匹配，更新将会失败。更新 ZooKeeper 操作是非阻塞式的，因此，客户端如果失去了一个更新（由于另一个进程在同时更新这个 Znode），可以在不阻塞其他进程执行的情况下，选择重新尝试或进行其他操作。

5.3　ZooKeeper 的 Watch 机制

5.3.1　ZooKeeper 的监听器简介

（1）概述

ZooKeeper 可以为所有的读操作设置 Watch，这些读操作包括：exists（）、getChildren（）及 getData（）。Watch 事件是一次性的触发器，当 Watch 的对象状态发生改变时，将会触发此对象上 Watch 所对应的事件。Watch 事件将被异步地发送给客户端，并且 ZooKeeper 为 Watch 机制提供了有序的一致性保证。理论上客户端接收 Watch 事件的时间要快于其看到 Watch 对象状态变化的时间。

（2）类型

ZooKeeper 所管理的 Watch 可以分为两类：

①数据 Watch（data Watches）：getData 和 exists 负责设置数据 Watch。

②孩子 Watch（child Watches）：getChildren 负责设置孩子 Watch。

可以通过操作返回的数据来设置不同的 Watch：

①getData 和 exists：返回关于节点的数据信息。

②getChildren：返回孩子列表。

（3）Watch 注册与触发

Watch 设置操作及相应的触发器如图 5.5 所示。

①exists 操作上的 Watch，在被监视的 Znode 创建、删除或数据更新时被触发。

②getData 操作上的 Watch，在被监视的 Znode 删除或数据更新时被触发。在被创建时不

设置 watch	watch 触发器				
	create		delete		setData
	Znode	child	Znode	child	Znode
exists	NodeCreated		NodeDeleted		NodeDataChanged
getdata			NodeDeleted		NodeDataChanged
getChildren		NodeChildrenChanged	NodeDeleted	NodeDeletedChanged	

图 5.5　Watch 设置操作及相应的触发器

能被触发,因为只有 Znode 一定存在,getData 操作才会成功。

③getChildren 操作上的 Watch,在被监视的 Znode 的子节点创建或删除,或是这个 Znode 自身被删除时被触发。可以通过查看 Watch 事件类型来区分是 Znode,还是它的子节点被删除:NodeDelete 表示 Znode 被删除,NodeDeletedChanged 表示子节点被删除。

Watch 由客户端所连接的 ZooKeeper 服务器在本地维护,因此,Watch 可以非常容易地设置、管理和分派。当客户端连接到一个新的服务器时,任何的会话事件都将可能触发 Watch。另外,当从服务器断开连接时,Watch 将不会被接收。但是,当一个客户端重新建立连接时,任何先前注册过的 Watch 都会被重新注册。

(4)注意事项

ZooKeeper 的 Watch 实际上要处理两类事件:

1)连接状态事件

这类事件不需要注册,也不需要连续触发。

2)节点事件

节点的建立,删除,数据的修改。需要不停地注册触发,还可能发生事件丢失的情况。

上面两类事件都在 Watch 中处理,也就是重载的节点事件的触发,通过函数 exists、getData 或 getChildren 来处理这类函数,有双重作用:①注册触发事件;②函数本身的功能。

函数的本身的功能又可以用异步的回调函数来实现,重载 processResult( )过程中处理函数本身的功能。

5.3.2　监听工作原理

ZooKeeper 的 Watcher 机制主要包括客户端线程、客户端 WatcherManager 和 ZooKeeper 服务器。客户端在向 ZooKeeper 服务器注册的同时,会将 Watcher 对象存储在客户端的 Watcher-Manager 当中。当 ZooKeeper 服务器触发 Watcher 事件后,会向客户端发送通知,客户端线程从 WatcherManager 中取出对应的 Watcher 对象来执行回调逻辑。

5.4　ZooKeeper 的选举机制

5.4.1　Paxos 算法概述(ZAB 协议)

(1)原理

Paxos 算法是莱斯利·兰伯特于 1990 年提出的一种基于消息传递且具有高度容错特性的一致性算法。

分布式系统中的节点通信存在两种模型:共享内存(Shared memory)和消息传递(Messages

passing)。基于消息传递通信模型的分布式系统,不可避免地会发生以下错误:进程可能会慢、被杀死或者重启,消息可能会延迟、丢失、重复,在基础 Paxos 场景中,先不考虑可能出现消息篡改,即虽然有可能一个消息被传递了两次,但是绝对不会出现错误的消息的情况。Paxos 算法解决的问题:在一个可能发生上述异常的分布式系统中,如何就某个值达成一致,保证无论发生以上任何异常,都不会破坏决议一致性。

Paxos 算法使用一个希腊故事来描述,在 Paxos 中存在三种角色,分别为:

①Proposer(提议者,用来发出提案 Proposal)。

②Acceptor(接受者,可以接受或拒绝提案)。

③Learner(学习者,学习被选定的提案,当提案被超过半数的 Acceptor 接受后为被批准)。

下面是 Paxos 要解决问题的更精确的描述:

①决议(value)只有在被 Proposal 提出后才能被批准。

②在一次 Paxos 算法的执行实例中,只批准一个 value。

③Learner 只能获得被批准的 value。

ZooKeeper 的选举算法有两种:一种是基于 Basic Paxos(Google Chubby 采用)实现的,另外一种是基于 Fast Paxos(ZooKeeper 采用)算法实现的。系统默认的选举算法为 Fast Paxos,并且 ZooKeeper 在 3.4.0 版本后只保留了 FastLeaderElection 算法。

ZooKeeper 的核心是原子广播,这个机制保证了各个 Server 之间的同步。实现这个机制的协议称为 ZAB 协议(ZooKeeper AtomicBrodCast)。ZAB 协议有两种模式,它们分别是崩溃恢复模式(选主)和原子广播模式(同步)。

①当服务启动或者在领导者崩溃后,ZAB 就进入了恢复模式,当领导者被选举出来,且大多数 Server 完成与 Leader 的状态同步以后,恢复模式就结束了。状态同步保证了 Leader 和 Follower 之间具有相同的系统状态。

②当 ZooKeeper 集群选举出 Leader 同步完状态退出恢复模式之后,便进入了原子广播模式。所有的写请求都被转发给 Leader,再由 Leader 将更新 Proposal 广播给 Follower,为了保证事务的顺序一致性,ZooKeeper 采用了递增的事务 ID 号(zxid)来标识事务。所有的提议(Proposal)都在被提出的时候加上了 Zxid。实际操作中 Zxid 是一个 64 位的数字,它高 32 位是 epoch 用来标识 Leader 关系是否改变,每次一个 Leader 被选出来,它都会有一个新的 epoch,标识当前属于那个 Leader 的统治时期。低 32 位用于递增计数。

(2)Basic Paxos **流程**

①选举线程由当前 Server 发起选举的线程担任,其主要功能是对投票结果进行统计,并选出推荐的 Server。

②选举线程首先向所有 Server 发起一次询问(包括自己)。

③选举线程收到回复后,验证是否是自己发起的询问(验证 zxid 是否一致),然后获取对方的 Serverid(myid),并存储到当前询问对象列表中,最后获取对方提议的 Leader 相关信息(Serverid,Zxid),并将这些信息存储到当次选举的投票记录表中。

④收到所有 Server 回复以后,就计算出 ID 最大的那个 Server,并将这个 Server 相关信息设置成下一次要投票的 Server。

⑤线程将当前 ID 最大的 Server 设置为当前 Server 要推荐的 Leader,如果此时获胜的 Server

获得 $\frac{n}{2}+1$ 的 Server 票数，设置当前推荐的 Leader 为获胜的 Server，将根据获胜的 Server 相关信息设置自己的状态，否则，继续这个过程，直到 Leader 被选举出来。

通过流程分析可以得出：要使 Leader 获得多数 Server 的支持，则 Server 总数必须是奇数 $2n+1$，且存活的 Server 的数目不得少于 $n+1$。每个 Server 启动后都会重复以上流程。在恢复模式下，如果是刚从崩溃状态恢复的或刚启动的 Server，还会从磁盘快照中恢复数据和会话信息，zk 会记录事务日志并定期进行快照，方便在恢复时进行状态恢复。Fast Paxos 流程是在选举过程中，某 Server 首先向所有 Server 提议自己要成为 Leader，当其他 Server 收到提议以后，解决 epoch 和 Zxid 的冲突，并接受对方的提议，然后向对方发送接受提议完成的消息，重复这个流程，最后一定能选举出 Leader。

5.4.2　ZooKeeper 选举机制

(1) 基本概念

① 服务器 ID：比如有三台服务器，编号分别是 1、2、3，编号越大，在选择算法中的权重越大。

② 数据 ID：服务器中存放的最大数据 ID，值越大，说明数据越新，在选举算法中数据越新权重越大。

③ 逻辑时钟：或称"投票的次数"，同一轮投票过程中的逻辑时钟值是相同的。每投完一次票这个数据就会增加，然后与接收到的其他服务器返回的投票信息中的数值相比，根据不同的值作出不同的判断。

④ 选举状态：

a. LOOKING，竞选状态。

b. FOLLOWING，随从状态，同步 Leader 状态，参与投票。

c. OBSERVING，观察状态，同步 Leader 状态，不参与投票。

d. LEADING，领导者状态。

⑤ 选举消息内容：

在投票完成后，需要将投票信息发送给集群中的所有服务器，它包含如下内容：

a. 服务器 ID。

b. 数据 ID。

c. 逻辑时钟。

d. 选举状态。

(2) 选举流程图

因为每个服务器都是独立的，在启动时均从初始状态开始参与选举，选举机制流程简图如图 5.6 所示。

(3) 全新集群选举

以一个简单的例子来说明整个选举的过程：假设有 5 台服务器组成的 ZooKeeper 集群，它们的 Server ID 从 1~5，同时它们都是最新启动的，也就是没有历史数据，在存放数据量这一点上都是一样的。假设这些服务器依序启动，试看会发生什么：

① 服务器 1 启动，此时只有它一台服务器启动了，因为它发出去的信息没有任何响应，所

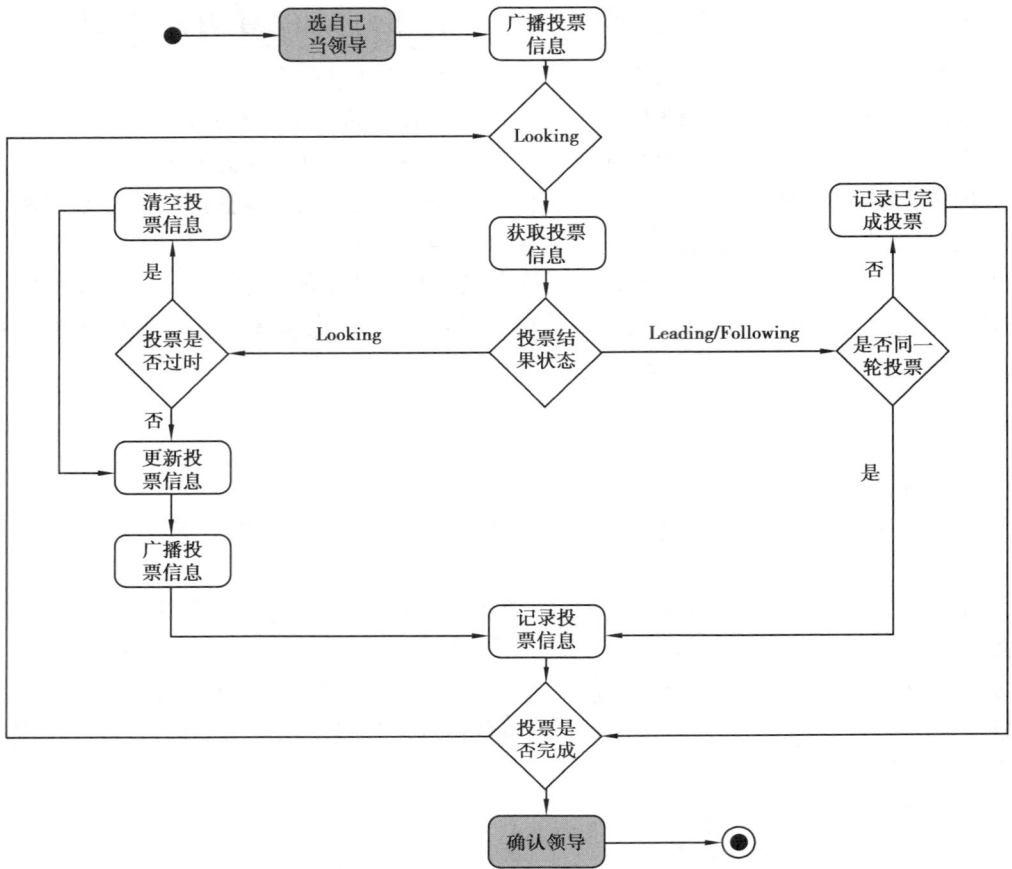

图5.6 选举机制流程简图

以它的选举状态一直是 LOOKING 状态。

②服务器2启动,它与最开始启动的服务器1进行通信,互相交换自己的选举结果,由于两者都没有历史数据,所以 ID 值较大的服务器2胜出。但是,由于没有达到超过半数以上的服务器都同意选举它(这个例子中的半数以上是3),所以服务器1、服务器2还是继续保持 LOOKING 状态。

③服务器3启动,根据前面的理论分析,服务器3成为服务器1、服务器2、服务器3中的老大,而与上面不同的是,此时有三台服务器(超过半数)选举了它,它成了这次选举的 Leader。

④服务器4启动,根据前面的分析,理论上服务器4应该是服务器1、服务器2、服务器3、服务器4中最大的。但是,由于前面已经有半数以上的服务器选举了服务器3,所以它只能接收当从属服务器。

⑤服务器5启动,与服务器4一样,做从属服务器。

(4)非全新集群选举

初始化时是按照上述的说明进行选举的,但是,当 ZooKeeper 运行了一段时间之后,有机器宕机重新选举时,选举过程就相对复杂了。这时的选举需要加入数据 Version、Server ID 和逻辑时钟:

①数据 Version：数据新的 Version 就大，数据每次更新都会更新 Version。

②Server ID：配置的 myid 中的值，每个机器都有一个 ID。

③逻辑时钟：这个值从"0"开始递增，每次选举对应一个值。

如果在同一次选举中，这个值就应该是一致的；逻辑时钟值越大，说明这一次选举 Leader 的进程更新，也就是每次选举拥有一个 Zxid，投票结果只取 Zxid 最新的。

选举的标准就变成：

①逻辑时钟值小的选举结果被忽略，重新投票。

②统一逻辑时钟后，数据 Version 大的胜出。

③数据 Version 相同的情况下，Server ID 大的胜出。

根据这个规则选出 Leader。

5.5　ZooKeeper 分布式集群部署

鉴于 ZooKeeper 本身的特点，服务器集群的节点数推荐设置为奇数台。这里规划为三台，分别为 hadoop1、hadoop2 和 hadoop3。

（1）ZooKeeper 的下载

此处使用的是 ZooKeeper 3.4.10 版本。

（2）解压安装

将下载的文件解压并安装到 ZooKeeper 的目录下，解压缩后的目录图如图 5.7 所示。

［hadoop@ hadoop1　~］$ tar -zxvf zookeeper-3.4.10. tar. gz -C apps/

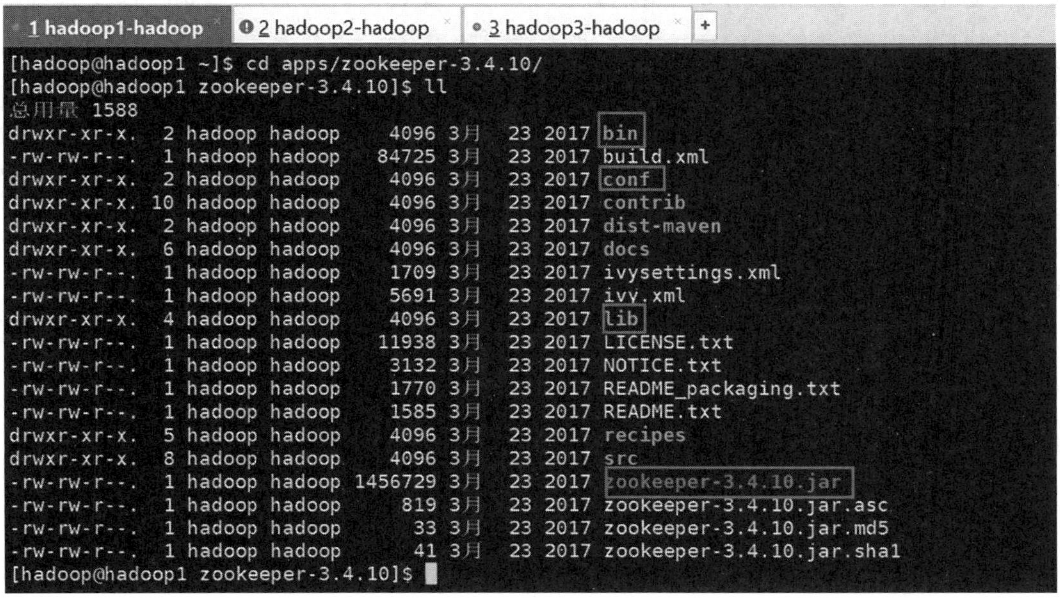

图 5.7　解压缩后目录图

(3)修改配置文件

找到并修改 zoo.cfg 文件,参数如图 5.8 所示。

```
[hadoop@ hadoop1 zookeeper-3.4.10] $ cd conf/
[hadoop@ hadoop1 conf] $ mv zoo_sample.cfg zoo.cfg
[hadoop@ hadoop1 conf] $ vi zoo.cfg
```

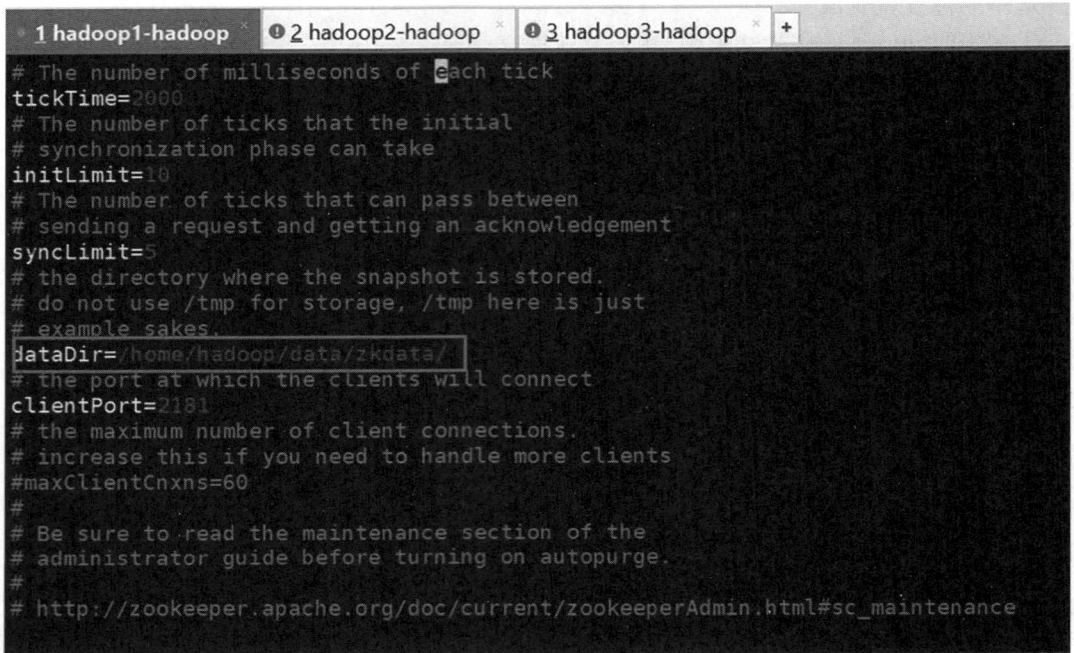

图 5.8　修改 zoo.cfg 文件参数

(4)基本配置

①tickTime:心跳基本时间单位,毫秒级,ZK 基本上所有的时间都是这个时间的整数倍。

②initLimit:表示在 Leader 选举结束后,Followers 与 Leader 同步需要的时间,如果 Followers 比较多或 Leader 的数据非常多时,同步时间相应可能会增加,则这个值也需要相应增加。当然,这个值也是 Follower 和 Observer 在开始同步 Leader 的数据时的最大等待时间(setSoTimeout)。

③syncLimit:这时间容易与上面的时间混淆,它也表示 Follower 和 Observer 与 Leader 交互时的最大等待时间,只不过是在与 Leader 同步完毕之后,进入正常请求转发或 ping 等消息交互时的超时时间。

④dataDir:内存数据库快照存放地址,如果没有指定事务日志存放地址(dataLogDir),默认也是存放在这个路径下,建议两个地址分开存放到不同的设备上。

⑤clientPort:配置 ZK 监听客户端连接的端口,如图 5.9 所示。

图 5.9 中"server.1 = hadoop1:2888:3888"对应的格式:"server.serverid = host:tickpot:electionport",其中的参数的意义如下:

①server:固定写法。

②serverid:每个服务器的指定 ID(必须处于 1~255,必须每一台机器不能重复)。

```
1 hadoop1-hadoop    2 hadoop2-hadoop    3 hadoop3-hadoop    +
dataDir=/home/hadoop/data/zkdata/zookeeper
# the port at which the clients will connect
clientPort=2181
# the maximum number of client connections.
# increase this if you need to handle more clients
#maxClientCnxns=60
#
# Be sure to read the maintenance section of the
# administrator guide before turning on autopurge.
#
# http://zookeeper.apache.org/doc/current/zookeeperAdmin.html#sc_maintenance
#
# The number of snapshots to retain in dataDir
#autopurge.snapRetainCount=3
# Purge task interval in hours
# Set to "0" to disable auto purge feature
#autopurge.purgeInterval=1
dataLogDir=/home/hadoop/log/zklog/

server.1=hadoop1:2888:3888
server.2=hadoop2:2888:3888
server.3=hadoop3:2888:3888
-- 插入 --
```

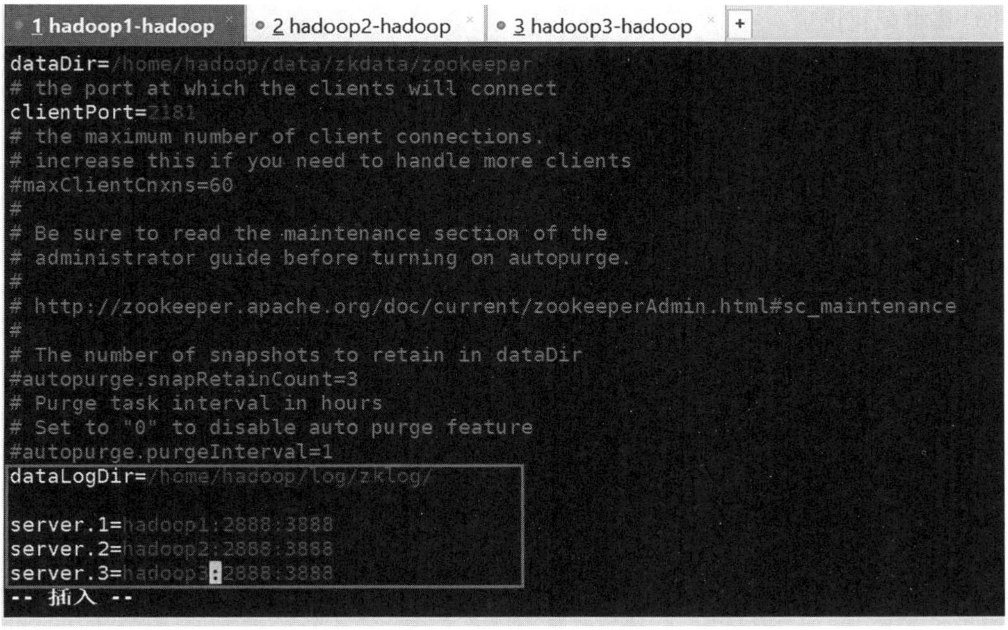

图 5.9　配置 ZK 监听客户端连接的端口

③host：主机名。

④tickpot：心跳通信端口。

⑤electionport：选举端口。

(5)高级配置

①dataLogDir：将事务日志存储在该路径下，这个日志存储的设备效率会影响 ZooKeeper 的写吞吐量。

②globalOutstandingLimit：(Java system property：ZooKeeper. globalOutstandingLimit)默认值是“1 000”，限定了所有连接到服务器但还没有返回响应的请求个数(所有客户端请求的总数，不是连接总数)，这个参数是针对单台服务器而言的，设定太大可能会导致内存溢出。

③preAllocSize：(Java system property：ZooKeeper. preAllocSize)默认值 64 MB，以“KB”为单位，预先分配额定空间用于后续 transactionlog 写入，每当剩余空间小于 4 KB 时，就会又分配 64 MB，如此循环。

④maxClientCnxns：默认值是“10”，一个客户端能够连接同一个服务器的最大连接数，根据 IP 来区分。如果设置为“0”，表示没有任何限制。设置该值是为了防止 DoS 攻击。

⑤clientPortAddress：与 clientPort 匹配，表示某个 IP 地址，如果服务器有多个网络接口(多个 IP 地址)，如果没有设置这个属性，则 clientPort 会绑定所有 IP 地址，否则只绑定该设置的 IP 地址。

⑥minSessionTimeout：最小的 session Time 时间，默认值是 2 个 tick Time，客户端设置的 session Time 如果小于这个值，则会被强制协调为这个最小值。

⑦maxSessionTimeout：最大的 session Time 时间，默认值是 20 个 tick Time. ，客户端设置的 session Time 如果大于这个值，则会被强制协调为这个最大值。

（6）集群配置选项

①electionAlg：领导选举算法，默认是"3"，"0"表示 Leader 选举算法（基于 UDP），"1"表示非授权快速选举算法（基于 UDP），"2"表示授权快速选举算法（基于 UDP），目前"1"和"2"算法都没有应用，不建议使用，"0"算法未来也可能会被淘汰，只保留"3"（Fast Leader Election）算法，因此，最好直接使用默认值。

③leaderServes：如果该值不是 no，则表示该服务器作为 Leader 时是需要接受客户端连接的。为了获得更高吞吐量，当服务器数有三台以上时，一般建议设置为"no"。

④cnxTimeout：默认值是 5 000，单位"ms"表示 leaderelection 时打开连接的超时时间。

（7）分发

将配置文件分发到集群其他机器中：

```
［hadoop@ hadoop1 apps］$ scp -r zookeeper-3.4.10/ hadoop2: $ PWD
［hadoop@ hadoop1 apps］$ scp -r zookeeper-3.4.10/ hadoop3: $ PWD
```

然后到各个 ZooKeeper 服务器节点，新建目录"dataDir = /home/hadoop/data/zkdata"，这个目录就是在"zoo. cfg"中配置的 dataDir 的目录，建好之后，在里面新建一个文件，文件名为"myid"，里面存放的内容是服务器的 ID，也就是"server. 1 = hadoop01:2888:3888"当中的 ID，为"1"，那么对应的每个服务器节点都应该作类似操作。

用服务器 hadoop1 举例：

```
［hadoop@ hadoop1  ~ ］$ mkdir /home/hadoop/data/zkdata
［hadoop@ hadoop1  ~ ］$ cd data/zkdata/
［hadoop@ hadoop1 zkdata］$ echo 1 > myid
```

当以上所有步骤都完成时，意味着 ZooKeeper 的配置文件相关的修改都完成。

（8）配置环境变量

找到. bashrc，并配置环境变量 ZOOKEEPER_HOME 和 PATH，如图 5.10 所示。

```
［hadoop@ hadoop1  ~ ］$ vi . bashrc
#zookeeper
export ZOOKEEPER_HOME = /home/hadoop/apps/zookeeper-3.4.10
export PATH = $ PATH: $ ZOOKEEPER_HOME/bin
```

修改完成后，保存退出，再执行命令"［hadoop@ hadoop1 ~ ］$ source . bash"刷新. bash 文件。

（9）验证

启动软件，并验证安装是否成功：

启动命令：zkServer. sh start

停止命令：zkServer. sh stop

查看状态命令：zkServer. sh status

注意：虽然在配置文件中写明了服务器的列表信息，但还是需要逐个启动每一台服务器，不是一键启动集群模式，每启动一台查看一下状态再启动下一台。

1）启动 hadoop1

先启动，然后查看状态，这台机器是从属状态，状态展示如图 5.11 所示。

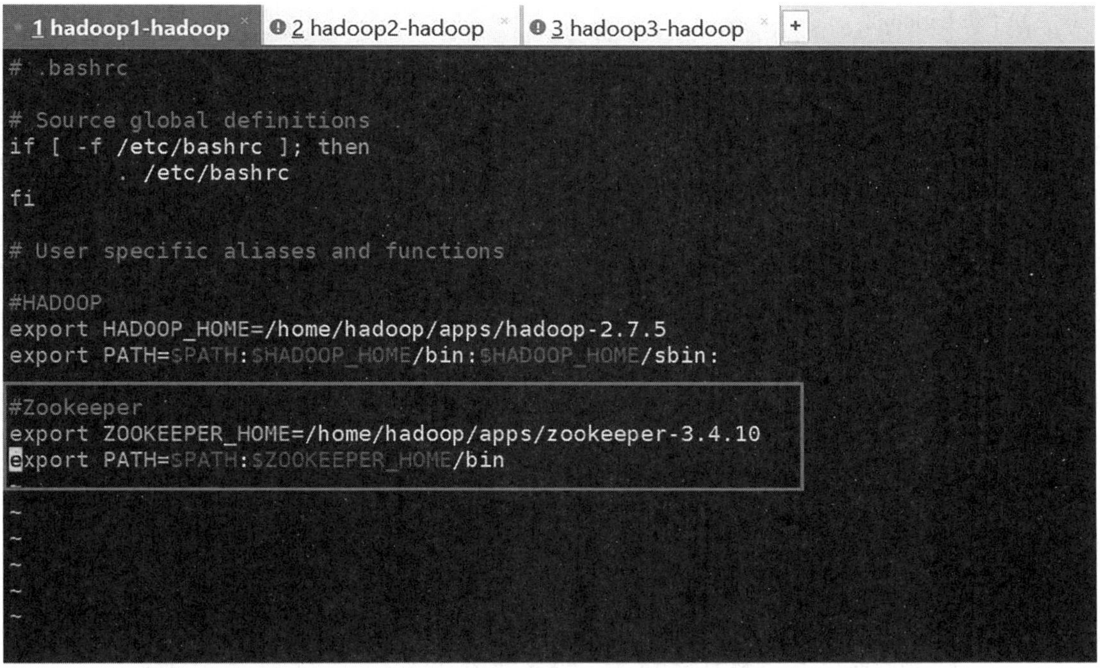

图 5.10　配置环境变量

```
[hadoop@ hadoop1  ~] $ zkServer. sh start
zookeeper JMX enabled by default
Using config：/home/hadoop/apps/zookeeper-3. 4. 10/bin/. . /conf/zoo. cfg
Starting zookeeper … STARTED
[hadoop@ hadoop1  ~] $ zkServer. sh status
zookeeper JMX enabled by default
Using config：/home/hadoop/apps/zookeeper-3. 4. 10/bin/. . /conf/zoo. cfg
Error contacting service. It is probably not running.
[hadoop@ hadoop1  ~] $
```

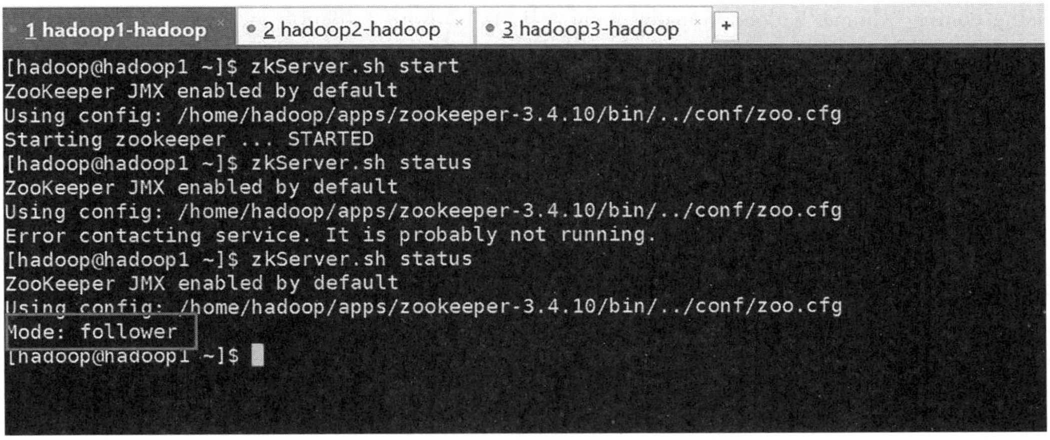

图 5.11　状态展示

2）启动 hadoop2

先启动，然后查看状态，这台机器是领导状态，状态展示如图 5.12 所示。

```
[hadoop@ hadoop2 ~] $ zkServer. sh start
zookeeper JMX enabled by default
Using config：/home/hadoop/apps/zookeeper-3.4.10/bin/../conf/zoo. cfg
Starting zookeeper … STARTED
[hadoop@ hadoop2 ~] $ zkServer. sh status
zookeeper JMX enabled by default
Using config：/home/hadoop/apps/zookeeper-3.4.10/bin/../conf/zoo. cfg
Mode：leader
[hadoop@ hadoop2 ~] $
```

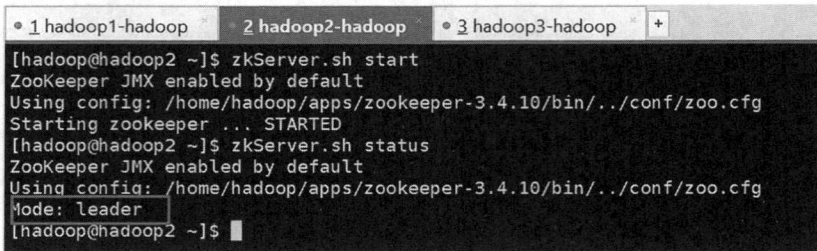

图 5.12   状态展示

3）启动 hadoop3

先启动，然后查看状态，这台机器是从属状态，状态展示如图 5.13 所示。

```
[hadoop@ hadoop3 ~] $ zkServer. sh start
zookeeper JMX enabled by default
Using config：/home/hadoop/apps/zookeeper-3.4.10/bin/../conf/zoo. cfg
Starting zookeeper … STARTED
[hadoop@ hadoop3 ~] $ zkServer. sh status
zookeeper JMX enabled by default
Using config：/home/hadoop/apps/zookeeper-3.4.10/bin/../conf/zoo. cfg
Mode：follower
```

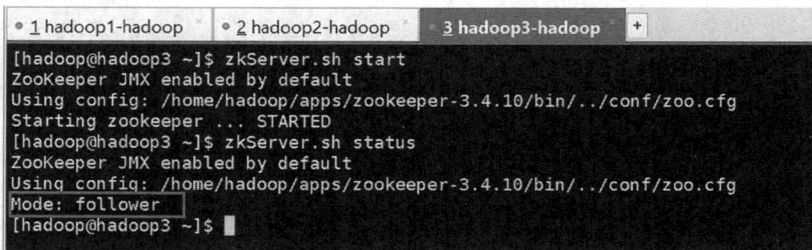

图 5.13   状态展示

（10）查看进程

3 台机器上都有 QuorumPeerMain 进程。

```
［hadoop@ hadoop1 ～］$ jps
2499 Jps
2404 QuorumPeerMain
```

5.6　ZooKeeper 的 Shell 操作

5.6.1　进入 ZooKeeper Shell

在启动 ZooKeeper 服务之后,输入以下命令,连接到 ZooKeeper 服务:

```
［hadoop@ hadoop1 ～］$ zkCli. sh -server hadoop2：2181
```

连接成功之后,系统会输出 ZooKeeper 的相关环境及配置信息,并在屏幕输出"Welcome to ZooKeeper!"等信息,如图 5.14 所示。

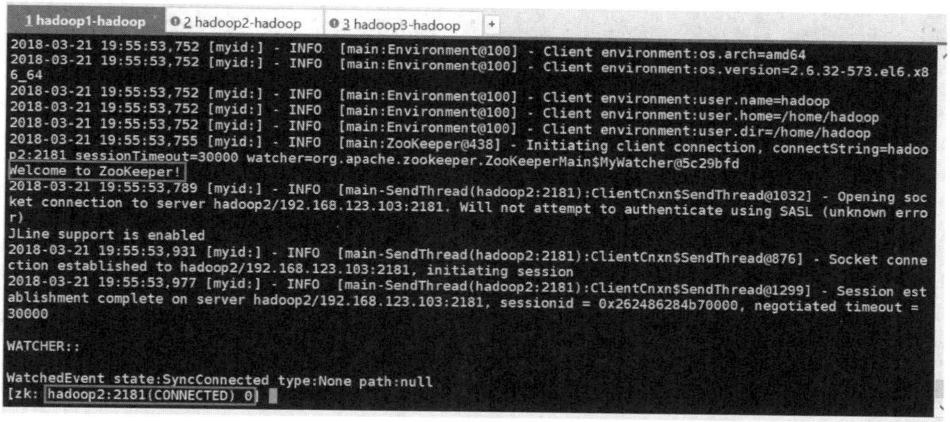

图 5.14　连接成功展示界面

5.6.2　ZooKeeper Shell 命令操作

ZooKeeper 命令行工具类似于 Linux 的 Shell 环境,能够简单地实现对 ZooKeeper 进行访问、数据创建、数据修改等一系列操作。Shell 操作 ZooKeeper 的常见命令,见表 5.4。

表 5.4　Shell 操作 ZooKeeper 的常见命令

命　令	描述
help	帮助命令
ls	查看当前 ZooKeeper 中所包含的内容
create	创建 Znode 节点
get	获取节点
set	修改节点
delete	删除节点
quit	退出
stat	查看状态信息

如图 5.14 所示,成功连接 ZooKeeper 服务后,通过 Shell 命令操作 ZooKeeper。其具体操作如下:

(1)帮助命令

输入"help"之后,屏幕会输出可用的 ZooKeeper 命令,如图 5.15 所示。

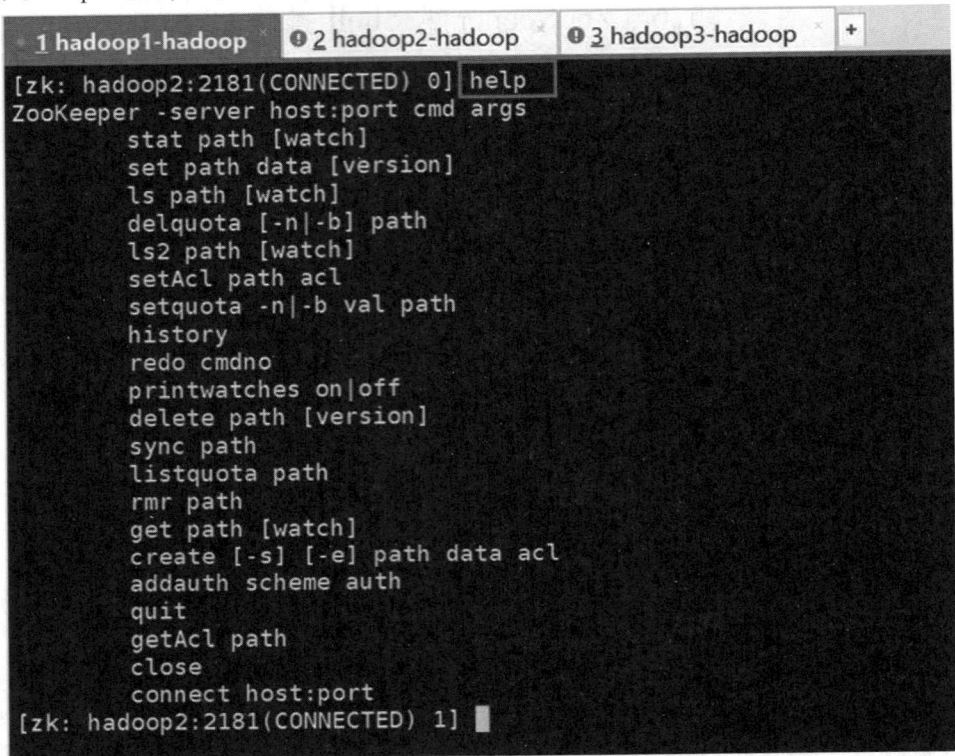

图 5.15　shell 操作 help 命令

(2)查看当前 ZooKeeper 中所包含的内容

使用 ls 命令查看当前 ZooKeeper 中所包含的内容:ls /。

```
[zk：localhost:2181(CONNECTED) 1] ls /
[cc, dd0000000003, zookeeper, bb0000000001]
[zk：localhost:2181(CONNECTED) 2]
```

(3)创建 Znode 节点

①创建一个新的 Znode 节点"aa",以及与它相关的字符,执行命令"create /aa " my first zk"",默认是不带编号的。

```
[zk：hadoop2:2181(CONNECTED) 2] create /aa "my first zk"
Created /aa
[zk：hadoop2:2181(CONNECTED) 3]
```

②创建带编号的持久性节点"bb",执行命令"create -s /bb "bb""。

```
[zk：localhost:2181（CONNECTED）1] create -s /bb "bb"
Created /bb0000000001
[zk：localhost:2181（CONNECTED）2]
```

③创建不带编号的临时节点"cc"，执行命令"create -e /cc "cc""。

```
[zk：localhost:2181（CONNECTED）2] create -e /cc "cc"
Created /cc
[zk：localhost:2181（CONNECTED）3]
```

④创建带编号的临时节点"dd"，执行命令 create -s -e /dd "dd"。

```
[zk：localhost:2181（CONNECTED）3] create -s -e /dd "dd"
Created /dd0000000003
[zk：localhost:2181（CONNECTED）4]
```

（4）获取节点

使用 get 命令来确认前面中所创建的 Znode 是否包含创建的字符串，执行命令"get /aa"。

```
[zk：hadoop2:2181（CONNECTED）4] get /aa
my first zk
cZxid = 0x100000002
ctime = Wed Mar 21 20:01:02 CST 2018
mZxid = 0x100000002
mtime = Wed Mar 21 20:01:02 CST 2018
pZxid = 0x100000002
cversion = 0
dataVersion = 0
aclVersion = 0
ephemeralOwner = 0x0
dataLength = 11
numChildren = 0
[zk：hadoop2:2181（CONNECTED）5]
```

（5）修改节点

通过 set 命令来对 zk 所关联的字符串进行设置，执行命令"set /aa haha123"。

```
[zk：hadoop2:2181（CONNECTED）6] set /aa haha123
cZxid = 0x100000002
ctime = Wed Mar 21 20:01:02 CST 2018
mZxid = 0x100000004
mtime = Wed Mar 21 20:04:10 CST 2018
pZxid = 0x100000002
cversion = 0
```

```
dataVersion = 1
aclVersion = 0
ephemeralOwner = 0x0
dataLength = 7
numChildren = 0
［zk：hadoop2：2181（CONNECTED）7］
```

（6）删除节点

将刚才创建的"Znode"删除，执行命令"delete /aa"。

```
［zk：hadoop2：2181（CONNECTED）8］delete /aa
［zk：hadoop2：2181（CONNECTED）9］
```

（7）退出 Shell

退出 Shell，执行命令 quit。

```
［zk：hadoop2：2181（CONNECTED）10］quit
Quitting…
2018-03-21 20：07：11，133［myid：]-INFO ［main：zookeeper@ 684］-Session：
0x262486284b70000 closed
2018-03-21 20：07：11，139［myid：］- INFO
［main-EventThread：ClientCnxn$EventThread@ 519］- EventThread shut down for session：
0x262486284b70000
［hadoop@ hadoop1 ~］$
```

（8）查看状态信息

查看文件 a 的状态信息，执行命令"stat /a"。

```
［zk：localhost：2181（CONNECTED）1］stat /a
cZxid = 0x200000009
ctime = Thu Mar 22 13：07：19 CST 2018
mZxid = 0x200000009
mtime = Thu Mar 22 13：07：19 CST 2018
pZxid = 0x200000009
cversion = 0
dataVersion = 0
aclVersion = 0
ephemeralOwner = 0x0
dataLength = 1
numChildren = 0
［zk：localhost：2181（CONNECTED）2］
```

详细解释：

zxid：事务编号，ZooKeeper 集群内部的所有事务，都有一个全局的唯一的顺序的编号，它是一个 64 位的长整型，由两部分组成。一部分是高 32 位：用来标识 Leader 关系是否改变，如

0x2;另一部分是低 32 位:用来做当前这个 Leader 领导期间的全局的递增的事务编号,如 00000009。

5.7　ZooKeeper Java API 操作

5.7.1　ZooKeeper Java API 基本操作

"org. apache. zookeeper"是客户端入口主类,负责建立与 Server 的会话,它提供了表5.5 中几类主要方法:

表 5.5　ZooKeeper Java API 基本操作

功　能	描　述
create	在本地目录树中创建一个节点
delete	删除一个节点
exists	测试本地是否存在目标节点
get/set data	从目标节点上读取 / 写数据
get/set ACL	获取 / 设置目标节点访问控制列表信息
get children	检索一个子节点上的列表
sync	等待要被传送的数据

5.7.2　ZooKeeper Java API 操作

ZooKeeper 文件系统的增删改查:

```
public class SimpleDemo {
    // 会话超时时间,设置为与系统默认时间一致
    private static final int SESSION_TIMEOUT = 30000;
    // 创建ZooKeeper 实例
    ZooKeeper zk;
    // 创建Watcher 实例
    Watcher wh = new Watcher() {
        public void process( org. apache. zookeeper. WatchedEvent event)
        {
            System. out. println( event. toString( ) );
        }
    };
    // 初始化ZooKeeper 实例
    private void createZKInstance( ) throws IOException
    {
```

```
            zk = new zookeeper("weekend01:2181", SimpleDemo. SESSION_TIMEOUT, this.
wh);
    }
    private void ZKOperations() throws IOException, InterruptedException, KeeperException
    {
        System. out. println("/n1. 创建 ZooKeeper 节点（znode：zoo2，数据：myData2，
权限：OPEN_ACL_UNSAFE, 节点类型：Persistent");
        zk. create("/zoo2", "myData2". getBytes(), Ids. OPEN_ACL_UNSAFE, CreateMode.
PERSISTENT);
        System. out. println("/n2. 查看是否创建成功：");
        System. out. println(new String(zk. getData("/zoo2", false, null)));
        System. out. println("/n3. 修改节点数据 ");
        zk. setData("/zoo2", "shenlan211314". getBytes(), -1);
        System. out. println("/n4. 查看是否修改成功：");
        System. out. println(new String(zk. getData("/zoo2", false, null)));
        System. out. println("/n5. 删除节点 ");
        zk. delete("/zoo2", -1);
        System. out. println("/n6. 查看节点是否被删除：");
        System. out. println(" 节点状态：[ " + zk. exists("/zoo2", false) + " ]");
    }
    private void ZKClose() throws InterruptedException
    {
        zk. close();
    }
    public static void main(String[ ] args) throws IOException, InterruptedException,
KeeperException {
    SimpleDemo dm = new SimpleDemo();
    dm. createZKInstance();
    dm. ZKOperations();
    dm. ZKClose();
    }
}
```

5.8　ZooKeeper 应用场景

5.8.1　命名服务

命名服务是分布式系统中较为常见的一类场景,在分布式系统中,被命名的实体通常可以是集群中的机器、提供的服务地址或远程对象等,通过命名服务,客户端可以根据指定名字来获取资源的实体、服务地址和提供者的信息。ZooKeeper 也可帮助应用系统通过资源引用的方式来实现对资源的定位和使用。广义上的命名服务的资源定位都不是真正意义上的实体资源,在分布式环境中,上层应用仅仅需要一个全局唯一的名字。Zoo-Keeper 可以实现一套分布式全局唯一 ID 的分配机制,如图 5.16 所示。

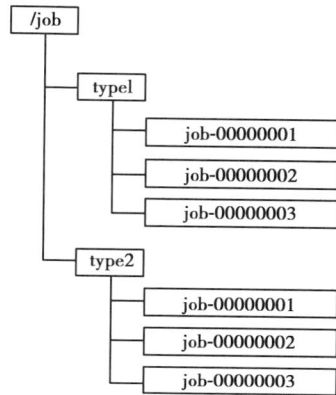

图 5.16　全局唯一 ID 的分配机制

5.8.2　配置管理

程序总是需要配置的,如果程序分散部署在多台机器上,要逐个改变配置就很困难。现在将这些配置全部放到 ZooKeeper,保存在 ZooKeeper 的某个目录节点中,然后所有相关应用程序对这个目录节点进行监听,一旦配置信息发生变化,每个应用程序就会收到 ZooKeeper 的通知,然后从 ZooKeeper 获取新的配置信息应用到系统中。配置信息保存在 ZooKeeper,如图 5.17所示。

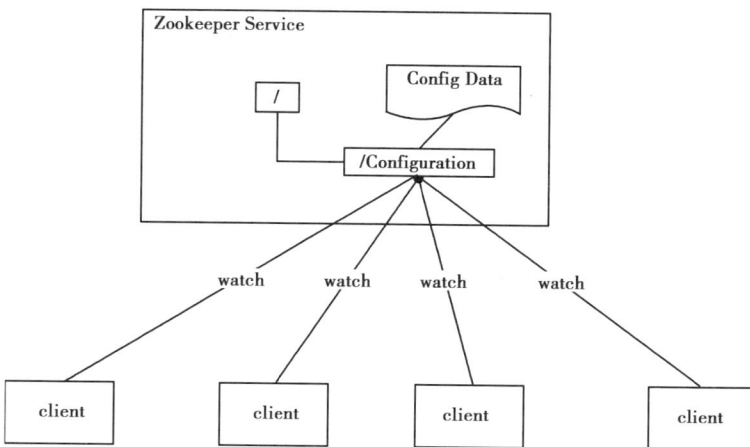

图 5.17　配置信息保存在 ZooKeeper

5.8.3 集群管理

集群管理要注意两点:①机器的退出和加入流程;②选举 Master。

(1)机器的退出和加入流程

所有机器约定在父目录 GroupMembers 下创建临时目录节点,然后监听父目录节点的子节点变化消息。一旦有机器宕机,该机器与 ZooKeeper 的连接断开,其所创建的临时目录节点被删除,所有其他机器都收到通知:某个机器目录被删除。于是,集群中的所有机器收到信息:有机器宕机了。新机器加入也是类似处理流程,所有机器收到通知:新机器目录增加,多了台新机器。

(2)选举 Master

所有机器创建临时顺序编号目录节点,每次选取编号最小的机器作为 Master。而选举策略完全可以由管理员制定。ZooKeeper 管理集群机器信息如图 5.18 所示。

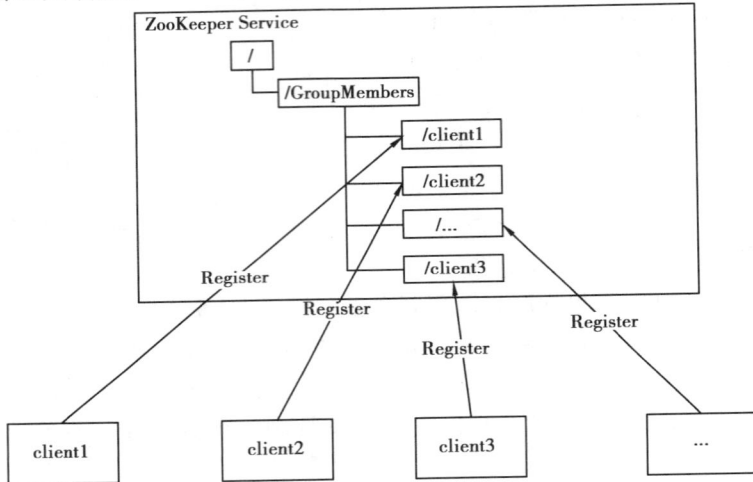

图 5.18　ZooKeeper 管理集群机器信息

习题 5

一、单选题

1.ZooKeeper 中的数据存储结构与标准文件系统非常类似,两者采用的层次结构是(　　)。

　　A. 树形　　　　　　　B. 星形　　　　　　　C. 网形　　　　　　　D. 分布式

2.为了保证 Leader 选举能够通过半数以上服务器选举支持,因此 ZooKeeper 集群搭建的服务器为(　　)。

　　A. $2n+2$　　　　　　B. $2n$　　　　　　　C. $2n+1$　　　　　　D. 以上均错误

3.下列选项中,用于获取 ZooKeeper 所包含的信息的 Shell 命令是(　　)。

　　A. ls　　　　　　　　B. ls2　　　　　　　　C. r　　　　　　　　　D. get

4.当 ZooKeeper 的节点数据发生变更时,被触发的事件是(　　)。

  A. NodeCreated   B. NodeDataChanged

  C. NodeChildrentChanged   D. NodeDeleted

5. 下列说法中,关于 ZooKeeper 说法错误的是(　　　)。

  A. Apache ZooKeeper 旨在减轻构建健壮的分布式系统的服务

  B. ZooKeeper 最早起源于雅虎研究院的一个研究小组

  C. ZooKeeper 是一个分布式协调服务的收费框架

  D. ZooKeeper 本质上是一个分布式的小文件存储系统

二、多选题

1. 下列选项中,属于 ZooKeeper 集群的角色有(　　　)。

  A. Follower   B. Worker   C. Observer   D. Leader

2. 下列说法中,关于 zoo. cfg 配置文件中的参数"server. 1 = hadoop01:2888:3888"说法正确的是(　　　)。

  A. "1"表示服务器的编号

  B. "hadoop01"表示这个服务器的 IP 地址

  C. "2888"表示 ZooKeeper 服务器之间的通信心跳号

  D. "3888"表示 Leader 选举的端口号

3. ZooKeeper 中,Watcher 机制的特点包含(　　　)。

  A. 一次性触发 B. 事件封装   C. 异步发送   D. 先注册再触发

4. 在 ZooKeeper 选举过程中,一共有四种状态,分别是(　　　)。

  A. 竞选状态   B. 随从状态   C. 观察状态   D. 领导者状态

三、判断题

1. 临时节点允许拥有子节点。(　　　)

2. ZooKeeper 的选举机制,实际上是采用算法 FastLeaderElection,投票数大于半数则胜出的机制。(　　　)

3. ZooKeeper 提供的 getChildren( )方法可以用于获取指定节点下的所有子节点列表。(　　　)

4. ZooKeeper 数据模型中的每个 Znode 都是由三部分组成,分别是 stat、data 和 children。(　　　)

5. 启动 ZooKeeper 服务的命令是"zkServer. sh start"。(　　　)

6. 命名服务是分布式系统中比较常见的一类场景,发布者将需要全局统一管理的数据发布到 ZooKeeper 节点上,供订阅者动态获取数据,实现配置信息的集中式管理和动态更新。(　　　)

7. Observer 角色参与 Leader 选举过程中的投票。(　　　)

8. 在 ZooKeeper 选举机制中,数据 ID 是服务器中存放的最新数据版本号,该值越大,则说明数据越新,在选举过程中数据越新权重越小。(　　　)

9. 由于 ZooKeeper 集群的运行不需要 Java 环境支持,所以不需要提前安装 JDK。(　　　)

10. 当客户端断开连接,此时客户端和服务器的连接就是 SyncConnected 状态,说明连接失败。(　　　)

11. ZooKeeper 具有全局数据一致性、高容错性、无序性、原子性以及实时性。(　　　)

12.非全新集群选举时是优中选优,保证 Leader 是 ZooKeeper 集群中数据最完整、最可靠的一台服务器。(　　)

四、填空题

1._____是 ZooKeeper 集群工作的核心,也是事务性请求(写操作)的唯一调度和处理者。

2.当 ZooKeeper 客户端连接认证失败,此时客户端和服务器的连接状态就是_____,说明认证失败。

3.ZooKeeper 选举机制的类型有两种,分别是_____和非全新集群选举。

4.ZooKeeper 的顺序性主要分为两种,分别是_____和偏序。

5.当节点的直接子节点被创建、被删除、子节点数据发生变更时,_____事件被触发。

6.通过执行_____命令,查看该节点的 ZooKeeper 角色。

7.在配置文件_____中,设置与主机连接的心跳端口和选举端口。

8._____的生命周期不依赖于会话,并且只有在客户端显示执行删除操作时,它们才能被删除。

9.在 ZooKeeper 的选举机制中,服务器的编号越大,则在 FastLeaderElection 算法中的_____越大。

10.ZooKeeper 是由_____组成的树。

11.ZooKeeper 提供的典型应用场景服务有_____、统一命名服务和_____。

12.Znode 有两种类型,分别是_____和永久节点。

五、简答题

1.简述 ZooKeeper 的 Watcher 机制。

2.简述分布式锁服务。

第 6 章
Hadoop 2.0 新特性

学习目标：

1. 掌握 Hadoop 2.0 的改进与提升；
2. 熟悉 YARN 的体系结构；
3. 掌握 YARN 的工作流程；
4. 掌握 HDFS HA 的搭建方法。

6.1 Hadoop 2.0 的改进与提升

原有的 Hadoop 1.0 中 HDFS 和 MapReduce 在扩展性和高可用性方面存在很多问题。相比于 Hadoop 1.0，Hadoop 2.0 由 HDFS、MapRduce 和 YARN 三个分支构成。其中 HDFS 增加了两个重大特性，HA 和 Federation。对于 HDFS 来说，NameNode 一旦出现单点故障，就难以应用于在线场景，而且在实际应用场景中，NameNode 往往会由于内存受限，从而使得其压力过大，影响系统的可扩展性。

MapReduce 也存着很多问题，其中包括：JobTracker 访问压力过大，影响其系统的扩展性；不支持除了 MapReduce 的其他计算框架，针对 Hadoop 1.0 中的 MapReduce 在扩展性和多框架支持等方面的不足，Hadoop 2.0 将 JobTracker 中的资源管理和作业控制分开，分别由 Resource-Manager（负责所有应用程序的资源分配）和 ApplicationMaster（负责管理一个应用程序）实现，即引入了资源管理框架 YARN。同时 YARN 作为 Hadoop 2.0 中的资源管理系统，它是一个通用的资源管理模块，可为各类应用程序进行资源管理和调度，不仅限于 MapReduce 一种框架，也可以为其他框架使用，如 Tez、Spark、Storm 等，见表 6.1。

表 6.1　Hadoop 版本对比

组　件	Hadoop 1.0 的问题	Hadoop 2.0 的改进
HDFS	单一名称节点，存在单点失效问题	设计了 HDFS HA，提供名称节点热备机制
HDFS	单一命名空间，无法实现资源隔离	设计了 HDFS Federation 管理多个命名空间
MapReduce	资源管理效率低	设计了新的资源管理框架 YARN

6.1.1　Hadoop 2.0 新特性之 HA

HA 即为高可用性 High Availability,高可用性最关键的策略是消除单点故障。其主要用于解决 NameNode 单点故障问题,该特性通过热备的方式为主 NameNode 提供一个备用者,一旦主 NameNode 出现故障,可以迅速切换至备 NameNode,从而实现不间断对外提供服务。

NameNode 主要在两个方面影响 HDFS 集群:一方面,NameNode 机器发生意外(如宕机),集群将无法使用,直到管理员重启;另一方面,NameNode 机器需要升级(包括软件、硬件升级),此时集群也将无法使用。

HDFS HA 功能通过配置 Active(活跃)和 Standby(待命)这两种状态,实现 NameNodes 在集群中对 NameNode 的热备来解决上述问题。在一个典型的 HDFS HA 场景中,一个 NameNode 处于 Active 状态,另一个 NameNode 处于 Standby 状态。ActiveNameNode 对外提供服务。例如:处理来自客户端的 RPC 请求,而 StandbyNameNode 则不对外提供服务,仅同步 Active NameNode 的状态,以便能够在它失败时快速进行切换。如果出现故障(如机器崩溃或机器需要升级维护),这时可通过此种方式将 NameNode 切换到另外一台机器。如图 6.1 所示。

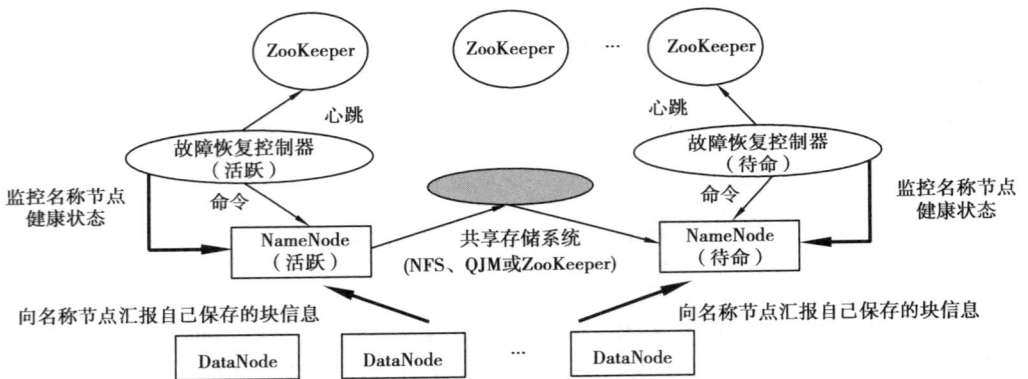

图 6.1　HDFS HA 架构图

6.1.2　Hadoop 2.0 新特性之 Federation

Federation 即为"联邦",该特性可理解为一个 HDFS 集群中允许存在多个相互独立的 NameNode 同时对外提供服务,这些使 NameNode 可以通过增加机器来进行水平扩展。每个 NameNode 分别进行各自命名空间和块管理。

如图 6.2 所示,通过水平扩展名称节点(NameNode),使得单个 NameNode 的负载分散到多个节点中,在 HDFS 数据规模较大时,不会降低 HDFS 的性能。HDFS Federation 中,所有名称节点会共享底层的数据节点存储资源,数据节点向所有名称节点汇报,属于同一个命名空间的块构成一个"块池"。

新特性的设计主要可以解决以下几个问题:

(1) HDFS 集群扩展性

不再像 HDFS 1.0 中那样由于内存的限制制约文件存储数目,一个集群可以扩展到更多的节点,随着 HDFS 中 NameNode 的增多,每个 NameNode 分管一部分目录且彼此之间相互隔

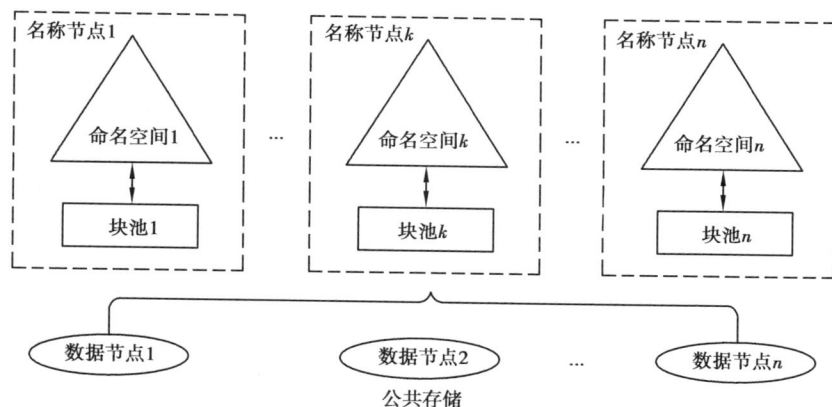

图 6.2　HDFS Federation 架构图

离,通过多个 NameNode 将元数据的存储和管理分散到多个节点中。

（2）性能更高效

多个名称节点管理不同的数据,且同时对外提供服务,将为用户提供更高的读写吞吐率。

（3）良好的隔离性

用户可根据需要将不同业务数据交由不同名称节点管理,这样不同业务之间影响很小。可以通过多个命名空间来隔离不同类型的应用,将不同类型应用的 HDFS 元数据的存储和管理分派到不同 NameNode 中。

6.2　YARN 体系结构

为了解决 Hadoop 1.0 中 JobTracker 访问压力过大而影响系统的扩展性,不支持除了 MapReduce的其他计算框架等问题,Hadoop 2.0 对 MapReduce 架构进行了重构,它将资源管理和作业控制分开,分别由 ResourceManager（负责所有应用程序的资源分配）和 ApplicationMaster（负责管理一个应用程序）实现,即引入了资源管理框架 YARN。Hadoop 2.0 中的 MapReduce 可以称为 MapReduce V2 或 YARN。

Apache Hadoop YARN 是 Hadoop 2.0 中的资源管理系统,它依旧采用了主从架构,从图 6.3的 YARN 架构图可以看出,YARN 主要是由 ResourceManager、NodeManager、ApplicationMaster 和 Container 等几个组件构成。ResourceManager 为 master 节点,NodeManager 为 slaver 节点,Resource Manager 主要负责对 Node Manager 上的资源进行统一的管理与调度。

当用户 Client 提交一个应用程序时,Client 向 ResourceManager 提交的每个应用程序都必须存在一个 App Master,它负责向 ResourceManager 申请资源,并要求 NodeManger 启动可以占用一定资源的任务。由于不同的 App Master 被分布到不同的节点上,因此,它们之间不会相互影响。

（1）资源容器（Container）

Container 是 YARN 框架中的资源,它可以理解为组成系统的一个资源单元。例如:内存分片、CPU 核心数、网络带宽和硬盘空间等。每个 slaver 节点由多个 512 MB 或 1 GB 大小的内存容

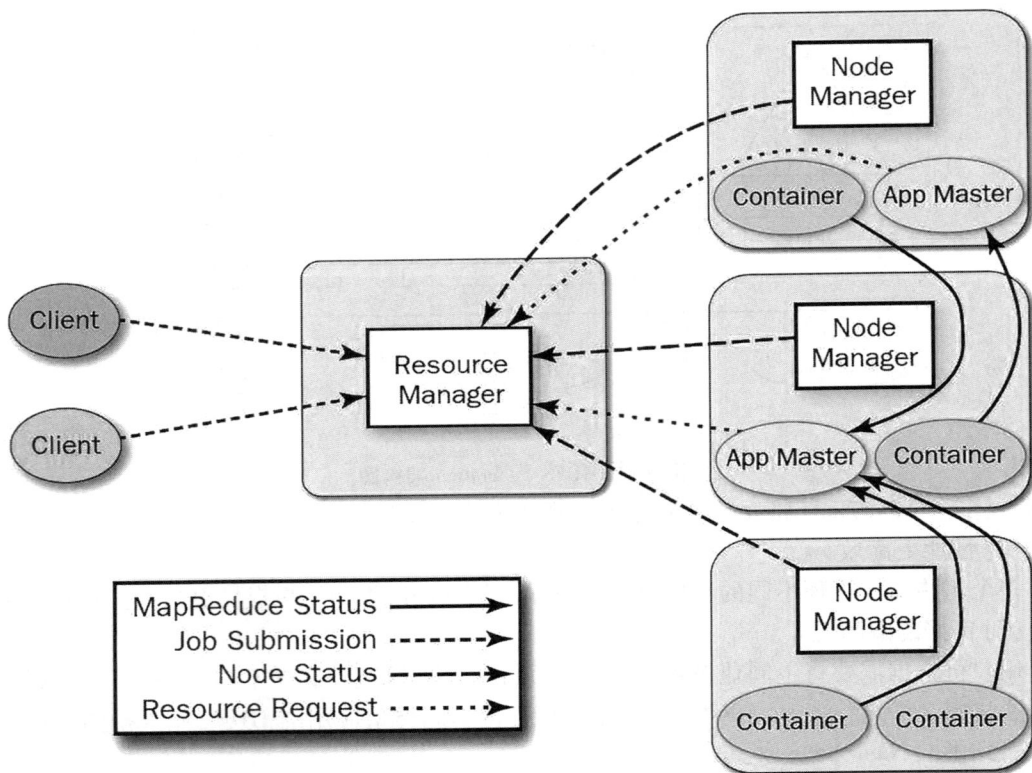

图 6.3　YARN 架构图

器组成。当应用管理器(ApplicationManager)向资源管理器(ResourceManager)申请资源时,资源管理器返回的资源使用 Container 表示,且 YARN 为每个任务分配一个 Container。

(2)资源管理器(ResourceManager)

ResourceManager 是一个全局的资源管理器,负责整个系统的资源管理与分配。它主要由资源调度器(Scheduler)和应用管理器(ApplicationManager)两个组件构成。

1)调度器

调度器是根据集群中的容量、队列和资源等限制,将资源分配给各个正在运行的应用。调度器根据每个应用的资源需求和集群各个节点的资源容器进行调度。需要注意的是:该调度器仅负责资源的分配,不负责监控各个应用执行情况(任务失败、应用失败、硬件失败)的重启任务。

2)应用管理器

应用管理器负责整个系统中所有应用程序,包括应用程序提交、调度器协调资源启动(ApplicationMaster)、监控应用运行情况并重新启动等。

(3)节点管理器(NodeManager)

NodeManager 是每个节点上的资源和任务管理器,它运行在每个集群的节点上,其主要负责与 ResourceManager 配合进行整个集群的资源分配工作,并监控运行节点的健康状态。它的工作主要有以下几个方面:

①接收 ResourceManager 的请求,为每个应用分配 Container。

②与 ResourceManager 交换信息以确保整个集群平稳运行。ResourceManager 就是通过收集每个 NodeManager 的报告信息来追踪整个集群健康状态的,而 NodeManager 负责监控自身的健康状态。

③管理每个 Container 的生命周期。

④管理每个节点上的日志。

⑤执行 YARN 上面应用的一些额外的服务,例如 MapReduce 的 Shuffle 过程。

(4) 应用主体(ApplicationMaster)

ApplicationMaster 是应用主体,它与用户提交的每个应用程序是一一对应的,ApplicationMaster 的主要作用是向 ResourceManager 申请资源并与 NodeManager 协同工作来运行应用的各个任务,然后跟踪它们的状态及监控各个任务的执行,遇到失败的任务还负责重启它。它的工作主要负责以下几个方面:

①与 ResourceManager 调度器协商获取资源。

②与 NodeManager 合作,在合适的容器中运行对应的组件,并监控这些任务的执行。

③如果容器 Container 出现故障,ApplicationMaster 会重新向调度器申请其他资源。

④计算应用程序所需要的资源量,并转化为调度器可识别的协议信息包。

⑤在应用主体出现故障后,应用管理器会负责重启它。

6.3　YARN 工作流程

上述已经介绍了 YARN 的基本组成部分,下面我们将对 YARN 的作业执行流程进行基本的解释,如图 6.4 所示。

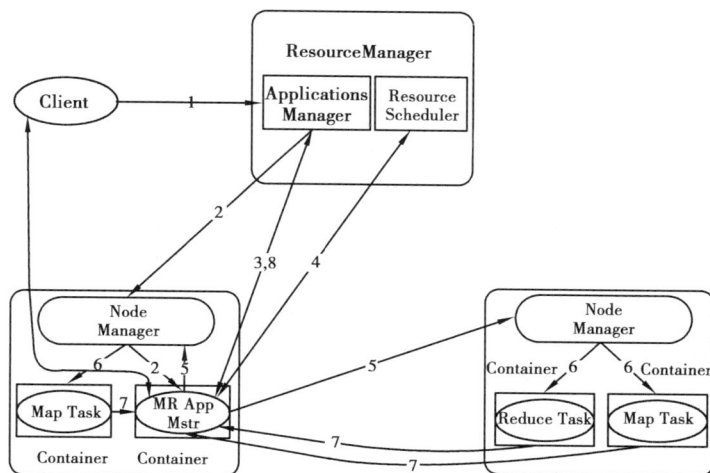

图 6.4　YARN 作业流程图

YARN 的作业执行流程如下:

①用户 Client 向 YARN 中提交应用程序,并为其分配一个新的应用 ID,该应用包括 ApplicationMaster 程序、启动 ApplicationMaster 的命令、用户程序等,将这个应用提交给应用管理器(ApplicationManager)。

②ResourceManager 为该应用程序分配第一个 Container,并与对应的 NodeManager 通信,要求它在这个 Container 中启动应用程序的 ApplicationMaster。

③ApplicationMaster 首先向 ResourceManager 注册,这样用户可以直接通过 ResourceManager 查看应用程序的运行状态,然后它将为各个任务申请资源,执行应用主体并监控它的运行状态,直到运行结束。

④ApplicationMaster 通过 RPC 协议不断计算所需资源并向 ResourceManager 申请和领取资源。

⑤一旦 ApplicationMaster 申请到资源后,应用主体与对应的 NodeManager 进行通信,要求它启动任务。

⑥NodeManager 为任务设置好运行环境(包括环境变量、JAR 包、二进制程序等)后,将任务启动命令写到一个脚本中,并通过运行该脚本启动任务。

⑦各个任务通过某个 RPC 协议向 ApplicationMaster 汇报自己的状态和进度,以让 ApplicationMaster 随时掌握各个任务的运行状态,从而可以在任务失败时重新启动任务。在应用程序运行过程中,用户可随时通过 RPC 向 ApplicationMaster 查询应用程序的当前运行状态。

⑧应用程序运行完成后,ApplicationMaster 向 ResourceManager 注销并关闭自己。

6.4　HDFS HA 的搭建方法

本节我们将介绍 HDFS HA 的集群搭建,HDFS HA 的概念已经在本章的 6.1 节介绍过了,且本书的第 2 章已经进行基本的 Hadoop 集群搭建,但是之前的搭建集群只有一个 NameNode,不具备 HA 功能,因此本节将介绍 HA 的搭建方法。

6.4.1　HDFS HA 安装准备

HDFS HA 安装准备步骤如下:

①Linux 系统安装。本节依旧使用 VMware Workstation 14 并在其之上安装 CentOS 7 64 位系统的方式来构建 Hadoop 集群。虚拟机 Linux 系统安装参考本书 2.1 节。本章使用 4 台虚拟机搭建 HA 集群,节点 master1 和 slave1 作为 NameNode,节点 master2、slave1、slave2 作为 DataNode,存储共享的 JournalNode 在所有节点都要启动,具体节点服务规划见表 6.2。

表 6.2　节点服务规划表

Master1	Master2	slave1	slave2
NameNode	NameNode	NameNode	
JournalNode	JournalNode	JournalNode	JournalNode
	DataNode	DataNode	DataNode
ZooKeeper	ZooKeeper	ZooKeeper	ZooKeeper
DFSZKFailoverController		DFSZKFailoverController	

②Linux 系统网络配置。CentOS 系统安装完成后,为了使 IP 地址固定,需要设置静态 IP。

首先规划 IP 地址见表 6.3。

表 6.3　IP 地址规划表

名　称	IP 地址
网关	192.168.6.2
master1	192.168.6.99
master2	192.168.6.100
slave1	192.168.6.101
slave2	192.168.6.102

③根据其 IP 地址规划表对 Linux 虚拟机进行配置修改，具体修改方法可参考本书 2.2.1 小节，修改之后任意两节点之间可以相互通信，可验证配置成功。

④修改所有节点的"/etc/hostname"文件，修改三个虚拟机的主机名，执行命令"vi /etc/hostname"，将原文件中的"localhost. localdomain"分别改为 master1、master2、slave1 和 slave2，修改完成后重启虚拟机。此时，可以看到主机名由原来的 localhost 变成了对应的 master1、master2、slave1 和 slave2。具体修改方法参考本书 2.2.2 小节，然后还要修改"/etc/hosts"文件，修改内容如图 6.5 所示。

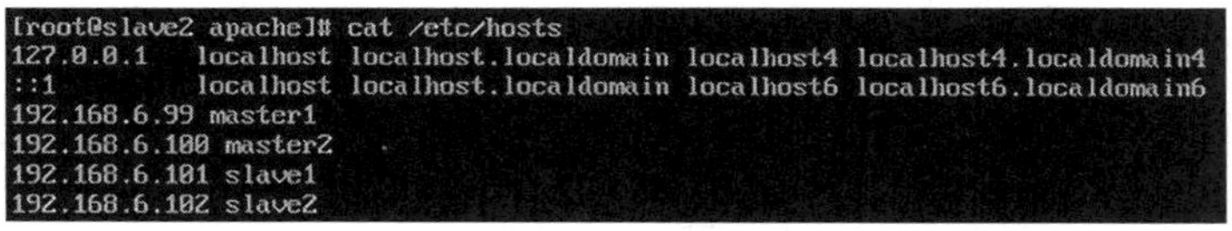

```
[root@slave2 apache]# cat /etc/hosts
127.0.0.1   localhost localhost.localdomain localhost4 localhost4.localdomain4
::1         localhost localhost.localdomain localhost6 localhost6.localdomain6
192.168.6.99 master1
192.168.6.100 master2
192.168.6.101 slave1
192.168.6.102 slave2
```

图 6.5　hosts 文件内容

⑤创建普通用户"apache"，密码为"apache123"，配置方法参考本书 2.3 节。

⑥后面的准备工作包括禁用防火墙、时钟同步、配置 SSH 免密登录、JDK 安装与环境配置。配置方法与本书 2.2 节方法相同。至此，HDFS HA 环境配置准备工作已经完成。

6.4.2　ZooKeeper 安装过程

(1)下载 ZooKeeper

Hadoop 的 HA 高可用集群是建立在 ZooKeeper 的基础之上，所以需要先配置 ZooKeeper。ZooKeeper 是一个分布式服务框架，它主要用来解决分布式应用中经常遇到的一些数据管理问题。例如：统一命名服务、状态同步服务、集群管理等。因此，搭建 HDFS HA 的第一个步骤从配置 ZooKeeper 环境开始，这里使用的是 ZooKeeper 3.4.14 版本。

将下载后的安装包拷贝到每个节点的"/home/apache/soft"文件夹下，然后使用命令"tar-zxvf zookeeper-3.4.14.tar.gz"解压压缩包。如图 6.6 所示，已经成功解压文件夹"zookeeper-3.4.14"。

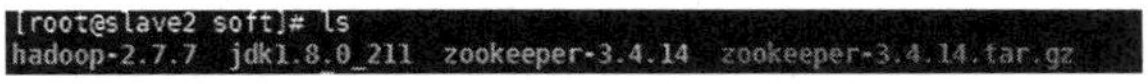

```
[root@slave2 soft]# ls
hadoop-2.7.7  jdk1.8.0_211  zookeeper-3.4.14  zookeeper-3.4.14.tar.gz
```

图 6.6　ZooKeeper 解压图

(2)配置 ZooKeeper

进入"zookeeper-3.4.14"文件夹，进入 conf 目录，然后修改 ZooKeeper 的配置文件"zoo_ sample. cfg"。其具体操作命令如下：

```
cp zoo_sample. cfg zoo. cfg    #重命名配置文件为 zoo. cfg
mv zoo_sample. cfg bak_zoo_sample. cfg   #备份文件
#在/root/bigdata/zookeeper-3.4.14 下创建一个 tmp 文件夹作为 dataDir：
mkdir tmp
```

编辑"zoo. cfg"文件，在原有的基础内容上增加 Server 配置内容与配置"dataDir"文件内容，Server 配置文件是对应服务器的节点名称，ZooKeeper 通过该配置选项识别集群的节点。"dataDir"为数据的存储路径，ZooKeeper 通过该配置项将数据存储到配置的路径处。

```
tickTime = 2000
initLimit = 10
syncLimit = 5
#修改的 dataDir 文件路径，配置临时文件路径内容即可，配置的文件路径需要提前创建好
dataDir = /home/apache/soft/zookeeper-3.4.14/tmp
# the port at which the clients will connect
clientPort = 2181
# 配置 server 几台机器就配置几台即可，注意 server 的数字，在后续需要用到
server. 1 = master2:2888:3888
server. 2 = slave1:2888:3888
server. 3 = slave2:2888:3888
server. 0 = master1:2888:3888
```

创建修改分发 myid 文件，下面为创建 myid 配置文件，然后为该节点配置 ZooKeeper 的环境变量，配置方法如下所示：

```
echo 0 > /home/apache/soft/zookeeper-3.4.14/tmp/myid
#创建 myid 配置文件，该文件内容要与 zoo. cfg 配置文件中的 server. id = xxxx:2888:3888
相对应
```

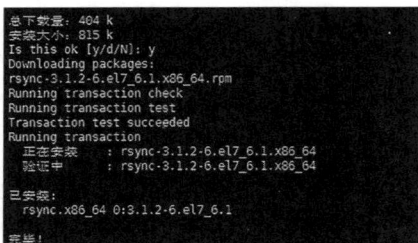

图 6.7　Rsync 安装图

（3）安装 Rsync 工具

Rsync 工具的安装可以方便配置节点向其他节点分发配置，可以使用命令"rpm -qa | grep rsync"，检查是否安装。如果虚拟机中没有安装，可以使用命令"yum install -y rsync"。该命令是使用 yum 下载并安装 Rsync 工具包，Rsync 安装过程图如图 6.7 所示。这里需要注意的是，每个节点都要执行。

然后使用 Rsync 执行分发命令，将之前已经配置好的 ZooKeeper 分发给其他节点，使得该配置能够与其他节点配置同步。由于目前使用的是 master1 节点，因此需要向 master2 节点、slave1 节点和 slave2 节点配置同步，其命令如下：

```
rsync -avup    /home/apache/soft/zookeeper-3.4.14 root@ master2:/home/apache/soft/
rsync -avup    /home/apache/soft/zookeeper-3.4.14 root@ slave1:/home/apache/soft/
rsync -avup    /home/apache/soft/zookeeper-3.4.14 root@ slave2:/home/apache/soft/
```

分发成功过之后,查看所有节点下"/home/apache/soft/zookeeper-3.4.14/tmp/myid"都为"0",这里需要修改为与之前配置文件"zoo.cfg"下的"server.id"内容相互对应。

本文配置文件"zoo.cfg"中节点 master1 对应"0";节点 master2 对应"1";节点 slave1 对应"2";节点 slave2 对应"3"。因此,要将对应节点的 myid 修改为对应的值。

（4）配置 ZooKeeper 环境变量

在主节点 master1 进行环境变量配置,将 ZooKeeper 安装目录配置到环境变量中。首先需要切换到 Root 用户进行环境变量的修改;然后,需要编辑"/etc/profile"文件,在终端执行命令"vi/etc/profile";最后,在文件末尾添加 ZooKeeper 的安装路径。添加的内容为"ZOOKEEPER_HOME"变量,除此之外,在变量 PATH 中加入内容"$ ZOOKEEPER_HOME/bin"。

```
export JAVA_HOME =/home/apache/soft/jdk1.8.0_211
export HADOOP_HOME =/home/apache/soft/hadoop-2.7.7
export ZOOKEEPER_HOME =/home/apache/soft/zookeeper-3.4.14
export
PATH = $ PATH: $ JAVA_HOME/bin: $ JAVA_HOME/jre/bin: $ HADOOP_HOME/bin:
$ HADOOP_HOME/sbin: $ ZOOKEEPER_HOME/bin
export CLASSPATH = $ CLASSPATH:.: $ JAVA_HOME/lib: $ JAVA_HOME/jre/lib
```

使用 Rsync 进行环境变量分发,其命令如下:

```
[root@ master1  conf]# rsync /etc/profile root@ master2:/etc/
[root@ master1  conf]# rsync /etc/profile root@ slave1:/etc/
[root@ master1  conf]# rsync /etc/profile root@ slave2:/etc/
```

为了使配置生效,每个节点都要使用命令"source /etc/profile"使配置生效。

（5）启动 ZooKeeper

ZooKeeper 的相关命令主要有以下几个:①启动 ZooKeeper 命令:"zkServer.sh start";②查看 ZooKeeper 命令:"zkServer.sh status";③停止 ZooKeeper 命令:"zkServer.sh stop"。为每台节点执行"zkServer.sh start"命令,启动 ZooKeeper 服务。当每个节点已经启动后,使用命令"zkServer.sh status"查看每个节点的状态,会发现四个节点的其中一个节点是"leader"状态,说明该节点为主节点,其他节点是"follower"状态为子节点,如图 6.8 所示。

图 6.8　ZooKeeper 节点状态图

6.4.3 配置 Hadoop 高可用集群

(1)创建文件夹

首先要下载 Hadoop 2.7.7,然后解压至目录"/home/apache/soft/hadoop-2.7.7"。在配置安装 Hadoop 之前,需要提前创建好文件夹,用来存储数据、日志文件、数据存储文件。对于数据存储文件夹,创建文件夹命令如下:

```
[root@ master1 hadoop-2.7.7]# mkdir -p /home/apache/soft/hadoop-2.7.7/media/data1/hdfs/data
[root@ master1 hadoop-2.7.7]# mkdir -p /home/apache/soft/hadoop-2.7.7/media/data2/hdfs/data
[root@ master1 hadoop-2.7.7]# mkdir -p /home/apache/soft/hadoop-2.7.7/media/data3/hdfs/data
```

对于创建 Journal 内容存储文件夹和 NameNode 内容存储文件夹,其命令如下:

```
[root@ master1 hadoop-2.7.7]# mkdir -p /home/apache/soft/hadoop-2.7.7/media/hdfsjournal
[root@ master1 hadoop-2.7.7]# mkdir -p /home/apache/soft/hadoop-2.7.7/media/name
```

(2)配置环境变量

这里需要配置 Java 和 Hadoop 的环境变量,配置方法可以参考 ZooKeeper 环境变量配置方法,这里只需要修改"/etc/profile"文件,在文件下添加的增加内容为:JAVA_HOME、HADOOP_HOME,并在变量 PATH 中添加变量,具体修改内容如下:

```
export JAVA_HOME =/home/apache/soft/jdk1.8.0_211
export HADOOP_HOME =/home/apache/soft/hadoop-2.7.7
export ZOOKEEPER_HOME =/home/apache/soft/zookeeper-3.4.14
export
PATH = $ PATH：$ JAVA_HOME/bin：$ JAVA_HOME/jre/bin：$ HADOOP_HOME/bin：$ HADOOP_HOME/sbin：$ ZOOKEEPER_HOME/bin
export CLASSPATH = $ CLASSPATH：.：$ JAVA_HOME/lib：$ JAVA_HOME/jre/lib
```

修改结束以后,使用"whereis hdfs"和"whereis hadoop"命令,查看是否打印出环境变量位置,如果配置成功,会打印该 Hadoop 与 Hdfs 的安装路径,如图 6.9 所示。

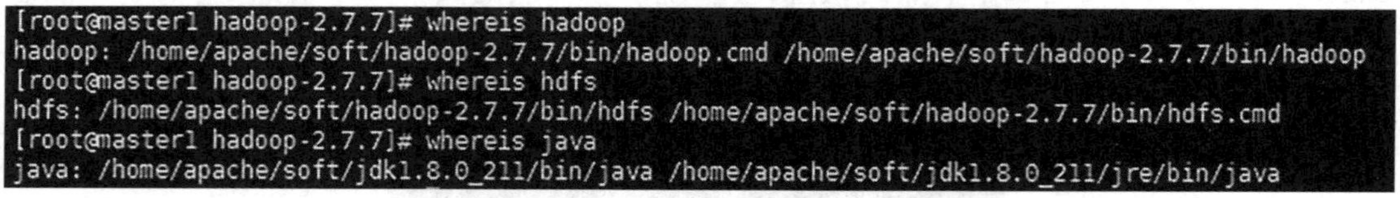

图 6.9 whereis 命令图

(3)修改配置文件

修改配置文件的步骤如下:

①修改目录"/home/apache/soft/hadoop-2.7.7/etc/hadoop"下的"hadoop-env.sh"和"yarn-env.sh"两个文件,这两个脚本分别是 Hadoop 的环境变量与 YARN 的环境变量配置脚本,在脚

本中加入 Java 环境变量目录,如图 6.10 所示。

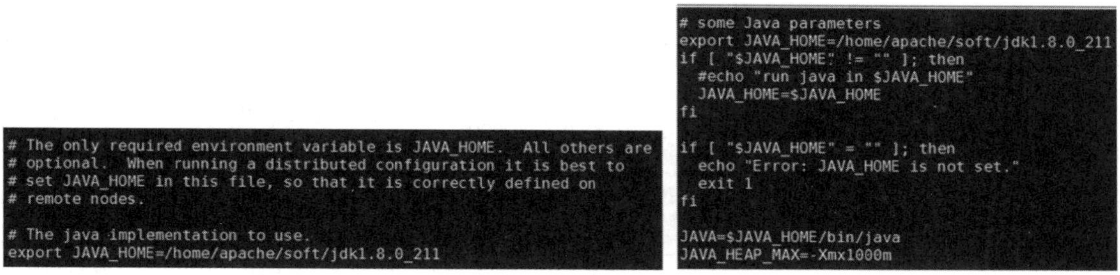

```
# The only required environment variable is JAVA_HOME.  All others are
# optional.  When running a distributed configuration it is best to
# set JAVA_HOME in this file, so that it is correctly defined on
# remote nodes.

# The java implementation to use.
export JAVA_HOME=/home/apache/soft/jdk1.8.0_211
```

```
# some Java parameters
export JAVA_HOME=/home/apache/soft/jdk1.8.0_211
if [ "$JAVA_HOME" != "" ]; then
  #echo "run java in $JAVA_HOME"
  JAVA_HOME=$JAVA_HOME
fi

if [ "$JAVA_HOME" = "" ]; then
  echo "Error: JAVA_HOME is not set."
  exit 1
fi

JAVA=$JAVA_HOME/bin/java
JAVA_HEAP_MAX=-Xmx1000m
```

图 6.10　Hadoop-env. sh 与 Yarn-env. sh 脚本修改图

②修改配置文件"core-site. xml",该配置文件主要是设置集群的全局配置文件,用于定义系统级别的参数,如 HDFS URL、Hadoop 的临时目录等。

注意:其中存储目录必须是已经存在的文件目录,如果不存在该目录,需要在节点下创建目录,配置文件内容如下:

```
<configuration>
        <!-- 制订 hdfs 的 nameservice,可以自定义的主节点的默认链接地址-->
        <property>
            <name>fs.defaultFS</name>
            <value>hdfs://cluster</value>
        </property>
        <!-- hadoop.tmp.dir 参数指代临时文件存储目录 -->
        <property>
            <name>hadoop.tmp.dir</name>
            <value>/home/apache/soft/hadoop-2.7.7/media/tmp</value>
        </property>
        <property>
            <name>dfs.namenode.name.dir</name>
            <value>/home/apache/soft/hadoop-2.7.7/media/name</value>
        </property>
        <!--指定 ZooKeeper,还可以更多地设置超时时间等内容-->
        <property>
            <name>ha.zookeeper.quorum</name>
            <value>master1:2181,master2:2181,slave1:2181,slave2:2181</value>
        </property>
</configuration>
```

③修改配置文件"hdfs-site. xml",该配置文件是对 HDFS 的配置文件,通过该配置文件可以修改命名空间 NameSpace、指定该集群下有几个 NameNode、NameNode 的 RPC 通信地址与 HTTP 通信地址、DataNode 的存储文件位置、配置 JournalNode 的数据共享地址、存储副本数、高可用性方案、ZooKeeper 配置等。

具体每一项的属性内容的解释可以参考表6.4。

表6.4 "hdfs-site.xml"参数解释

参数名	默认值	参数解释
dfs.namenode.secondary.http-address	0.0.0.0:50090	定义 HDFS 对应的 HTTP 服务器地址和端口
dfs.namenode.name,dir	file://${hadoop.tmp.dir}/dfs/name	定义 DFS 的名称节点在本地文件系统的位置
dfs,datanode.data.dir	file://${hadoop.tmp.dir}/dfs/data	定义 DFS 数据节点存储数据块时存储在本地文件系统的位置
dfs.replication	3	缺省的块复制数量
dfs.webhdfs.enabled	True	是否通过 HTTP 协议读取 HDFS 文件,如果选是,则集群安全性较差

这里只是针对 HDFS HA 方案的配置方法,请读者思考每个参数的含义。注意:其中存储目录必须是已经存在的文件目录,如果不存在该目录,需要在节点下创建目录,配置文件内容如下:

```
< configuration >
    <! --配置的 nameservice 的名字 ,需要与上述 core-site.xml 中保持一致,并且利用其名称与 namenode 设置唯一标识-- >
    < property >
        < name > dfs.nameservices </name >
        < value > cluster </value >
    </property >
    <! --配置的权限问题-- >
    < property >
        < name > dfs.permissions.enabled </name >
        < value > true </value >
    </property >
    <! --配置主节点下面有两个 namenode,分别是 HH 和 HH2-- >
    < property >
        < name > dfs.ha.namenodes.cluster </name >
        < value > HH,HH2 </value >
    </property >
    <! --配置 namenode 的 HH 的 RPC 通信地址与端口-- >
    < property >
        < name > dfs.namenode.rpc-address.cluster.HH </name >
        <! --rsync -avup hadoop-2.7.7 root@ H22:/root/bigdata/hadoop-2.7.7/-- >
```

```
            < value > master1 :9000 </value >
        </property >
        <！--配置 namenode 的 HH2 的 RPC 通信地址与端口-->
        < property >
            < name > dfs. namenode. rpc-address. cluster. HH2 </name >
            < value > master2 :9000 </value >
</property >
<！--配置 namenode 的 HH 和 HH2 的 HTTP 通信地址与端口-->
        < property >
            < name > dfs. namenode. http-address. cluster. HH </name >
            < value > master1 :50070 </value >
        </property >
        < property >
            < name > dfs. namenode. http-address. cluster. HH2 </name >
            < value > master2 :50070 </value >
        </property >
        <！-- journalNode 同步 namenode 的元数据共享存储位置。也就是 journal 的列表信
息-->
        < property >
            < name > dfs. namenode. shared. edits. dir </name >
            < value > qjournal ://master1 :8485 ;master2 :8485 ;slave1 :8485 ;slave2 :8485/clus-
ter </value >
        </property >
        <！--配置高可用方案内容,失败后自动切换的方式-->
        < property >
            < name > dfs. client. failover. proxy. provider. cluster </name >
        < value > org. apache. hadoop. hdfs. server. namenode. ha. ConfiguredFailoverProxyProvider
</value >
        </property >
         <！-- 配置隔离机制方法,多个机制用换行分割 -->
        < property >
            < name > dfs. ha. fencing. methods </name >
            < value > sshfence </value >
        </property >
        <！-- 使用 sshfence 隔离机制时需要 ssh 免登录 -->
        < property >
            < name > dfs. ha. fencing. ssh. private-key-files </name >
            < value >/root/. ssh/id_rsa </value >
```

```
</property>
<！--journalnode 的保存文件路径-->
<property>
    <name> dfs. journalnode. edits. dir </name>
    <value>/home/apache/soft/hadoop-2.7.7/media/hdfsjournal</value>
</property>
<！--开启 NameNode 失败自动切换-->
<property>
    <name> dfs. ha. automatic-failover. enabled </name>
    <value> true </value>
</property>
 <！--namenode 文件路径信息-->
<property>
    <name> dfs. namenode. name. dir </name>
    <value>/home/apache/soft/hadoop-2.7.7/media/name</value>
</property>
<！--datanode 数据保存路径,配置多个数据盘-->
<property> <property>
    <name> dfs. namenode. name. dir </name>
    <value>/home/apache/soft/hadoop-2.7.7/media/name</value>
</property>
    <name> dfs. datanode. data. dir </name>
    <value>/home/apache/soft/hadoop-2.7.7/media/data1/hdfs/data,
            /home/apache/soft/hadoop-2.7.7/media/data2/hdfs/data,
            /home/apache/soft/hadoop-2.7.7/media/data3/hdfs/data
    </value>
</property>
<！--设置的副本数量,在程序汇总副本的系数是可以更改的-->
<property>
    <name> dfs. replication </name>
    <value>3 </value>
</property>
 <！--开启 webhdfs 接口访问-->
<property>
    <name> dfs. webhdfs. enabled </name>
    <value> true </value>
</property>
<property>
```

```
        < name > dfs. journalnode. http-address </ name >
        < value > 0. 0. 0. 0 :8480 </ value >
    </ property >
    < property >
        < name > dfs. journalnode. rpc-address </ name >
        < value > 0. 0. 0. 0 :8485 </ value >
    </ property >
    <！ --配置 ZooKeeper-- >
    < property >
        < name > ha. zookeeper. quorum </ name >
        < value > master1 :2181 , master2 :2181 , slave1 :2181 , slave2 :2181 </ value >
    </ property >
</ configuration >
```

④修改配置文件"mapred-site. xml",该配置文件的主要作用是定义 MapReduce 参数,包括两部分:JobHistory Server 和应用程序参数,如 Reduce 任务的默认个数、任务所能使用的内存大小等。具体参数解释可以参考表 6.5。

表6.5　"mapred-site. xml"参数解释

参数名	默认值	参数解释
mapreduce. framework. name	Local	取值 Local、Classic 或 YARN 其中之一,如果不是 YARN,则不会使用 YARN 集群来实现资源的分配
mapreduce. jobhistory. address	0. 0. 0. 0 :10020	定义历史服务器的地址和端口,通过历史服务器查看已经运行完的 Mapreduce 作业记录
mapreduce. jobhistory. webapp. ad-dress	0. 0. 0. 0 :19888	定义历史服务器 Web 应用访问的地址和端口

使用命令"cp mapred-site. xml. template mapred-site. xml"得到"mapred-site. xml"文件,配置文件内容如下:

```
< configuration >
    <！ --指定 MapReduce 配置 yarn 信息-- >
    < property >
        < name > mapreduce. framework. name </ name >
        < value > yarn </ value >
    </ property >
    <！ -- 指定 mapreduce jobhistory 地址 -- >
    < property >
        < name > mapreduce. jobhistory. address </ name >
```

```
            < value > master1 :10020 </value >
        </property >
    <! -- 任务历史服务器的 web 地址 -- >
    < property >
            < name > mapreduce. jobhistory. webapp. address </name >
            < value > master1 :19888 </value >
    </property >
</configuration >
```

⑤修改配置文件"yarn-site. xml",该配置文件主要用于集群资源管理系统参数的配置,例如:配置"ResourceManager、NodeManager"的通信端口、Web 监控端口等,具体参数解释可以参考表 6.6。

表 6.6　yarn-site. xml **参数解释**

参数名	默认值	参数解释
yarn. resourcemanager. address	0. 0. 0. 0 :8032	ResourceManager(以下简称"RM")提供客户端访问的地址。客户端通过该地址向 RM 提交应用程序,关闭应用程序等
yarn. resourcemanager. scheduler. ad- dress	0. 0. 0. 0 :8030	RM 提供给 ApplicationMaster 的访问地址。ApplicationMaster 通过该地址向 RM 申请资源、释放资源等
yarn, resoucemanager. resource. re- source-tracker. address	0. 0. 0. 0 :8031	RM 提供 NodeManager 的地址。NodeManager 通过该地址向 RM 汇报心跳、领取任务等
yarn. resourcemanager. admin. address	0. 0. 0. 0 :8033	RM 提供管理员的访问地址。管理员通过该地址向 RM 发送管理命令等
yarn. resourcemanager. webapp. address	0. 0. 0. 0 :8088	RM 对 Web 服务提供地址。用户可通过该地址在浏览器中查看集群各类信息
yarn. nodemanager. aux-services	—	通过该配置项,用户可以自定义一些服务。例如 Map-Reduce 的 Shuffle 功能就是采用这种方式实现的,这样就可以在 NodeManager 上扩展自己的服务

在节点中的"yarn-site. xml"配置文件内容如下:

```
    <! --配置 namenode 的 HA. ID,namenode 节点上进行配置,可不配置-- >
    < property >
            < name > yarn. resourcemanager. ha. id </name >
            < value > rm1 </value >
```

```
                </property >
                < property >
                        < name > yarn. nodemanager. aux-services </name >
                        < value > mapreduce_shuffle </value >
                </property >
                <！--是否开启 RM HA,默认是开启的-- >
                < property >
                        < name > yarn. resourcemanager. ha. enabled </name >
                        < value > true </value >
                </property >
                <！--声明两台 resourcemanager 的地址-- >
                < property >
                        < name > yarn. resourcemanager. cluster-id </name >
                        < value > rmcluster </value >
                </property >
                <！--制定 resourcemanager 的名字-- >
                < property >
                        < name > yarn. resourcemanager. ha. rm-ids </name >
                        < value > rm1 , rm2 </value >
                </property >
                <！--指定 resourcemanager 的地址-- >
                < property >
                        < name > yarn. resourcemanager. hostname. rm1 </name >
                        < value > master1 </value >
                </property >
                < property >
                        < name > yarn. resourcemanager. hostname. rm2 </name >
                        < value > slave1 </value >
                </property >
                <！--指定 ZooKeeper 集群的地址-- >
                < property >
                        < name > yarn. resourcemanager. zk-address </name >
                        < value > master1 :2181 , master2 :2181 , slave1 :2181 , slave2 :2181 </value >
                </property >
                <！--启用自动恢复,当任务进行一半,resourcemanager 坏掉,就要启动自动恢
复,默认是 false-- >
                < property >
                        < name > yarn. resourcemanager. recovery. enabled </name >
```

```
        < value > true < /value >
    < /property >
<! --指定 resourcemanager 的状态信息存储在 ZooKeeper 集群,默认是存放在 FileSystem
里面。-- >
    < property >
        < name > yarn. resourcemanager. store. class < /name >
    < value > org. apache. hadoop. yarn. server. resourcemanager. recovery. ZKRMState-
Store < /value >
    < /property >
```

⑥修改 Hadoop 的从节点配置文件 slaves,slaves 文件的路径为"/home/apache/soft/ha-doop-2.7.7/etc/hadoop",Hadoop 通过本文件可以识别出该集群的子节点有哪些,这里因为使用了三个 DataNode 节点,它们分别是:slave1、slave2 和 master2,因此,要将这三个添加到 slaves 文件里,修改的内容为如下:

```
[root@ master1 hadoop]# cat slaves
slave1
slave2
master2
```

⑦使用 Rsync 向其他节点同步文件,同步的文件主要是之前已经修改过的所有配置文件。同步配置文件包括:主机文件"/etc/hosts"、Hadoop 配置文件"/home/apache/soft/hadoop-2.7.7"。至此,HDFS HA 的环境配置已经介绍完毕,其中有很多配置参数都需要进行练习才能掌握高可用性配置,但是,这些参数也无须死记硬背,只需要知道每个配置文件和参数的作用即可。

```
[root@ master1 ]# rsync -avup /home/apache/soft/hadoop-2. 7. 7 root@ master2:/home/a-
pache/soft/
[root@ master1 ]#rsync -avup /home/apache/soft/hadoop-2. 7. 7 root@ slave1 :/home/apache/
soft/
[root@ master1 ]#rsync -avup /home/apache/soft/hadoop-2. 7. 7 root@ slave2 :/home/apache/
soft/
```

(4)高可用集群启动

启动高可用集群的节点服务参考表 6.2 中的服务规划情况,而且尤其需要注意的是:严格按照以下给定的启动顺序进行启动,否则集群可能会出现很多种问题。

启动的顺序如下:

所有节点启动 ZooKeeper→所有节点启动 JournalNode→master1 节点格式化并启动 Name-Node→向其他节点同步 NameNode 文件→slave1 节点格式化并启动 NameNode→master1 和 slave1 节点启动 zkfc 服务→master2、slave1、slave2 启动 DataNode 服务→master1、slave1 启动 ResourceManager 服务→验证。

①启动 ZooKeeper 集群。启动方式参考本章的 6.4.2 小节的 ZooKeeper 集群启动方法,配置好环境变量以后,在四个节点上分别使用命令"zkServer. sh start"启动 ZooKeeper。然后使用命令"zkServer. sh status"。可以查看四个节点中有一个是领导者(leader),其他是跟随者(follower)。

②所有节点启动 JournalNode 服务,使用命令"hadoop-daemon. sh start journalnode"。

两个"NameNode"为了数据同步,会通过一组称作"JournalNodes"的独立进程进行相互通信。当 Active 状态的 NameNode 的命名空间有任何修改时,会告知大部分的 JournalNodes 进程。Standby 状态的 NameNode 有能力读取 JNs 中的变更信息,并且一直监控 Editlog 的变化,将变化应用于自己的命名空间。Standby 可以确保在集群出错时命名空间状态已经完全同步了,如图 6.11 所示。

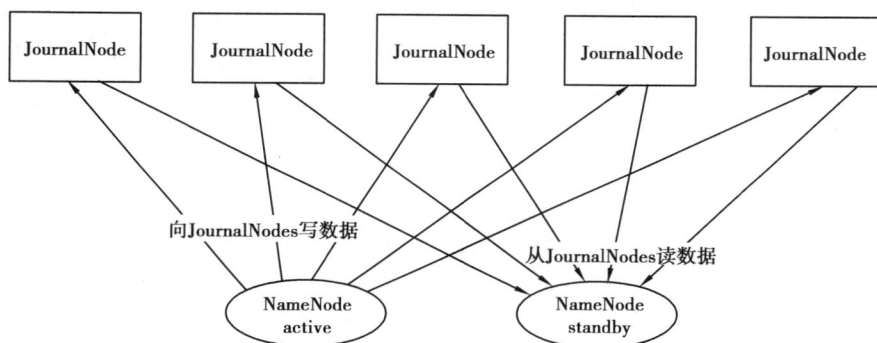

图 6.11　JournalNode 同步图

③master1 节点格式化并启动 NameNode。master1 节点使用命令"hdfs namenode -format"对该节点进行 NameNode 格式化,然后使用命令"hadoop-daemon. sh start namenode"启动 master1 节点的 NameNode。

④向其他节点同步 NameNode 文件。master1 节点格式化以后会在"media/name"目录下会生成 Current 文件夹以及文件,该文件需要与其他文件相同,因此,使用 Rsync 与其他节点进行同步,其命令如下:

```
[root@ master1  name]# rsync -avup /home/apache/soft/hadoop-2. 7. 7/media/name/current
root@ master2 :/home/apache/soft/hadoop-2. 7. 7/media/name/
[root@ master1  name]# rsync -avup /home/apache/soft/hadoop-2. 7. 7/media/name/current
root@ slave1 :/home/apache/soft/hadoop-2. 7. 7/media/name/
[root@ master1  name]# rsync -avup /home/apache/soft/hadoop-2. 7. 7/media/name/current
root@ slave2 :/home/apache/soft/hadoop-2. 7. 7/media/name/
```

⑤另外一台 NameNode,slave1 节点格式化,并启动 NameNode。salve1 节点使用命令"hdfs namenode -bootstrapStandby",将另一台 NameNode 的目录的内容复制到该节点的目录下,然后使用命令"hadoop-daemon. sh start namenode",启动该节点的 NameNode。

⑥master1 和 slave1 节点启动 zkfc 服务。在 master1 和 slave1 上启动 zkfc 服务(zkfc 服务

进程名:DFSZKFailoverController),此时,HH 和 HH2 就会有一个节点变为 Active 状态,使用命令为"hadoop-daemon. sh start zkfc"。

⑦master2、slave1、slave2 启动 DataNode 服务。使用命令"hadoop-daemons. sh start datan-ode",如果需要启动 ResourceManager 服务,在 slave1 和 master1 节点使用命令"yarn-daemon. sh start resourcemanager"。

至此,HDFS 高可用性已经启动成功,在每个节点查看启动的服务,在每个节点输入命令 "jps",每个节点的启动服务如图 6.12 所示。该服务情况与表 6.2 对应,说明高可用性服务启动成功。

(a)master1 服务情况　　　　　(b)slave1 服务情况

(c)master2 服务情况　　(d)slave2 服务情况

图 6.12　集群服务启动情况

最后打开浏览器,访问 http:192.168.6.99:50070 以及 http://192.168.6.101:50070,你将会看到两个 NameNode,一个是 active 而另一个是 standby,如图 6.13 所示。本章使用了三个节点作为 DataNode,从页面中也可以查看到 DataNode 的情况,如图 6.14 所示。

(a)master1 active 节点　　　　　(b)slave1 standby 节点

图 6.13　主备节点情况

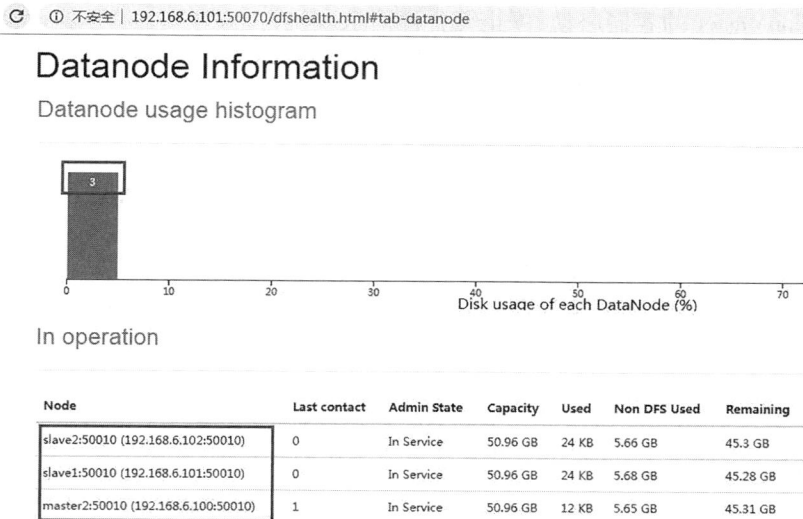

图 6.14　DataNode 节点情况

习题 6

一、单选题

1. Hadoop 2.0 集群服务启动进程中,下列选项不包含的是( )。

 A. NameNode   B. JobTracker   C. DataNode   D. ResourceManager

2. 关于 SecondaryNameNode 正确的是( )。

 A. 它是 NameNode 的热备

 B. 它对内存没有要求

 C. 它的目的是帮助 NameNode 合并编辑日志,减少 NameNode 启动时间

 D. SecondaryNameNode 应与 NameNode 部署到一个节点

3. HDFS 中的 Block 默认保存( )份。

 A. 3 份   B. 2 份   C. 1 份   D. 不确定

4. 一个 gzip 文件大小为 75 MB,客户端设置 Block 大小为 64 MB,占用 Block 的个数是( )。

 A. 1   B. 2   C. 3   D. 4

5. 下列选项中,Hadoop 2.x 版本独有的进程是( )。

 A. JobTracker   B. TaskTracker   C. NodeManager   D. NameNode

6. 下列集群最主要的性能瓶颈是( )。

 A. CPU   B. 网络   C. 磁盘   D. 内存

二、判断题

1. NameNode 的 Web UI 端口是 50030,它通过 Jetty 启动的 Web 服务。( )

2. NodeManager 会定时的向 ResourceManager 汇报所在节点的资源使用情况,并接受处理

来自 ApplicationMaster 的容器启动、停止等各种请求。（   ）

3. Hadoop HA 是集群中启动两台或两台以上机器充当 NameNode,避免一台 NameNode 节点发生故障导致整个集群不可用的情况。（   ）

4. 写入数据时会写到不同机架的 DataNode 中。（   ）

5. MapReduce 任务会根据机架获取离自己比较近的网络数据。（   ）

6. ResourceManager 负责监控 ApplicationMaster,并在 ApplicationMaster 运行失败时重启它,因此,ResouceManager 负责 ApplicationMaster 内部任务的容错。（   ）

7. 启动 Hadoop HA 后,可通过端口号 50070 查看当前节点的 NameNode 状态。（   ）

8. NodeManager 是每个节点上的资源和任务管理器。（   ）

9. Slave 节点要存储数据,它的磁盘越大越好。（   ）

10. Hadooop 2.0 版本中引入了一个资源管理调度框架 Yarn。（   ）

11. Hadoop 自身具有严格的权限管理和安全措施保障集群正常运行。（   ）

12. 搭建 Hadoop HA 集群时,必须首先部署 ZooKeeper 集群服务。（   ）

13. Hadoop HA 集群中,存在 Secondary NameNode 进程,协调 NameNode 并保持同步状态。（   ）

14. 客户端上传文件时会先将文件切分为多个 Block,依次上传。（   ）

15. 如果一个机架出问题,Hadoop 集群服务不会影响数据读写功能。（   ）

16. HDFS 上传时,数据会经过 NameNode 然后再传递给 DataNode。（   ）

17. Hadoop 1.0 和 Hadoop 2.0 都具备完善的 HDFS HA 策略。（   ）

18. 因为 HDFS 有多个副本,所以 NameNode 是不存在单点问题的。（   ）

19. 如果 NameNode 意外终止,SecondaryNameNode 会接替它使集群继续工作。（   ）

20. Hadoop 1.x 版本中,可以搭建高可用集群,解决单点故障问题。（   ）

21. "hadoop dfsadmin-report"命令用于检测 HDFS 损坏块。（   ）

22. Hadoop HA 是两台 NameNode 同时执行 NameNode 角色的工作。（   ）

23. NameNode 不需要从磁盘读取元数据,所有数据都在内存中存储,硬盘上的只是序列化的结果,只有 NameNode 启动的时候才会读取元数据。（   ）

24. NameNode 本地磁盘保存了 Block 的位置信息。（   ）

三、填空题

1. YARN 的核心组件包含 ResourceManager、_____和 ApplicationMaster。

2. ResourceManager 内部包含了两个组件,分别是调度器和_____。

3. ApplicationMaster 的主要功能是资源的_____、监控、_____。

4. 在 HDFS 的高可用集群中,通常有两台或两台以上的机器充当 NameNode,在任意时间,保证有一台机器处于_____状态,另一台机器处于_____状态。

5. ZooKeeper 为 Hadoop 高可用集群提供故障自动转移的功能服务,它为每个 NameNode 都分配了一个_____,用于监控 NameNode 的健康状态。

6. Hadoop 2.0 中,HDfS 中的 Block 大小是_____。

四、简答题

1. 简述如何检查 Namenode 是否正常运行。

2. HDFS 的客户端复制到第三个副本时宕机,此时 HDFS 怎么恢复可保证下一次写入第三副本?

3. 简述初次启动 Hadoop HA 集群的操作方式。

4. Linux 系统如何退出编辑模式?

5. 当 Hadoop 高可用集群中的 NameNode 节点发生故障时,简述工作流程。

6. 简述 Yarn 集群的工作流程。

7. "hadoop-env. sh"文件的作用是什么? 在"hdfs-site. xml"配置文件中,"dfs. name. dir"的作用是什么?

8. 简述 Hadoop 集群可以运行的三个模式。

9. Slaves 文件需要填写什么内容。

10. 简述 HDFS 的体系结构。

第 7 章
Hive 数据仓库

学习目标：

1. 了解 Hive 的相关功能和特点；
2. 熟悉 Hive 的安装和配置；
3. 掌握 HiveQL 的相关操作。

7.1　Hive 的介绍

7.1.1　数据仓库概述

(1)数据仓库特征

数据仓库(Data Warehouse)简称"DW"或"DWH",由数据仓库之父 Bill Inmon 在 1990 年提出,是依照分析需求、分析维度和分析指标进行设计的,可以容纳海量数据集,主要用于数据挖掘和数据分析。数据仓库具有面向主题、数据集成、不可更新、随时间变化的特点,用于支持管理决策。

1)数据仓库面向主题

数据仓库中的数据是按照一定的主题域进行组织的。主题是企业系统信息中的数据综合、归类并进行分析的一个抽象。

2)数据仓库数据集成

数据仓库中的数据是在对原有分散的数据库数据经过大量的数据抽取和数据清洗的基础上,再经过系统加工、汇总和整理得到的,消除源数据中的不一致性,保证数据仓库中的信息是一致的全局信息。

3)数据仓库不可更新

数据仓库中的数据反映的是一段较长时间内历史数据的内容,主要用于数据查询,以提供决策分析作用,数据加入后一般不作修改,只能进行追加。

4）数据仓库随时间变化

数据仓库的数据随着时间变化不断删去旧的数据,增加新的数据,以反映历史变化。

（2）数据仓库和数据库的区别

数据仓库并不是所谓的"大型数据库",它的建设目的是为了进一步从海量数据集中挖掘数据资源,从而进行决策。数据库一般称为联机事务处理 OLTP（On-Line Transaction Processing）,是面向事务设计的,数据量较少,在设计上应尽量避免冗余,可实现更新操作。数据仓库一般称为联机分析处理 OLAP（On-Line Analytical Processing）,是面向主题设计的,存储的一般是历史数据,在设计上期望冗余,不支持更新操作,只能读取和追加数据。

（3）数据仓库的数据建模

数据仓库系统是一个信息提供平台,它从业务处理系统获得数据,主要以星型模型和雪花型模型进行数据组合,并为用户提供各种手段,从数据中获取信息和知识。

数据仓库的数据建模大致分为以下四个阶段：

1）业务建模

将整个单位按业务划分,界定各个部门之间的业务工作,对具体业务流程和方法进行建模。

2）领域概念建模

抽取关键业务概念,将其抽象化,并将业务概念分组聚类。

3）逻辑建模

逻辑建模包括业务概念实体化、事物实体化和说明实体化。

4）物理建模

根据具体的物理化平台、模型的性能和管理的需要对模型作出相应的调整,生成最后的执行脚本。

7.1.2　Hive 简介

Hive 最初由 Facebook 开发,用于 Facebook 的日志分析,后来成为 Apahce 软件基金会的一个开源的顶级项目,是一个通用的、可伸缩的数据处理平台,很多公司和组织将 Hive 作为大数据平台中用于数据仓库分析的核心组件。Hive 是基于 Hadoop 的一套数据仓库分析系统,用来对海量结构化数据进行提取、转化、加载、存储、查询和分析,可以将存储在 Hadoop 分布式文件系统（如 HDFS）中的海量结构化数据映射为数据库表,并提供丰富的类 SQL 查询方式来进行分析。这套 SQL 又称为"Hive SQL",简称"HQL"。HQL 可以使得不熟悉 MapReduce 的用户能很方便地利用 SQL 语言查询、汇总和分析数据,Hive 最终将这些 HQL 语句转换为 MapReduce 任务进行处理。Hive 构建在基于静态批处理的 Hadoop 之上,并不能够在大规模数据集上实现低延迟快速的查询,也不适合像联机事务处理这类的高实性的应用。Hive 最适合像网络日志分析这类的基于大量不可变的批处理作业。

7.1.3　Hive 组成架构

Hive 的组成架构如图 7.1 所示。

图 7.1 的组成架构图描述了 Hive 的不同单元,每个单元有各自的功能。

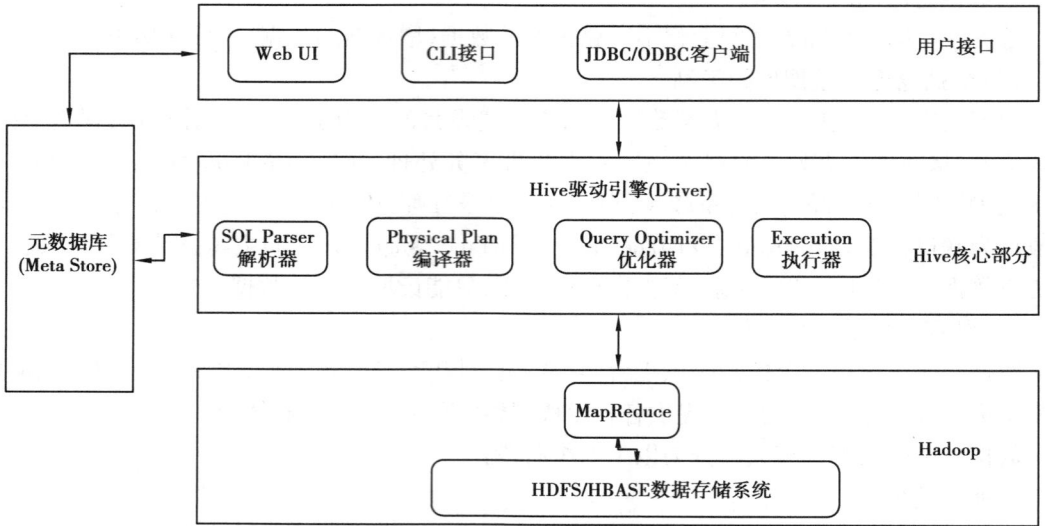

图 7.1　Hive 的组成架构

（1）用户接口

用户接口也就是 Hive 的客户端，主要有三个：Web 接口、CLI 接口和 JDBC/ODBC 客户端。用户可以通过 Hive 的用户接口与底层数据存储系统进行互动。Web 接口就是通过 Web 浏览器访问、操作和管理 Hive，非常方便直观。CLI 接口即 Hive 的命令行接口，这是最常用的客户端。JDBC/ODBC 客户端指应用程序通过 JDBC 或 ODBC 协议连接至 Hive，从而发送执行命令。

（2）Hive 驱动引擎

Hive 驱动引擎是 Hive 的核心，包括四个部分：SQL Parser 解析器、Physical Plan 编译器、Query Optimizer 优化器和 Execution 执行器。

用户通过 Hive 接口发送 HQL，Hive 通过驱动引擎结合 MetaStore 元数据，将 HQL 翻译成 MapReduce 去执行。首先，使用 SQL Parser 解析器将 HQL 语句转换成语法树，接着使用 Physical Plan 编译器将语法树编译为逻辑执行计划，然后通过 Query Optimizer 优化器对逻辑执行计划进行优化，最后将优化的结果使用 Execution 执行器调用底层 MapReduce 框架执行逻辑执行计划。

（3）元数据库

Hive 选择一些关系型数据库（如 MySQL、Derby 等），用来存放 Hive 的基础信息。默认使用的是 Derby。

（4）Hadoop

Hive 是构建在 Hadoop 之上的，其数据文件存储在底层的 HDFS 或 HBASE 中，通过 MapReduce 框架完成 Hive 的查询工作，并将结果返回给客户端。

7.1.4　Hive 工作原理

图 7.2 描述了 Hive 的工作原理。

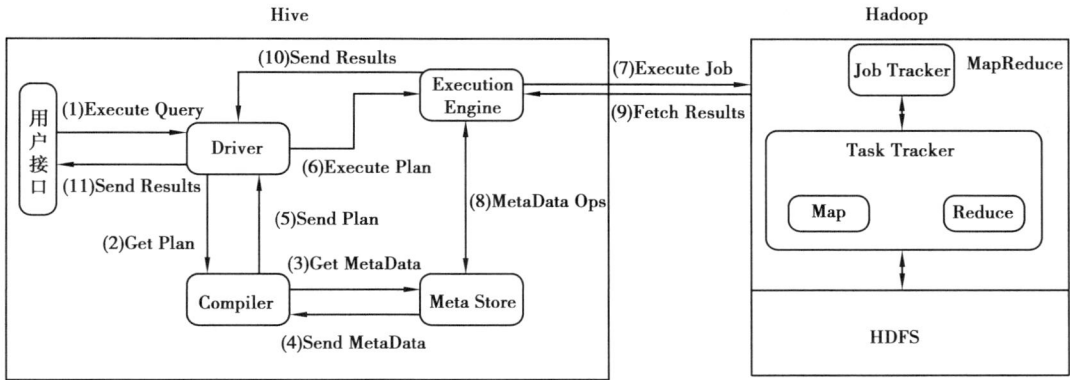

图 7.2　Hive 的工作原理图

图 7.2 中各步骤说明如下:

(1) Execute Query

用户通过 Hive 接口(如命令行或 Web 接口)发送查询任务给驱动程序。

(2) Get Plan

编译器获得该用户的任务 Plan,对查询进行分析。

(3) Get MetaData

编译器根据用户任务发送元数据请求到元数据库,去获取需要的 Hive 的元数据信息。

(4) Send MetaData

元数据库发送元数据给编译器。编译器得到元数据信息后,对任务进行编译。先将 HiveQL 转换为抽象语法树,进而转换成查询块,然后将查询块转化为逻辑查询计划,并重写逻辑查询计划,将其转换为物理计划,最后进行调优,选择最佳的策略。

(5) Send Plan

编译器重新发送计划给驱动程序。到此为止,查询分析和编译完成。

(6) Execute Plan

驱动程序发送执行计划到执行引擎。

(7) Execute Job

在 Hive 内部,执行作业的过程实际上是一个 MapReduce 工作。执行引擎发送作业给 Job Tracker,NameNode 将作业分配给数据节点的 Task Tracker,执行 Map 和 Reduce 工作。任务会直接读取 HDFS 中的文件进行相应的操作。

(8) MetaData Ops

执行引擎可以通过 Meta Store 执行元数据操作,这里的操作与第(7)步骤同时执行。

(9) Fetch Results

执行引擎接收来自数据节点的结果。

(10) Send Results

执行引擎发送结果给驱动程序。

(11) Send Results

驱动程序将结果返回给用户。

7.1.5　Hive 内置数据类型

Hive 的内置数据类型主要有两大类:基础数据类型和复杂数据类型。表 7.1 反映了基础数据类型以及这些类型的长度和描述信息

表 7.1　Hive 基础数据类型

数据类型	长　　度	描　　述
TINYINT	1 字节(8 位)	有符号整型
SMALLINT	2 字节(16 位)	有符号整型
INT	4 字节(32 位)	有符号整型
BIGINT	8 字节(64 位)	有符号整型
FLOAT	4 字节(32 位)	有符号单精度浮点数
DOUBLE	8 字节(64 位)	有符号双精度浮点数
DECIMAL	—	可带小数的精确数字字符串
BOOLEAN	—	布尔类型 TRUE/FALSE
BINARY	—	字节序列
STRING	—	字符串
CHAR	最大的字符数:255	长度固定字符串
VARCHAR	字符数范围:1 ~ 65 535	长度不定字符串
TIMESTAMP	—	时间戳
DATE	—	日期,格式:YYYY-MM-DD

复杂数据类型包括 ARRAY、MAP、STRUCT 和 UNION,这些复杂类型由基础类型组成。Hive 的复杂数据类型见表 7.2。

表 7.2　Hive 复杂数据类型

数据类型	描　　述
ARRAY	由一系列相同数据类型的元素组成,可通过下标访问这些元素,且下标从"0"开始
MAP	由一组无序的键值对组成,可通过键来访问元素。键的类型必须是原子的,值可以是任何类型
STRUCT	可以包含不同数据类型的元素,通过"点语法"的方式来访问元素
UNION	联合体,是异类的数据类型的集合,从 Hive 0.7.0 开始支持。元素共享内存,同一时刻同一地点只有联合体中的一个元素生效

7.1.6 Hive 数据模型

Hive 的数据存储是基于 HDFS 的,它没有专门的存储格式,在默认情况下,Hive 使用制表符来分割列与列之间的间隔,用户也可以在创建表时自由指定数据中的列分隔符和行分隔符。

Hive 的数据模型主要有:数据库(Database)、表(Table)、分区(Partition)和桶(Bucket)。

(1)数据库(Database)

Hive 中的数据库相当于关系型数据库中的命名空间,作用是将数据库应用隔离到不同的数据库模式中,在 HDFS 中表现为"$｛hive. metastore. warehouse. dir｝"目录下的一个文件夹。

(2)表(Table)

Hive 中的表本质上是 Hadoop 文件系统中的目录或文件,在默认情况下,表的存放路径位于数据库目录下,按表名进行文件夹区分。表可以过滤、投影、连接和联合。

Hive 常见的数据表的类型有内部表、外部表、分区表和桶表。

1)内部表

内部表(Manager Table)也称为"管理表",其数据由 Hive 自身管理,是 Hive 默认的表类型。内部表的数据会存放在 HDFS 的特定位置中,一般在 Hive 的数据库目录下。当删除内部表时,Hive 将删除表中的数据和元数据。

2)外部表

外部表(External Table)使用 external 修饰,其数据由 HDFS 管理,数据的存放位置可以由用户任意指定。外部表的数据除了 Hive 外,其他的工具(如 Pig)也可以使用。创建外部表时,Hive 仅记录数据所在的路径,不对数据的位置作任何改变。删除外部表时,Hive 只删除表的元数据,表中的数据并未删除。因此,相对来说,外部表较内部表安全,数据组织更加灵活,方便数据共享。

3)分区表

分区表(Partition Table)的存放路径在 HDFS 中表现为表目录下的子目录,该子目录以分区值命名。分区表就是将表进行水平切分,将表数据按照某种规则存储,以提高查询效率。

4)桶表

桶表(Bucket Table)是同一个表目录下根据 Hash 散列之后的多个文件。在处理大规模数据集时,如果分区不能更细粒度地划分数据,可以采用分桶技术来更细粒度地划分和管理数据,一般用于高效率的数据采样。

(3)分区(Partition)

在大数据应用中进行全表扫描非常耗费资源,Hive 可以为频繁使用的数据建立分区,分区是表的部分列的集合。这样查找分区中的数据时就不需要扫描全表,就能极大地提高查找效率。例如,一个表里存储了一年的数据,但很多时候只想查询其中一天的数据,而为了这一天的数据去扫描全表是相当不划算的操作。因此,建表时可以指定按天分区,这样在后续应用中可以按分区查找,以提高效率。在实际生产环境中,由于业务数据量较大,一般都会对表进行分区。

(4)桶(Bucket)

桶(Bucket)是通过对指定列进行 Hash 计算来实现的,通过哈希值来进行数据切分,每个桶对应于该列下的一个存储文件。分区和分桶最大的区别:分桶是随机分割数据,而分区并非随机分割;分桶存储在文件中,而分区存放在文件夹中。

7.2 Hive 的安装部署

Hive 是一个客户端工具,没有集群的概念,因此,无须每台机器都安装,哪个节点需要就安装在哪个节点上。Hive 会选择一些第三方数据库(如 MySQL、Derby 等),存放 Hive 的元数据信息。本章选用 MySQL 来存储 Hive 元数据,在安装 Hive 客户端前,需要先安装 MySQL 数据库。

(1)**安装 MySQL**

以下使用的 MySQL 版本是 MySQL 5.7,操作均使用 root 账户。

①检查 MySQL 是否安装"yum list install | grep mysql"。如果已经安装了 MySQL,但是版本并不是所需要的,可以先全部卸载:"yum -y remove + 数据库名称"。

②下载 MySQL 源安装包。将 MySQL 源进行安装:"yum localinstall mysql57-community-realease-el7-8. noarch. rpm"。MySQL 源安装完成后,需要检查是否安装成功:yum repolist enabled | grep "mysql. * -community. *",如图 7.3 所示即为安装成功。

```
[root@master apache]# yum repolist enabled | grep "mysql.*-community.*"
mysql-connectors-community/x86_64        MySQL Connectors Community        141
mysql-tools-community/x86_64             MySQL Tools Community             105
mysql57-community/x86_64                 MySQL 5.7 Community Server        404
```

图 7.3 MySQL 源安装结果

③安装 MySQL 服务:yum install mysql-community-server。

④启动 MySQL 服务并设置开机自启动。

```
systemctl start mysqld
systemctl enable mysqld
systemctl daemon-reload
```

查看 MySQL 服务状态:systemctl status mysqld,如图 7.4 所示,MySQL 服务为运行状态。

```
[root@master apache]# systemctl status mysqld
● mysqld.service - MySQL Server
   Loaded: loaded (/usr/lib/systemd/system/mysqld.service; enabled; vendor prese
t: disabled)
   Active: active (running) since Mon 2020-03-09 10:44:19 CST; 18min ago
     Docs: man:mysqld(8)
           http://dev.mysql.com/doc/refman/en/using-systemd.html
 Main PID: 10470 (mysqld)
   CGroup: /system.slice/mysqld.service
           └─10470 /usr/sbin/mysqld --daemonize --pid-file=/var/run/mysqld/my...

Mar 09 10:43:38 master systemd[1]: Starting MySQL Server...
Mar 09 10:44:19 master systemd[1]: Started MySQL Server.
```

图 7.4 查看 MySQL 服务状态

⑤设置 MySQL root 用户密码。在默认情况下,root 用户没有密码。为了安全性考虑,还需要设置 root 用户密码。首先使用命令"grep 'temporary password' /var/log/mysqld. log"查看 MySQL root 用户的临时密码。如图 7.5 所示,MySQL root 用户的临时密码为"e < ? n < GuD3opt"。接着使用临时密码登录 MySQL,使用"mysql -u root -p"连接 MySQL,然后输入密码"e < ? n < GuD3opt"完成登录。在 MySQL 命令行中执行命令"set password for 'root'@ 'localhost' = password('Root@ 123') ;",将密码重置为"Root@ 123",注意 MySQL 语句以分号结束。最后,

使用"quit；"命令退出 MySQL，并进行重新登录：mysql -uroot -pRoot@ 123。此时，MySQL 的 root 用户密码设置成功。

```
[root@master apache]# grep 'temporary password' /var/log/mysqld.log
2020-03-09T02:44:05.537263Z 1 [Note] A temporary password is generated for root@
localhost:e<?n<GuD3opt
```

图 7.5　查看 MySQL 的临时密码

⑥创建 MySQL Hive 账户。登录 MySQL 后输入命令"create user 'hive' identified by 'Hive @ 123';"来创建 Hive 账户。并将 MySQL 所有权限授予 Hive 账户，命令为"grant all on *. * to 'hive'@ 'master identified by 'Hive@ 123';"。最后使用命令"flush privileges;"使前边的命令生效。可在 MySQL 命令行中输入命令"select host, user from mysql. user;"，查看是否有 Hive 用户。

⑦创建数据库。使用 Hive 账户登录 MySQL，命令为"mysql -h master -uhive -pHive@ 123;"，其中 master 为主机名称。执行命令"create database hivedb;"，创建名为"hivedb"的数据库。可通过"show databases;"命令查看"hivedb"数据库是否创建成功。

⑧使用"quit；"命令退出 MySQL。至此，MySQL 安装配置完成。

（2）安装 Hive

1）下载并解压 Hive

在网上下载 Hive 安装包"apache-hive-1. 2. 2-bin. tar. gz"，并将其上传至 master 节点的 "/home/apache/package"目录下，并在该目录下使用解压命令解压 Hive 至"/home/apache/ soft"目录："tar -zxvf apache-hive-1. 2. 2-bin. tar. gz -C /home/apache/soft"。修改解压包名称 "mv apache-hive-1. 2. 2-bin hive-1. 2. 2"。

2）修改配置文件 hive-site. xml

在默认情况下 hive-site. xml 并不存在，需要先复制一个。进入 Hive 安装目录"/home/ apache/soft/hive-1. 2. 2/conf"，复制"hive-site. xml"文件"cp hive-default. xml. template hive-site. xml"。编辑"hive-site. xml"文件："vi hive-site. xml"。

①在 Linux 命令输入模式下输入"/javax. jdo. option. ConnectionDriverName"搜索"javax. jdo. option. ConnectionDriverName"属性，将其修改为"com. mysql. jdbc. Driver"。

```
< property >
  < name > javax. jdo. option. ConnectionDriverName </name >
  < value > com. mysql. jdbc. Driver </value >
  < description > Driver class name for a JDBC metastore </description >
</property >
```

②修改属性"javax. jdo. option. ConnectionURL"，将连接 MySQL 的 url 修改为"jdbc： mysql://master:3306/hivedb? characterEncoding = UTF-8"。

```
< property >
  < name > javax. jdo. option. ConnectionURL </name >
  < value > jdbc:mysql://master:3306/hivedb? characterEncoding = UTF-8 </value >
  < description >JDBC connect string for a JDBC metastore </description >
</property >
```

③修改连接数据库的用户名和密码。

```
< property >
    < name > javax. jdo. option. ConnectionUserName < /name >
    < value > hive < /value >
    < description > Username to use against metastore database < /description >
< /property >
< property >
    < name > javax. jdo. option. ConnectionPassword < /name >
    < value > Hive@ 123 < /value >
    < description > password to use against metastore database < /description >
< /property >
```

④修改 Hive 数据目录。新建目录"mkdir -p /home/apache/data/hive/io",用于存放 Hive 的数据。修改"hive-site. xml"中的内容如下:

```
< property >
    < name > hive. querylog. location < /name >
    < value >/home/apache/data/hive/io < /value >
    < description > Location of Hive run time structured log file < /description >
< /property >
< property >
    < name > hive. exec. local. scratchdir < /name >
    < value >/home/apache/data/hive/io < /value >
    < description > Local scratch space for Hive jobs < /description >
< /property >
< property >
    < name > hive. downloaded. resources. dir < /name >
    < value >/home/apache/data/hive/io < /value >
    < description >Temporary local directory for added resources in the remote file system. < /
description >
< /property >
```

(3)添加 MySQL 驱动包

下载 MySQL 驱动包"mysql-connector-java-5. 1. 38. jar",将其上传到 Hive 的 lib 目录下。如果不添加驱动包,执行初始化时会抛出异常。

(4)配置 Hive 环境变量

切换到 root 用户,打开"vi /etc/ profile"文件,添加 Hive 相关的环境变量,如图 7.6 所示。

```
export JAVA_HOME=/home/apache/soft/jdk1.8.0_211
export HADOOP_HOME=/home/apache/soft/hadoop-2.7.7
export HIVE_HOME=/home/apache/soft/hive-1.2.2
export PATH=$PATH:$JAVA_HOME/bin:$JAVA_HOME/jre/bin:$HADOOP_HOME/bin:
$HADOOP_HOME/sbin:$HIVE_HOME/bin
export CLASSPATH=$CLASSPATH::$JAVA_HOME/lib:$JAVA_HOME/jre/lib
```

图 7.6　配置 Hive 环境变量

保存并退出后,执行命令"source /etc/profile",使配置文件生效。

(5)启动 Hive

首先启动 Hadoop 集群,然后直接在终端输入"hive"命令,即可启动 Hive。

7.3 Hive 的基本操作

7.3.1 数据库相关操作

Hive 数据库是用来组织数据表的,本质上是数据仓库下的一个目录。

(1)创建数据库

创建数据库的语法为"create database [if not exists] database_name ;"。其中"[if not exists]"是可选的,如果使用了,表示只有当数据库不存在时才进行创建;如果有同名数据库存在,则不执行该创建数据库的命令。例如,创建一个名为"apachedb"的数据库。

```
hive > create database if not exists apachedb;
OK
Time taken: 0.766 seconds
hive >
```

数据库创建完成后,可以在 HDFS 中查看到它的存储位置。默认存储在"/user/hive/warehouse"目录下,如图 7.7 所示。

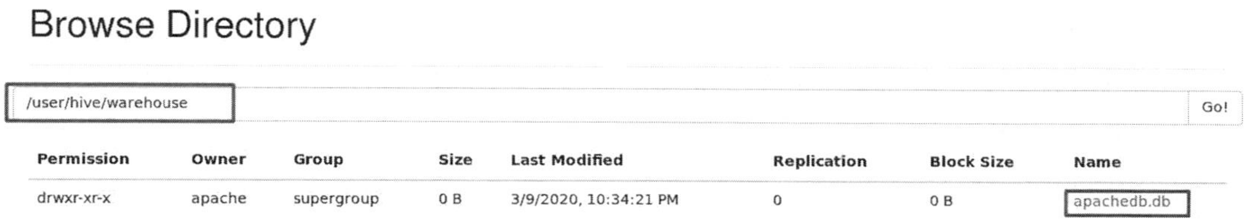

Browse Directory

Permission	Owner	Group	Size	Last Modified	Replication	Block Size	Name
drwxr-xr-x	apache	supergroup	0 B	3/9/2020, 10:34:21 PM	0	0 B	apachedb.db

/user/hive/warehouse　　　　Go!

图 7.7　HDFS 中对应数据库所在目录

(2)查看数据库

使用命令"show databases;"可查看创建的所有数据库。如果想要查看某一个数据库的详细信息,可使用关键字 describe,具体的命令为"describe database database_name;",如图 7.8 所示。

```
hive> show databases;
OK
apachedb
default
Time taken: 0.289 seconds, Fetched: 2 row(s)
hive> describe database apachedb;
OK
apachedb                    hdfs://master:9000/user/hive/warehouse/apachedb.db    apache    USER
Time taken: 0.51 seconds, Fetched: 1 row(s)
```

图 7.8　查看数据库信息

(3)切换数据库

Hive 默认情况下当前的数据库是 default,如果想使用其他的数据库,可使用 use 关键字进行切换。例如,要切换到 apachedb 数据库,使用的命令为"use apachedb;"。为了方便查看目前正在使用的数据库是哪一个,可以在 Hive 的安装目录的 bin 目录下创建隐藏文件". hiverc",并在该文件中输入"set hive. cli. print. current. db = true;"。这样就可以在 Hive 的命令提示符中显示当前的数据库名称。如图 7.9 显示的是切换数据库信息。

```
hive (default)> use apachedb;
OK
Time taken: 0.888 seconds
hive (apachedb)>
```

图 7.9　切换数据库

(4)删除数据库

可使用"drop"关键字删除数据库,语法为"drop database [if exists] database_name;"。例如,删除数据库 apachedb,如图 7.10 所示。

```
hive (default)> drop database apachedb;
OK
Time taken: 1.92 seconds
hive (default)> show databases;
OK
default
Time taken: 0.327 seconds, Fetched: 1 row(s)
hive (default)>
```

图 7.10　删除数据库

7.3.2　数据表相关操作

使用"use apachedb;"切换到 apachedb 数据库,关于表的操作都在 apachedb 数据库中进行。

(1)创建表

数据表包括内部表、外部表、分区表和桶表,它们有不同的特征。创建表有两种不同的方式:按照数据目录,可以创建内部表和外部表;按照数据的管理方式,可以创建分区表和桶表。创建表的语法格式为:

```
create [external] table [if not exists] table_name
(column1 data_type [comment '字段注释'],
column2 data_type [comment '字段注释'], …)
[comment '表注释']
[partitioned by (column data_type, …)]
[clustered by (column1, column2, …)]
[row format delimited
fields terminated by '\t'
lines terminated by '\n'
stored as textfile]
[location '表的存储目录']
[as select_statement]
[like existing_table]
```

上述语法格式的说明如下:

①external 关键字用于指定创建外部表,若未指定,默认是创建内部表。

②可以使用 comment 关键字对表的字段和表添加注释。

③partitioned by（column data_type, …）:用于创建分区表,指定分区的字段,且 partitioned 里的字段不能是表中声明的字段,必须是一个新字段。

④clustered by（column1, column2, …）:用于创建桶表,指定按照哪些字段进行分桶。clustered 里的字段必须要是表字段中出现的字段。

⑤row format delimited:用于指定行列的数据格式或分隔符,例如,可以指定字段间使用"\t"间隔,行间使用"\n"分隔。使用 stored as 指定文件的存储格式,默认为 textfile。

⑥location:创建外部表时需要使用 location 来指定表的存储位置,且 location 的位置必须是目录,不能是单个文件。

⑦as select_statement:查询建表法,通过复制另一张表的结构和表中所有数据来创建新表。

```
create table table_name as select * from table_name2;
```

⑧like existing_table:通过复制另一张表的结构来建表,不复制表中的数据。

```
create table table_name like table_name2;
```

例如,分别用不同的方式创建一个员工表。

1）创建内部表

可按如下方式创建内部表"employee",包括属性 id（int 类型）、name（string 类型）、sex（string 类型）、age（int 类型）、department（string 类型）。字段之间使用","号进行分隔,行之间使用"\n"分隔。

```
create table if not exists employee(
id int comment 'employee id',
name string comment 'employee name',
sex string,age int,department string)
row format delimited
fields terminated by ','
lines terminated by '\n';
```

2）创建外部表

创建外部表需要指定关键字"external",一般还需要指定一个外部路径,默认的路径是"/user/hive/warehouse/apachedb.db"下的以表名命名的目录。具体命令为:

```
create external table if not exists employee_external(
id int comment 'employee id',
name string comment 'employee name',
sex string,age int,department string)
row format delimited
fields terminated by ','
lines terminated by '\n'
location   '/home/apache/data/hive/extbdata';
```

需要先创建好数据存储目录"/home/apache/data/hive/extbdata"。

3)创建分区表

创建一个分区表"employee_partition",以 city 进行分区。

```
create table if not exists employee_partition(
id int comment 'employee id',
name string comment 'employee name',
sex string,age int,department string)
partitioned by (city string)
row format delimited
fields terminated by ','
lines terminated by '\n';
```

4)创建桶表

在创建桶表之前,需要先设置"set hive. enforce. bucketing = true"开启分桶功能,然后才能创建桶表。例如,将 employee 表按照 id 字段划分为 4 个桶。

```
create table if not exists employee_bucket(
id int comment 'employee id',
name string comment 'employee name',
sex string,age int,department string)
clustered by(id) into 4 buckets
row format delimited
fields terminated by ',';
```

(2)查看表

使用"show tables;"命令可查看数据库里面的所有表。如图 7.11 所示,可以看到数据库 apachedb 中有刚刚创建的 4 个表。

```
hive (apachedb)> show tables;
OK
employee
employee_bucket
employee_external
employee_partition
Time taken: 0.067 seconds, Fetched: 4 row(s)
hive (apachedb)>
```

图 7.11　查看数据库中的表

使用关键字"desc"可查看某个表的字段信息。例如,查看 employee 表的结构信息如图 7.12所示。

```
hive (apachedb)> desc employee;
OK
id              int             employee id
name            string          employee name
sex             string
age             int
department      string
Time taken: 0.39 seconds, Fetched: 5 row(s)
```

图 7.12　查看 employee 表结构信息

再加上关键字"formatted",可以查看更详细的表信息。如图 7.13 显示的是查看"employee_external"的详细信息。

```
hive (apachedb)> desc formatted employee_external;
OK
# col_name              data_type               comment

id                      int                     employee id
name                    string                  employee name
sex                     string
age                     int
department              string

# Detailed Table Information
Database:               apachedb
Owner:                  apache
CreateTime:             Fri Mar 27 17:33:11 CST 2020
LastAccessTime:         UNKNOWN
Protect Mode:           None
Retention:              0
Location:               hdfs://master:9000/home/apache/data/hive/extbdata
Table Type:             EXTERNAL_TABLE
Table Parameters:
        EXTERNAL                TRUE
        transient_lastDdlTime   1585301591

# Storage Information
SerDe Library:          org.apache.hadoop.hive.serde2.lazy.LazySimpleSerDe
InputFormat:            org.apache.hadoop.mapred.TextInputFormat
OutputFormat:           org.apache.hadoop.hive.ql.io.HiveIgnoreKeyTextOutputFormat
Compressed:             No
Num Buckets:            -1
Bucket Columns:         []
Sort Columns:           []
Storage Desc Params:
        field.delim             ,
        line.delim              \n
        serialization.format    ,
Time taken: 0.327 seconds, Fetched: 33 row(s)
```

图 7.13　查看 employee_external 详情

(3)修改表

可以使用"alter table"命令来修改表的属性,该命令只是修改表的元数据,表中的数据不受影响。因此,需要保证表中的数据要与修改后的元数据模式匹配,否则原始表中的数据将变得不可用。

1)修改表的名称

语法为"alter table table_name rename to new_table_name;"。例如,将 employee 表的名称改为"employee2"。

```
alter table employee rename to employee2;
```

2)修改表字段的定义

①增加列

使用 add columns 可以为表增加一个或多个列。例如,为 employee2 表增加 string 类型的 province 列和 bigint 类型的 salary 列,如图 7.14 所示。新添加的列位于该表的最后。

②修改列定义

使用 change 可以修改列名称、列注释、列类型和列的位置。例如,将 employee2 表的"id"字段重命名为"uid",注释修改为"the unique id",且将位置放在 name 之后。如图 7.15 所示。

③替换字段

使用 replace 将表中的所有字段替换成新的字段,相当于将整个表结构进行了重置。例如,将 employee2 表中的字段替换为 id(int 类型)、name(string 类型)和 department(string 类

161

型)。如图 7.16 所示。

```
hive (apachedb)> alter table employee2 add columns(province string,salary bigint);
OK
Time taken: 0.38 seconds
hive (apachedb)> desc employee2;
OK
id                   int                   employee id
name                 string                employee name
sex                  string
age                  int
department           string
province             string
salary               bigint
Time taken: 0.185 seconds, Fetched: 7 row(s)
hive (apachedb)>
```

图 7.14　增加新列

```
hive (apachedb)> alter table employee2
             > change column id uid int
             > comment 'the unique id'
             > after name;
OK
Time taken: 0.359 seconds
hive (apachedb)> desc employee2;
OK
name                 string                employee name
uid                  int                   the unique id
sex                  string
age                  int
department           string
province             string
salary               bigint
Time taken: 0.136 seconds, Fetched: 7 row(s)
```

图 7.15　修改"id"字段信息

```
hive (apachedb)> alter table employee2 replace columns(id int,name string,department string);
OK
Time taken: 0.257 seconds
hive (apachedb)> desc employee2;
OK
id                   int
name                 string
department           string
Time taken: 0.131 seconds, Fetched: 3 row(s)
hive (apachedb)>
```

图 7.16　替换字段

3)对分区表的分区进行操作

为了方便进行测试,先使用 like 命令将"employee_partition"表复制一个新的分区表"employee_partition2"。

```
create table employee_partition2 like employee_partition;
```

①增加分区

在"employee_partiton2"表中增加 city 为 beijing 和 tianjin 两个分区。

```
alter table employee_partition2 add partition( city = 'beijing') partition( city = 'tianjin');
```

可使用"show partitions"命令查看分区情况,如图 7.17 所示。

```
hive (apachedb)> show partitions employee_partition2;
OK
city=beijing
city=tianjin
Time taken: 0.119 seconds, Fetched: 2 row(s)
hive (apachedb)>
```

图 7.17　查看分区

分区对应在 HDFS 上表现为数据存储目录,如图 7.18 所示。"employee_partition2"数据表目录下新增"city = beijing"和"city = tianjian"两个目录。

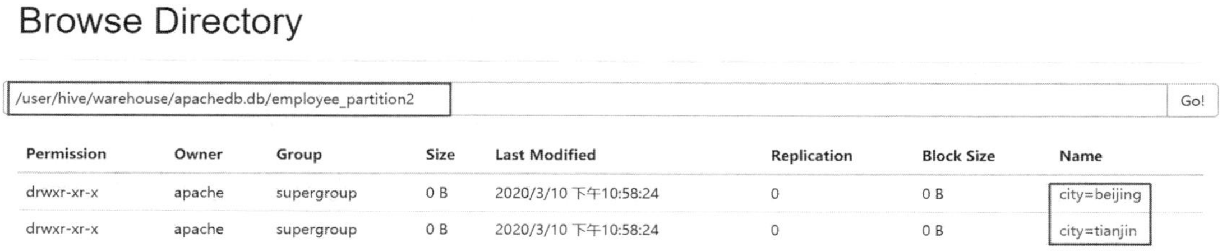

Browse Directory

/user/hive/warehouse/apachedb.db/employee_partition2								Go!

Permission	Owner	Group	Size	Last Modified	Replication	Block Size	Name
drwxr-xr-x	apache	supergroup	0 B	2020/3/10 下午10:58:24	0	0 B	city=beijing
drwxr-xr-x	apache	supergroup	0 B	2020/3/10 下午10:58:24	0	0 B	city=tianjin

图 7.18　新增分区

②删除分区

删除"employee_partition2"表中的分区"city = 'beijing'"和"city = 'tianjin'"。如图 7.19 所示。

```
hive (apachedb)> alter table employee_partition2 drop partition(city='beijing'),partition(city='tianjin');
OK
Time taken: 0.157 seconds
hive (apachedb)> show partitions employee_partition2;
OK
Time taken: 0.123 seconds
hive (apachedb)>
```

图 7.19　删除分区

删除分区并没有删除 HDFS 上对应的目录,删除分区只是删除了元数据,对实际数据没有影响。

(4)删除表

使用 drop 命令可以删除表,例如,"drop table employee;"命令可删除 employee 表。

7.3.3　数据的导入导出

Hive 可以使用 load、insert 等操作命令来向表中装载数据,也可以使用 insert 子句将数据导出到 HDFS。

(1)数据导入

1)使用 load 方式导入数据

load 命令可以一次性向表中导入大量的数据,语法格式为:"load data [local] inpath '数据文件目录' [overwrite] into table table_name [partiton(分区值)];"。

关键字 local 用于确定导入的文件是位于本地路径还是 HDFS 目录。加上 local 关键字,表示将本地文件复制并上传到 HDFS 指定目录。不加 local,Hive 则是将 HDFS 上的数据移动到指定目录(而不是复制)。无论是本地的数据还是 HDFS 上的数据,都可以使用相对路径和绝对路径这两种方式进行导入。

①导入本地数据

在本地"/home/apache/data/hive/data"目录下新建文件"employeeinfo1.txt",内容如下:

> 101,wanglan,male,23,marketing
> 102,zhaojuan,femal,32,marketing
> 103,yangran,femal,25,software
> 104,lixiao,male,45,administration
> 105,heyun,male,22,software
> 106,zhouyang,male,30,software

将"/home/apache/data/hive/data"目录中的文件导入到内部表 employee 中:

```
load data local inpath '/home/apache/data/hive/data/' into table employee;
```

如果 employee 表中已有记录,但想将这些记录覆盖掉,可以加上 overwrite 关键字,命令为:

```
load data local inpath '/home/apache/data/hive/data/' overwrite into table employee;
```

如果是将数据导入到分区表,则需要在命令中指定分区值。例如,将"/home/apache/data/hive/data"目录下的文件导入到分区表"employee_partition"中,指定分区值为 beijing。

```
load data local inpath '/home/apache/data/hive/data/' into table employee_partition partition
( city = 'beijing') ;
```

执行完上述命令语句后,"employeeinfo1.txt"文件中的数据全部导入"employee_partition"表的 beijing 分区中。在 HDFS 上可以看到,在"employee_partition"目录下有一个"city = beijing"的目录,里面存在文件"employeeinfo1.txt",如图 7.20 所示。

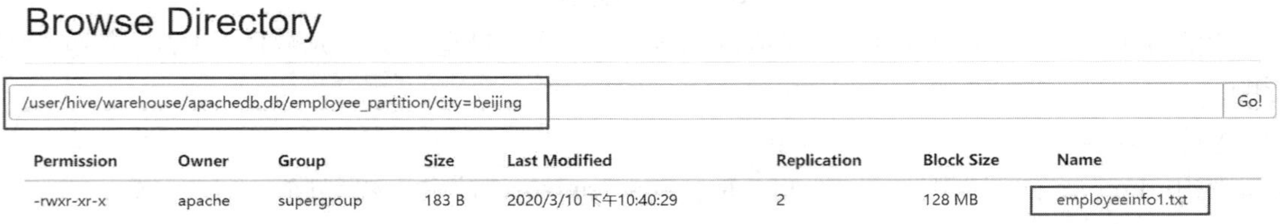

Browse Directory

Permission	Owner	Group	Size	Last Modified	Replication	Block Size	Name
/user/hive/warehouse/apachedb.db/employee_partition/city=beijing							Go!
-rwxr-xr-x	apache	supergroup	183 B	2020/3/10 下午10:40:29	2	128 MB	employeeinfo1.txt

图 7.20 导入数据到分区表

②导入 HDFS 上的数据

不加 local 关键字可以导入 HDFS 上的数据。这里先通过复制 employee 表来创建新表"employee_copy",通过复制"employee_partition"来创建新的分区表"employee_partition3"。然后将"employeeinfo1.txt"文件上传到 HDFS:"hdfs dfs -put /home/apache/data/hive/data/employeeinfo1.txt /hdfstest"。

将 HDFS 中"/hdfstest"目录下的 employeeinfo1.txt 导入到 employee_copy 表中。

```
load data inpath '/hdfstest/employeeinfo1.txt' into table employee_copy;
```

命令执行完后,"employeeinfo1.txt"由"/hdfstest"目录移到"/user/hive/warehouse/apachedb.db/employee_copy"目录下。此时,进行"employee_partition3"数据表导入前,需要将本地的"employeeinfo1.txt"文件再次上传到 HDFS 的"/hdfstest"目录,然后才能执行导入命令。

```
load data inpath '/hdfstest/employeeinfo1. txt ' into table employee_partition3 partition ( city =
'beijing') ;
```

执行完后,文件由"/hdfstest"目录移动到"/user/hive/warehouse/apachedb. db/employee_
partition3/city = beijing"目录中。

2)使用 insert 方式导入数据

Hive 可利用 insert 关键字向表中插入数据,语法格式为:"insert into table table_name [par-
tition(分区值)] values(值 1,值 2,…) ;"。也可以结合 select 子句构成查询插入方式,语法为:
"insert into table table_name [partition(分区值)] select 子句;"。这种方式实际上是将 insert 语
句转换成 MapReduce 任务来执行。

例如,往 employee 表中插入一条数据。

```
insert into table employee values( 107 ,'qianming','male',29 ,'software') ;
```

如果是分区表,则必须指定分区。例如,向分区表"employee_partition"中插入一条数据。

```
insert into table employee_partition partition( city = 'beijing') values( 107 ,'qianming','male',29 ,
'software') ;
```

结合 select 子句进行查询就是将 select 查询的结果插入到 insert 语句中的表中,select 查询
的所有字段都必须在 insert 后面的表中定义,且字段的格式需要一致。其示例如下:

```
insert into table employee_copy select id ,name ,sex ,age ,department from employee ;
```

使用 select 子句可实现一次查询多次插入,这种方式可以减少查询操作扫描数据的次数,
从而提高 SQL 语句的执行效率。先通过"employee_partition"表复制出三个结构相同的表,如
图 7. 21 所示。

图 7.21　创建三个分区表

使用只查询一次的方式向这三个分区表插入数据,如图 7. 22 所示。

其中,employee_ptn2 表在插入的过程中使用 overwite 关键字实现数据覆盖。数据插入成
功后,在 HDFS 中数据表目录下有一个"city = beijing"的目录,里面有一个名称为"000000_0"
文件,这个就是数据表文件。可以使用 dfs 命令查看文件内容,如图 7. 23 所示。

```
hive (apachedb)> from employee_partition
    > insert into table employee_ptn1 partition(city='beijing') select id,name,sex,age,department where department='software'
    > insert overwrite table employee_ptn2 partition(city='beijing') select id,name,sex,age,department where department='marketing'
    > insert into table employee_ptn3 partition(city='beijing') select id,name,sex,age,department where department='marketing';
```

图 7.22　使用 insert 实现一次查询多次插入

```
hive (apachedb)> dfs -cat /user/hive/warehouse/apachedb.db/employee_ptn1/city=beijing/000000_0;
107,qianming,male,29,software
103,yangran,femal,25,software
105,heyun,male,22,software
106,zhouyang,male,30,software
hive (apachedb)> dfs -cat /user/hive/warehouse/apachedb.db/employee_ptn2/city=beijing/000000_0;
101,wanglan,male,23,marketing
102,zhaojuan,femal,32,marketing
hive (apachedb)> dfs -cat /user/hive/warehouse/apachedb.db/employee_ptn3/city=beijing/000000_0;
101,wanglan,male,23,marketing
102,zhaojuan,femal,32,marketing
```

图 7.23　使用 dfs 命令查看数据表文件内容

3）动态分区插入数据

前面对分区表插入数据用的都是静态分区插入的方式,也就是手动指定分区。Hive 也支持动态分区插入数据,即通过查询出来的分区字段的值来进行自动判断,从而创建出需要的分区,每一个不同分区值就会创建一个对应的分区。

在默认情况下,Hive 并没有开启动态分区功能,需要手动开启。在 Hive 命令行下输入以下两条命令:第一条是打开动态分区的开关,第二条是设置动态分区插入模式。

```
set hive. exec. dynamic. partition = true;
set hive. exec. dynamic. partition. mode = nonstrict;
```

设置好参数后,就可以利用动态分区往表中插入数据。创建表"employee_ptn4",通过 department 字段分区。

```
create table if not exists employee_ptn4(
id int, name string, sex string, age int)
partitioned by( department string)
row format delimited
fields terminated by ','
lines terminated by '\n';
```

利用动态分区向表中插入数据:

```
insert into table employee_ptn4 partition( department) select id, name, sex, age, department
from employee;
```

命令执行成功后,通过 show partitions 命令查看分区情况以及每个分区中的数据,结果如图7.24所示。

需要注意的是,动态分区插入的分区字段必须位于 select 查询语句中出现的字段的末尾。上述命令中,select 子句中的字段 id、name、sex 和 age 都是分区表"employee_ptn4"的普通字段,而最后一个 department 则是"employee_ptn4"的分区字段。

4）通过查询建表来加载数据

Hive 支持直接将查询出来的结果存储到新建的一张表里,新表的字段与查询语句出现的字段结构一样。例如,使用查询建表来创建一个表名为"employee_ctas"的表,并将 employee 表

```
hive (apachedb)> show partitions employee_ptn4;
OK
department=administration
department=marketing
department=software
Time taken: 0.246 seconds, Fetched: 3 row(s)
hive (apachedb)> dfs -cat /user/hive/warehouse/apachedb.db/employee_ptn4/department=marketing/000000_0;
101,wanglan,male,23
102,zhaojuan,femal,32
hive (apachedb)> dfs -cat /user/hive/warehouse/apachedb.db/employee_ptn4/department=software/000000_0;
107,qianming,male,29
103,yangran,femal,25
105,heyun,male,22
106,zhouyang,male,30
hive (apachedb)> dfs -cat /user/hive/warehouse/apachedb.db/employee_ptn4/department=administration/000000_0;
104,lixiao,male,45
```

图 7.24　利用动态分区插入数据结果

中的数据查询出来插入到"employee_ctas"中。

```
create table employee_ctas as select id, name, sex, department from employee;
```

employee_ctas 表结构及表中的数据如图 7.25 所示。

(2)清空数据表中的数据

使用 truncate 关键字可以清空数据表,语法为:"truncate table table_name;"。清空内部表、外部表和分桶表时,会将数据存储目录下的所有数据文件都删掉。而清空分区表时,只会清空分区下的数据文件,不会删掉分区。要将分区也删除,可使用 dfs 命令完成。

(3)数据导出

使用 insert 命令可以将数据仓库中的数据导出到本地或者 HDFS 中,语法格式为:"insert overwrite[local]directory 导出目录　数据分隔格式　select 子句;"。

1)导出数据到本地

将 employee 表中的字段为 id、name、sex 和 department 的数据导出到本地"/home/apache/data/hive/data"目录下。

```
insert overwrite local directory '/home/apache/data/hive/data' row format delimited fields terminated by ',' select id, name, sex, department from employee;
```

命令执行完成后,本地"/home/apache/data/hive/data"目录下多了一个名为"000000_0"的文件,这个就是导出的文件,可以使用 cat 命令查看其内容,如图 7.26 所示。

```
hive (apachedb)> desc employee_ctas;
OK
id            int
name          string
sex           string
department    string
Time taken: 0.165 seconds, Fetched: 4 row(s)
hive (apachedb)> select * from employee_ctas;
OK
107    qianming    male      software
101    wanglan     male      marketing
102    zhaojuan    femal     marketing
103    yangran     femal     software
104    lixiao      male      administration
105    heyun       male      software
106    zhouyang              male    software
Time taken: 0.133 seconds, Fetched: 7 row(s)
hive (apachedb)>
```

```
[apache@master data]$ pwd
/home/apache/data/hive/data
[apache@master data]$ ls
000000_0
[apache@master data]$ cat 000000_0
107,qianming,male,software
101,wanglan,male,marketing
102,zhaojuan,femal,marketing
103,yangran,femal,software
104,lixiao,male,administration
105,heyun,male,software
106,zhouyang,male,software
```

图 7.25　employee_ctas 表结构及表中的数据　　　　图 7.26　导出数据到本地

Hive 也支持多模式导出,例如,将 employee 中的数据导出到本地"/home/apache/data/hive/data 和/home/apache/data/hive/data2"目录中。

```
from employee
insert overwrite local directiory '/home/apache/data/hive/data ' row format delimited
fields terminated by ',' select id,name
insert overwrite local directory '/home/apache/data/hive/data2 ' row format delimited
fields terminated by ',' select id,name,department;
```

2)导出数据到 HDFS

在 HDFS 上新建目录"/user/hive/data/employee",在终端中执行命令:"hdfs dfs -mkdir -p /user/hive/data/employee"。选择 employee 表中的数据导出到 HDFS 的"/user/hive/data/employee"目录。

```
insert overwrite directory '/user/hive/data/employee' row format delimited fields terminated by ',' select id,name,department from employee;
```

使用 dfs 命令查看导出结果,如图 7.27 所示。

```
hive (apachedb)> dfs -ls /user/hive/data/employee;
Found 1 items
-rwxr-xr-x  2 apache supergroup      155 2020-03-11 18:01 /user/hive/data/employee/000000_0
hive (apachedb)> dfs -cat /user/hive/data/employee/000000_0;
107,qianming,software
101,wanglan,marketing
102,zhaojuan,marketing
103,yangran,software
104,lixiao,administration
105,heyun,software
106,zhouyang,software
```

图 7.27 数据导出到 HDFS 的结果

数据导出到 HDFS 也可以使用多模式导出的方式,实现一次查询多次导出。

7.3.4 Hive 数据查询语言(HQL)

Hive 数据查询的基本语法为:

```
select [all | distinct] select_expr,select_expr,…
from table_name
[where whereCondition]
[group by colList [having havingCondition]]
[cluster by colList
| [distribute by colList] [sort by | order by col-
List]
]
[limit number];
```

(1)select 语句

"select…from"语句可实现从 from 指定的表中查询出 select 指定的数据。

1）全表查询

查询出 employee 表的所有数据,结果如图 7.28 所示。

```
hive (apachedb)> select * from employee;
OK
107    qianming male    29    software
101    wanglan   male    23    marketing
102    zhaojuan  femal   32    marketing
103    yangran   femal   25    software
104    lixiao    male    45    administration
105    heyun     male    22    software
106    zhouyang         male    30         software
Time taken: 0.931 seconds, Fetched: 7 row(s)
hive (apachedb)>
```

图 7.28　全表查询

2）选择特定列查询

查询出 employee 表的 id 和 name 两列信息,结果如图 7.29 所示。

```
hive (apachedb)> select id,name from employee;
OK
107    qianming
101    wanglan
102    zhaojuan
103    yangran
104    lixiao
105    heyun
106    zhouyang
Time taken: 0.203 seconds, Fetched: 7 row(s)
hive (apachedb)>
```

图 7.29　选择特定列查询

3）设置别名

可以为列和表加上别名,尤其在多表联合查询时,别名可以让查询语句的结构更加清晰。
例如,给 employee 表添加别名为"em",查询出 id 和 name 列。

```
select em. id,em. name from employee em;
```

4）limit 子句

可以通过 limit 子句来限定返回的行数。例如,如果只想获得 employee 表的前三条数据,
可使用的语句为:

```
select * from employee limit 3;
```

（2）where **语句**

可以使用 where 语句来对查询条件进行限制。例如,查询 employee 表中年龄大于 25 岁的
用户信息,如图 7.30 所示。

```
hive (apachedb)> select * from employee where age > 25;
OK
107    qianming male    29    software
102    zhaojuan femal   32    marketing
104    lixiao    male    45    administration
106    zhouyang         male    30         software
Time taken: 0.265 seconds, Fetched: 4 row(s)
hive (apachedb)>
```

图 7.30　年龄大于 25 岁的用户信息

结合谓词表达式 and,查询 employee 表中 department 为 software 的男性用户,如图 7.31 所示。

```
hive (apachedb)> select * from employee where sex='male' and department='software';
OK
107       qianming male      29          software
105       heyun    male      22          software
106       zhouyang           male        30          software
Time taken: 0.185 seconds, Fetched: 3 row(s)
hive (apachedb)>
```

图 7.31　department 为 software 的男性用户

结合谓词表达式 or,查询 employee 表中年龄大于 30 或者部门为 administration 的用户信息,如图 7.32 所示。

```
hive (apachedb)> select * from employee where age > 30 or department='administration';
OK
102       zhaojuan femal     32          marketing
104       lixiao   male      45          administration
Time taken: 0.109 seconds, Fetched: 2 row(s)
hive (apachedb)>
```

图 7.32　年龄大于 30 或者部门为 administration 的用户信息

结合 like 子句进行查询,可在 like 子句中使用通配符"%"和占位符"_"。例如,查询 employee 表中姓名中含有"yang"这个拼音的用户信息,如图 7.33 所示。

```
hive (apachedb)> select * from employee where name like '%yang%';
OK
103       yangran  femal     25          software
106       zhouyang           male        30          software
Time taken: 0.219 seconds, Fetched: 2 row(s)
hive (apachedb)>
```

图 7.33　like 子句中使用通配符

在 employee 表的 name 字段中使用 like 子句的占位符来查询用户信息,如图 7.34 所示。

```
hive (apachedb)> select * from employee where name like '_haojuan';
OK
102       zhaojuan femal     32          marketing
Time taken: 0.14 seconds, Fetched: 1 row(s)
hive (apachedb)>
```

图 7.34　like 子句中使用占位符

(3) 分组语句 group by 和 having

Hive 支持对结果集进行分组。group by 语句的作用是按照某些字段分组,有相同字段值的放在一组,其后可以跟 having 语句用于对分组进行条件过滤。group by 语句通常与聚合函数联合使用,先按照列值对结果进行分组,再作用聚合函数。

使用 group by 语句时,select 语句中的查询字段要么为聚合函数,要么为 group by 语句中出现的用于分组的字段,不能是其他值。也就是说,select 中的字段如果不是聚合列,则必须出现在 group by 中。

例如,查询 employee 表中的每个部门的人数,可以按 department 字段分组,并使用聚合函数 count() 对每组的记录数进行统计,如图 7.35 所示。

```
hive (apachedb)> select department,count(*) from employee group by department;
Query ID = apache_20200312104024_737d4b84-73f6-4457-a6d7-5c0e7ef9fdfe
Total jobs = 1
Launching Job 1 out of 1
Number of reduce tasks not specified. Estimated from input data size: 1
In order to change the average load for a reducer (in bytes):
  set hive.exec.reducers.bytes.per.reducer=<number>
In order to limit the maximum number of reducers:
  set hive.exec.reducers.max=<number>
In order to set a constant number of reducers:
  set mapreduce.job.reduces=<number>
Starting Job = job_1583979204360_0001, Tracking URL = http://master:8088/proxy/application_1583979204360_0001/
Kill Command = /home/apache/soft/hadoop-2.7.7/bin/hadoop job  -kill job_1583979204360_0001
Hadoop job information for Stage-1: number of mappers: 1; number of reducers: 1
2020-03-12 10:40:42,528 Stage-1 map = 0%,  reduce = 0%
2020-03-12 10:40:55,451 Stage-1 map = 100%,  reduce = 0%, Cumulative CPU 2.37 sec
2020-03-12 10:41:15,766 Stage-1 map = 100%,  reduce = 67%, Cumulative CPU 2.99 sec
2020-03-12 10:41:16,850 Stage-1 map = 100%,  reduce = 100%, Cumulative CPU 4.16 sec
MapReduce Total cumulative CPU time: 4 seconds 160 msec
Ended Job = job_1583979204360_0001
MapReduce Jobs Launched:
Stage-Stage-1: Map: 1 Reduce: 1  Cumulative CPU: 4.16 sec  HDFS Read: 7608 HDFS Write: 40 SUCCESS
Total MapReduce CPU Time Spent: 4 seconds 160 msec
OK
administration      1
marketing           2
software  4
Time taken: 54.881 seconds, Fetched: 3 row(s)
hive (apachedb)>
```

图 7.35　查询 employee 表中的每个部门的人数

group by 语句后面可以使用 having 子句来对分组结果进行条件过滤。例如,统计 employee 表中部门人数大于 2 的信息,如图 7.36 所示。可以使用 as 关键字对列或表重命名。

```
hive (apachedb)> select department,count(*) as cnt from employee group by department having cnt > 2;
Query ID = apache_20200312105139_db6be7fc-a362-46e5-8798-0610d4d41805
Total jobs = 1
Launching Job 1 out of 1
Number of reduce tasks not specified. Estimated from input data size: 1
In order to change the average load for a reducer (in bytes):
  set hive.exec.reducers.bytes.per.reducer=<number>
In order to limit the maximum number of reducers:
  set hive.exec.reducers.max=<number>
In order to set a constant number of reducers:
  set mapreduce.job.reduces=<number>
Starting Job = job_1583979204360_0003, Tracking URL = http://master:8088/proxy/application_1583979204360_0003/
Kill Command = /home/apache/soft/hadoop-2.7.7/bin/hadoop job  -kill job_1583979204360_0003
Hadoop job information for Stage-1: number of mappers: 1; number of reducers: 1
2020-03-12 10:51:49,626 Stage-1 map = 0%,  reduce = 0%
2020-03-12 10:51:57,361 Stage-1 map = 100%,  reduce = 0%, Cumulative CPU 1.58 sec
2020-03-12 10:52:08,155 Stage-1 map = 100%,  reduce = 100%, Cumulative CPU 3.74 sec
MapReduce Total cumulative CPU time: 3 seconds 740 msec
Ended Job = job_1583979204360_0003
MapReduce Jobs Launched:
Stage-Stage-1: Map: 1 Reduce: 1  Cumulative CPU: 3.74 sec  HDFS Read: 8196 HDFS Write: 11 SUCCESS
Total MapReduce CPU Time Spent: 3 seconds 740 msec
OK
software  4
Time taken: 29.864 seconds, Fetched: 1 row(s)
hive (apachedb)>
```

图 7.36　统计 employee 表中部门人数大于 2 的信息

注意:having 子句中的元素与 group by 一样,要么为聚合函数,要么出现在 select 语句中。

(4) order by **语句和** sort by **语句进行排序**

order by 会对输入数据进行全局排序,只有一个 Reducer。因此,当输入规模较大时,使用 order by 排序会需要较长的计算时间。

sort by 是对输入数据进行局部排序,并不是全局排序。当设置的 Reducer 任务个数大于 1 时,sort by 会在每个 Reducer 任务中分别进行排序,并不保证数据结果全局有序。当 Reducer 只有 1 个时,order by 与 sort by 的执行结果相同。

例如,对 employee 表按 age 进行升序排序。当 Reducer 任务个数为 1 个时,图 7.37 所示为使用 order by 排序的情况,图 7.38 所示为 sort by 排序的情况。从两张图中可以看出,当 Reducer个数为 1 时,order by 与 sort by 的执行结果相同。

```
hive (apachedb)> select * from employee order by age asc;
Query ID = apache_20200312213314_a49d6ddb-9c17-4abb-91f2-3a7fb9f878e9
Total jobs = 1
Launching Job 1 out of 1
Number of reduce tasks determined at compile time: 1
In order to change the average load for a reducer (in bytes):
  set hive.exec.reducers.bytes.per.reducer=<number>
In order to limit the maximum number of reducers:
  set hive.exec.reducers.max=<number>
In order to set a constant number of reducers:
  set mapreduce.job.reduces=<number>
Starting Job = job_1584018988425_0002, Tracking URL = http://master:8088/proxy/application_1584018988425_0002/
Kill Command = /home/apache/soft/hadoop-2.7.7/bin/hadoop job -kill job_1584018988425_0002
Hadoop job information for Stage-1: number of mappers: 1; number of reducers: 1
2020-03-12 21:33:26,258 Stage-1 map = 0%,  reduce = 0%
2020-03-12 21:33:32,718 Stage-1 map = 100%,  reduce = 0%, Cumulative CPU 1.21 sec
2020-03-12 21:33:40,146 Stage-1 map = 100%,  reduce = 100%, Cumulative CPU 2.57 sec
MapReduce Total cumulative CPU time: 2 seconds 570 msec
Ended Job = job_1584018988425_0002
MapReduce Jobs Launched:
Stage-Stage-1: Map: 1  Reduce: 1   Cumulative CPU: 2.57 sec   HDFS Read: 7355 HDFS Write: 213 SUCCESS
Total MapReduce CPU Time Spent: 2 seconds 570 msec
OK
105     heyun      male     22      software
101     wanglan    male     23      marketing
103     yangran    femal    25      software
107     qianming   male     29      software
106     zhouyang   male     30      software
102     zhaojuan   femal    32      marketing
104     lixiao     male     45      administration
Time taken: 27.722 seconds, Fetched: 7 row(s)
hive (apachedb)>
```

图 7.37   Reducer 任务个数为 1 时的 order by 排序

当 Reducer 任务个数大于 1 时,比如执行命令"set mapred.reduce.tasks =2;"将 Reducer 任务个数设置为 2 个。使用 order by 排序的情况如图 7.39 所示,使用 sort by 排序结果如图 7.40 所示。从两个图中可以看到,Reducer 任务个数大于 1 个时,order by 的 Reducer 任务个数仍然为 1 个,仍然进行全局排序,而 sort by 只是局部排序。

hive (apachedb)> select * from employee sort by age asc;
Query ID = apache_20200312213520_eadb26ca-40ae-4c8a-9021-d3d72f2292ed
Total jobs = 1
Launching Job 1 out of 1
Number of reduce tasks not specified. Estimated from input data size: 1
In order to change the average load for a reducer (in bytes):
  set hive.exec.reducers.bytes.per.reducer=<number>
In order to limit the maximum number of reducers:
  set hive.exec.reducers.max=<number>
In order to set a constant number of reducers:
  set mapreduce.job.reduces=<number>
Starting Job = job_1584018988425_0003, Tracking URL = http://master:8088/proxy/application_1584018988425_0003/
Kill Command = /home/apache/soft/hadoop-2.7.7/bin/hadoop job -kill job_1584018988425_0003
Hadoop job information for Stage-1: number of mappers: 1; number of reducers: 1
2020-03-12 21:35:37,664 Stage-1 map = 0%, reduce = 0%
2020-03-12 21:35:43,987 Stage-1 map = 100%, reduce = 0%, Cumulative CPU 0.98 sec
2020-03-12 21:35:50,353 Stage-1 map = 100%, reduce = 100%, Cumulative CPU 2.25 sec
MapReduce Total cumulative CPU time: 2 seconds 250 msec
Ended Job = job_1584018988425_0003
MapReduce Jobs Launched:
Stage-Stage-1: Map: 1 Reduce: 1   Cumulative CPU: 2.25 sec   HDFS Read: 7355 HDFS Write: 213 SUCCESS
Total MapReduce CPU Time Spent: 2 seconds 250 msec
OK

105	heyun	male	22	software
101	wanglan	male	23	marketing
103	yangran	femal	25	software
107	qianming	male	29	software
106	zhouyang	male	30	software
102	zhaojuan	femal	32	marketing
104	lixiao	male	45	administration

Time taken: 37.008 seconds, Fetched: 7 row(s)
hive (apachedb)>

图 7.38　Reducer 任务个数为 1 时的 sort by 排序

hive (apachedb)> set mapred.reduce.tasks=2;
hive (apachedb)> select * from employee order by age asc;
Query ID = apache_20200312214605_05c0e760-96f9-40b3-9adf-e706d8dd4a67
Total jobs = 1
Launching Job 1 out of 1
Number of reduce tasks determined at compile time: 1
In order to change the average load for a reducer (in bytes):
  set hive.exec.reducers.bytes.per.reducer=<number>
In order to limit the maximum number of reducers:
  set hive.exec.reducers.max=<number>
In order to set a constant number of reducers:
  set mapreduce.job.reduces=<number>
Starting Job = job_1584018988425_0004, Tracking URL = http://master:8088/proxy/application_1584018988425_0004/
Kill Command = /home/apache/soft/hadoop-2.7.7/bin/hadoop job -kill job_1584018988425_0004
Hadoop job information for Stage-1: number of mappers: 1; number of reducers: 1
2020-03-12 21:46:19,609 Stage-1 map = 0%, reduce = 0%
2020-03-12 21:46:26,166 Stage-1 map = 100%, reduce = 0%, Cumulative CPU 0.97 sec
2020-03-12 21:46:32,673 Stage-1 map = 100%, reduce = 100%, Cumulative CPU 2.63 sec
MapReduce Total cumulative CPU time: 2 seconds 630 msec
Ended Job = job_1584018988425_0004
MapReduce Jobs Launched:
Stage-Stage-1: Map: 1 Reduce: 1   Cumulative CPU: 2.63 sec   HDFS Read: 7166 HDFS Write: 213 SUCCESS
Total MapReduce CPU Time Spent: 2 seconds 630 msec
OK

105	heyun	male	22	software
101	wanglan	male	23	marketing
103	yangran	femal	25	software
107	qianming	male	29	software
106	zhouyang	male	30	software
102	zhaojuan	femal	32	marketing
104	lixiao	male	45	administration

Time taken: 29.31 seconds, Fetched: 7 row(s)
hive (apachedb)>

图 7.39　order by 全局排序

```
hive (apachedb)> select * from employee sort by age asc;
Query ID = apache_20200312215105_115a33e6-3d7b-4335-86ce-a1c766692119
Total jobs = 1
Launching Job 1 out of 1
Number of reduce tasks not specified. Defaulting to jobconf value of: 2
In order to change the average load for a reducer (in bytes):
  set hive.exec.reducers.bytes.per.reducer=<number>
In order to limit the maximum number of reducers:
  set hive.exec.reducers.max=<number>
In order to set a constant number of reducers:
  set mapreduce.job.reduces=<number>
Starting Job = job_1584018988425_0006, Tracking URL = http://master:8088/proxy/application_1584018988425_0006/
Kill Command = /home/apache/soft/hadoop-2.7.7/bin/hadoop job  -kill job_1584018988425_0006
Hadoop job information for Stage-1: number of mappers: 1; number of reducers: 2
2020-03-12 21:51:14,472 Stage-1 map = 0%,  reduce = 0%
2020-03-12 21:51:20,936 Stage-1 map = 100%,  reduce = 0%, Cumulative CPU 0.94 sec
2020-03-12 21:51:29,588 Stage-1 map = 100%,  reduce = 100%, Cumulative CPU 4.81 sec
MapReduce Total cumulative CPU time: 4 seconds 810 msec
Ended Job = job_1584018988425_0006
MapReduce Jobs Launched:
Stage-Stage-1: Map: 1  Reduce: 2  Cumulative CPU: 4.81 sec   HDFS Read: 10591 HDFS Write: 213 SUCCESS
Total MapReduce CPU Time Spent: 4 seconds 810 msec
OK
103     yangran   femal    25      software
107     qianming  male     29      software
102     zhaojuan  femal    32      marketing
104     lixiao    male     45      administration
105     heyun     male     22      software
101     wanglan   male     23      marketing
106     zhouyang  male     30      software
Time taken: 27.188 seconds, Fetched: 7 row(s)
hive (apachedb)>
```

图 7.40　Reducer 任务个数为 2 时的 sort by 排序

(5) distribute by 和 cluster by 语句

distribute by 会根据它指定的规则将数据分到不同的 Reducer 任务，相当于 MapReduce 中的分区。distribute by 一般结合 sort by 使用，但需写在 sort by 子句的前面，也就是先进行分区再进行排序，而且需要事先设置 Reduce Task 的个数，使得 Reducer 任务个数大于 1。例如，使用 distribute by 语句对 employee 表中的数据按照 department 字段进行分区和排序，如图 7.41 所示。

```
hive (apachedb)> select id,name,department from employee distribute by department sort by id desc;
Query ID = apache_20200312220044_6994fbf4-ebe3-4e10-89ad-6c2392fab125
Total jobs = 1
Launching Job 1 out of 1
Number of reduce tasks not specified. Defaulting to jobconf value of: 2
In order to change the average load for a reducer (in bytes):
  set hive.exec.reducers.bytes.per.reducer=<number>
In order to limit the maximum number of reducers:
  set hive.exec.reducers.max=<number>
In order to set a constant number of reducers:
  set mapreduce.job.reduces=<number>
Starting Job = job_1584018988425_0007, Tracking URL = http://master:8088/proxy/application_1584018988425_0007/
Kill Command = /home/apache/soft/hadoop-2.7.7/bin/hadoop job  -kill job_1584018988425_0007
Hadoop job information for Stage-1: number of mappers: 1; number of reducers: 2
2020-03-12 22:00:52,900 Stage-1 map = 0%,  reduce = 0%
2020-03-12 22:00:59,349 Stage-1 map = 100%,  reduce = 0%, Cumulative CPU 1.02 sec
2020-03-12 22:01:09,224 Stage-1 map = 100%,  reduce = 100%, Cumulative CPU 5.26 sec
MapReduce Total cumulative CPU time: 5 seconds 260 msec
Ended Job = job_1584018988425_0007
MapReduce Jobs Launched:
Stage-Stage-1: Map: 1  Reduce: 2  Cumulative CPU: 5.26 sec   HDFS Read: 9776 HDFS Write: 155 SUCCESS
Total MapReduce CPU Time Spent: 5 seconds 260 msec
OK
104     lixiao    administration
102     zhaojuan  marketing
101     wanglan   marketing
107     qianming  software
106     zhouyang  software
105     heyun     software
103     yangran   software
Time taken: 26.973 seconds, Fetched: 7 row(s)
hive (apachedb)>
```

图 7.41　distribute by 语句的使用

cluster by 除了具有 distribute by 的功能外,还具有排序的功能,相当于 distribute by 和 sort by 语句同时使用,cluster by 和 sort by 不能同时使用。与 distribute by 和 sort by 不一样的是,cluster by 语句中用于分区和排序的字段是一样的。例如,对 employee 表中的数据按照 department 字段进行分区和排序,可使用 cluster by 语句实现,如图 7.42 所示。

```
hive (apachedb)>select id,name,department from employee cluster by department;
Query ID = apache_20200312221239_b811fed5-f692-4a21-b152-fe481c10b026
Total jobs = 1
Launching Job 1 out of 1
Number of reduce tasks not specified. Defaulting to jobconf value of: 2
In order to change the average load for a reducer (in bytes):
  set hive.exec.reducers.bytes.per.reducer=<number>
In order to limit the maximum number of reducers:
  set hive.exec.reducers.max=<number>
In order to set a constant number of reducers:
  set mapreduce.job.reduces=<number>
Starting Job = job_1584018988425_0008, Tracking URL = http://master:8088/proxy/application_1584018988425_0008/
Kill Command = /home/apache/soft/hadoop-2.7.7/bin/hadoop job  -kill job_1584018988425_0008
Hadoop job information for Stage-1: number of mappers: 1; number of reducers: 2
2020-03-12 22:12:50,168 Stage-1 map = 0%,  reduce = 0%
2020-03-12 22:12:58,650 Stage-1 map = 100%,  reduce = 0%, Cumulative CPU 1.16 sec
2020-03-12 22:13:11,376 Stage-1 map = 100%,  reduce = 39%, Cumulative CPU 2.35 sec
2020-03-12 22:13:15,673 Stage-1 map = 100%,  reduce = 50%, Cumulative CPU 2.75 sec
2020-03-12 22:13:17,881 Stage-1 map = 100%,  reduce = 100%, Cumulative CPU 4.84 sec
MapReduce Total cumulative CPU time: 4 seconds 840 msec
Ended Job = job_1584018988425_0008
MapReduce Jobs Launched:
Stage-Stage-1: Map: 1  Reduce: 2  Cumulative CPU: 4.84 sec  HDFS Read: 9784 HDFS Write: 155 SUCCESS
Total MapReduce CPU Time Spent: 4 seconds 840 msec
OK
104    lixiao      administration
102    zhaojuan  marketing
101    wanglan   marketing
106    zhouyang software
105    heyun      software
103    yangran    software
107    qianming software
Time taken: 40.494 seconds, Fetched: 7 row(s)
hive (apachedb)>
```

图 7.42　cluster by 语句的使用

(6) join 语句

可以使用 join 语句实现多表连接查询,也就是两张表"table_left"和"table_right"可以按照 on 的条件进行连接,"table_left"中的一条记录和"table_right"中的一条记录组成一个新的记录。其包括:

①inner join:内连接,也称为"等值连接"。只有某个值在"table_left"和"table_right"表中同时存在,才连接。

②left outer join:左外连接。"table_left"表中的值无论是否在"table_right"表中,都输出,table_right 表中的值只有在"table_left"表中才输出。

③right outer join:右外连接。与 left outer join 相反,"table_right"表中的所有记录都会输出。

④full outer join:将会输出所有表的所有记录,如果任一表的指定字段没有符合条件的值,就用 NULL 值替换。

⑤left semi join:类似 exists,是 exists 的高效实现。查找"table_left"表中的数据是否在 table_right 中存在,找出存在的数据。

举例说明,首先创建一张新的表"employee_salary",用于存放人员的工资信息。

```
create table if not exists employee_salary(
sid int comment 'salary id',
eid int comment 'employee id',
salary string)
row format delimited
fields terminated by ','
lines terminated by '\n';
```

在本地"/home/apache/data/hive/data"目录下新建文件"salary. txt",内容如下:

```
1,101,5000
2,102,5500
3,103,8000
4,105,7000
5,106,8600
6,107,8800
7,108,6800
```

将"salary. txt"加载到"employee_salary"表中:

```
load data local inpath '/home/apache/data/hive/data/salary. txt' into table
employee_salary;
```

图 7.43 显示的是 employee 表和"employee_salary"表中的数据。

```
hive (apachedb)> select * from employee_salary;
OK
1        101      5000
2        102      5500
3        103      8000
4        105      7000
5        106      8600
6        107      8800
7        108      6800
Time taken: 0.576 seconds, Fetched: 7 row(s)
hive (apachedb)> select * from employee;
OK
107      qianming  male    29       software
101      wanglan   male    23       marketing
102      zhaojuan  femal   32       marketing
103      yangran   femal   25       software
104      lixiao    male    45       administration
105      heyun     male    22       software
106      zhouyang  male    30       software
Time taken: 0.182 seconds, Fetched: 7 row(s)
```

图 7.43 employee 表和 employee_salary 表中的数据

以下为使用不同连接方式查询出人员的工资信息。

1) inner join

查询命令为:

```
select em. id,em. name,s. salary from employee as em join employee_salary as s on
em. id = s. eid;
```

查询结果为：

```
107 qianming 8800
101 wanglan  5000
102 zhaojuan 5500
103 yangran  8000
105 heyun    7000
106 zhouyang 8600
```

2）left outer join

查询命令为：

```
select em. id, em. name, s. salary from employee as em left outer join employee_salary as s
on em. id = s. eid;
```

查询结果为：

```
107 qianming 8800
101 wanglan  5000
102 zhaojuan 5500
103 yangran  8000
104 lixiao   NULL
105 heyun    7000
106 zhouyang 8600
```

从查询结果可以看出，employee 表中被查询字段的值都输出了，"employee_salary" 表中的数据只有在 employee 表中的才输出，且不存在的值使用 NULL 替换。

3）right outer join

查询命令为：

```
select em. id, em. name, s. salary from employee as em right outer join employee_salary as s
on em. id = s. eid;
```

查询结果为：

```
101 wanglan  5000
102 zhaojuan 5500
103 yangran  8000
105 heyun    7000
106 zhouyang 8600
107 qianming 8800
NULL NULL    6800
```

4）full outer join

查询命令为：

```
select em. id, em. name, s. salary from employee as em full outer join employee_salary as
s on em. id = s. eid;
```

查询结果为：

```
101  wanglan   5000
102  zhaojuan  5500
103  yangran   8000
104  lixiao       NULL
105  heyun      7000
106  zhouyang  8600
107  qianming  8800
NULL   NULL    6800
```

5）left semi join

查询命令为：

```
select em. id, em. name from employee as em left semi join employee_salary as s on em. id =
s. eid;
```

相当于：

```
select em. id, em. name from employee as em where em. id in（select s. eid from employee_salary
as s）;
```

查询结果为：

```
107  qianming
101  wanglan
102  zhaojuan
103  yangran
105  heyun
106  zhouyang
```

7.3.5 Hive 聚合函数

Hive 支持聚合函数，用法类似于 SQL 的聚合函数。常用的聚合函数见表 7.3。

表 7.3 Hive 的聚合函数

返回类型	函数名	描　　述
BIGINT	count（ * ）或 count（expr）	计算检索的行数
DOUBLE	sum（col），sum（distinct col）	求和
DOUBLE	avg（col），avg（distinct col）	求平均值
DOUBLE	min（col）	返回列的最小值
DOUBLE	max（col）	返回列的最大值

7.3.6　Hive 自定义函数

Hive 提供了一些如 max 和 min 这类的内置函数,但数量有限。如果这些内置函数无法满足业务需求时,可以通过自定义函数来进行扩展。自定义函数分为三个类别,其分别为:

①UDF(User Defined Function):一进一出。这是普通的用户自定义函数,接受单行输入,并产生单行输出。

②UDAF(User Defined Aggregation Function):聚集函数,多进一出,接受多行输入,并产生单行输出。例如,count、max 和 min。

③UDTF(User Defined Table Generating Function):一进多出,接受单行输入,并产生多行输出。

以编写自定义 UDF 函数为例。Hive 自定义函数的编程过程如下:

①使用 Java 编程创建类,继承"org. apache. hadoop. hive. ql. exec. UDF"。

②重写 evaluate 函数,在 evaluate 函数中编写自定义的函数实现。UDF 必须要有返回类型,可以返回 null,但返回类型不能为 void。

③将自定义的 Java 类打包上传到 Hadoop 集群。

④在 master 节点进入 Hive 客户端,添加 jar 包。

```
hive > add jar jar 的路径;
```

⑤创建临时函数。

```
hive > create temporary function 自定义函数名 as 'java 类全限定名';
```

⑥在 Hive 查询语句中使用自定义函数。

⑦可以销毁临时函数。

```
hive > drop temporary function 函数名;
```

习题 7

一、单选题

1. Hive 建表时,数值列的字段类型选取 decimal(x,y) 与 FLOAT、DOUBLE 的区别,下列说法正确的是(　　)。

　A. decimal(x,y) 是整数,FLOAT、DOUBLE 是小数

　B. FLOAT、DOUBLE 在进行 sum 等聚合运算时,会出现 Java 精度问题

　C. decimal(x,y) 是数值截取函数,FLOAT、DOUBLE 是数据类型

　D. decimal(x, y) 与 FLOAT、DOUBLE 是一样的

2. Hive 查询语言和 SQL 的一个不同之处在于(　　)操作。

　A. Group by　　　　　B. Join　　　　　C. Partition　　　　　D. Union

3. 下列说法正确的是(　　)。

　A. 数据源是数据仓库的基础,通常包含企业的各种内部信息和外部信息

　B. 数据存储及管理是整个数据仓库的核心

C. OLAP 服务器对需要分析的数据按照多维数据模型进行重组、分析,发现数据规律和趋势

D. 前端工具主要功能是将数据可视化展示在前端页面中

4. Hive 定义一个自定义函数类时,需要继承的类是(　　　)。

    A. FunctionRegistry   B. UDF   C. MapReduce   D. Apache

5. Hive 加载数据文件到数据表中的关键语法是(　　　)。

    A. LOAD DATA ［LOCAL］INPATH filepath ［OVERWRITE］INTO TABLE tablename

    B. INSERT DATA ［LOCAL］INPATH filepath ［OVERWRITE］INTO TABLE tablename

    C. LOAD DATA INFILE d：\car. csv APPEND INTO TABLE t_car_temp FIELDS TERMI-NATED BY "，"

    D. LOAD INTO TABLE tablename DATA ［LOCAL］INPATH filepath

6. 按粒度大小的顺序,Hive 数据被分为:数据库、数据表、(　　　)、桶。

    A. 元祖   B. 栏   C. 分区   D. 行

二、判断题

1. Hive 使用 MySQL 作为存储元数据的数据库时,在安装时需要将 MySQL 连接驱动 jar 包拷贝到 lib 目录中。(　　　)

2. sort by 关键字的作用是保证全局有序。(　　　)

3. Hive 的复杂数据类型中,Map 是有序键值对类型,key 值必须为原始类型,value 可以为任意类型。(　　　)

4. Hive 的 String 类型相当于 MySQL 数据库的 varchar 类型,该类型是一个可变长度的字符串,理论上可以存储 2 GB 的字符数。(　　　)

5. 分区表是 Hive 数据模型的最小单元,在 Hive 存储上的体现就是在表的主目录下的一个子文件夹。(　　　)

6. 使用内嵌的 Derby 数据库存储元数据,这种方式是 Hive 的默认安装方式,配置简单,但是一次只能连接一个客户端,适合用来测试,不适合生产环境。(　　　)

7. 雪花模型需要关联多层维度表,这与结构简单的星型模型相比性能较低,通常不使用。(　　　)

8. Hive 默认不支持动态分区功能,需要手动设置动态分区参数开启功能。(　　　)

9. Hive 分区字段不能与已存在字段重复,且分区字段是一个虚拟的字段,它不存放任何数据,该数据来源于装载分区表时所指定的数据文件。(　　　)

10. 数据仓库可以作为实时查询系统的数据库使用,为决策分析提供数据。(　　　)

11. 创建外部表的同时要加载数据文件,数据文件会移动到数据仓库指定的目录下。(　　　)

12. Hive 是一款独立的数据仓库工具,在启动前无须启动任何服务。(　　　)

三、填空题

1. Hive 中所有的数据都存储在 HDFS 中,它包含＿＿＿＿＿＿＿、表、＿＿＿＿＿＿＿、桶表等四种数据类型。

2. 数据仓库是面向＿＿＿＿＿＿＿、集成、＿＿＿＿＿＿＿和时变的数据集合,用于支持管理决策。

3. Hive查询语句"select ceil(2.34)"输出内容是＿＿＿＿＿＿。

4. Hive是建立在＿＿＿＿＿＿上的数据仓库,它能够对数据进行数据提取、＿＿＿＿＿＿和加载。

5. Hive创建桶表关键字为＿＿＿＿＿＿。

6. 数据处理大致可以分为两类:一类是联机事务处理OLTP,另一类是＿＿＿＿＿＿。

7. Hive建表时设置分割字符命令＿＿＿＿＿＿。

8. 数据仓库的结构包含了4部分,即数据源、＿＿＿＿＿＿服务器、数据管理服务器和前端工具。

9. Hive默认元数据存储在＿＿＿＿＿＿数据库中。

四、简答题

1. Hive元数据存储系统中通常存储什么?

2. 简述Hive中内部表与外部表的区别。

3. 简述Hive的排序种类及特点。

4. 简述OLTP与OLAP的作用。

5. Hive的核心是驱动引擎,简述它由哪些部分组成。

6. Hive相对于Oracle来说有哪些优点?

7. 简述Hive与Hadoop之间的工作过程。

8. 创建字段为id、name的用户表,并且以性别gender为分区字段的分区表。

9. 现有表名为"emp"的员工表,其中工资字段为sal,请写出查询员工表总工资额的SQL语句。

10. Hive有哪些方式保存元数据? 各有哪些优缺点?

第 **8** 章
日志采集系统

学习目标：

1. 了解 Flume 的作用；
2. 熟悉 Flume 的运行机制；
3. 掌握 Flume 的安装部署；
4. 熟悉 Flume 的可靠性保证；
5. 熟悉案例——日志采集的编写。

8.1　Flume 的介绍

8.1.1　Flume 概述

Flume 作为 Cloudera 开发的实时日志收集系统，受到了业界的认可与广泛应用。Flume 初始的发行版本被统称为"Flume OG"（original generation），属于 Cloudera。但随着 Flume 功能的扩展，Flume OG 代码工程臃肿、核心组件设计不合理、核心配置不标准等缺点暴露出来，尤其是在 Flume OG 的最后一个发行版本 Flume OG 0.94 中，日志传输不稳定的现象尤为严重，为了解决这些问题，2011 年 10 月，Cloudera 完成了 Flume-728，对 Flume 进行了里程碑式的改动：重构核心组件、核心配置以及代码架构，重构后的版本统称为"Flume NG"（next generation）；改动的另一原因是将 Flume 纳入 Apache 旗下，Cloudera Flume 改名为"Apache Flume"。

Flume 是开源日志系统。Flume 是一个分布式、可靠和高可用的海量日志采集、聚合和传输的系统。支持在日志系统中定制各类数据发送方，用于收集数据；同时，Flume 提供对数据进行简单处理，并写到各种数据接受方（如文本、HDFS、Hbase 等）的能力。

Flume 的数据流由事件（Event）贯穿始终。事件是 Flume 的基本数据单位，它携带日志数据（字节数组形式）并且携带有头信息，这些 Event 由 Agent 外部的 Source 生成，当 Source 捕获事件后会进行特定的格式化，然后 Source 会将事件推入（单个或多个）Channel 中。可以将 Channel 看作是一个缓冲区，它将保存事件直到 Sink 处理完该事件。Sink 负责持久化日志或将事件推向另一个 Source。

　　Flume 具备可靠性,当节点出现故障时,日志能够被传送到其他节点上而不会丢失。Flume 提供了三种级别的可靠性保障,从强到弱依次分别为:End-to-End(收到数据 Agent 首先将 Event 写到磁盘上,当数据传送成功后,再删除;如果数据发送失败,可以重新发送),Store on failure(这也是 Scribe 采用的策略,当数据接收方 Crash 时,将数据写到本地,待恢复后,继续发送),Besteffort(数据发送到接收方后,不会进行确认)。

　　Flume 具备可恢复性的功能需要 Channel 来完成。使用 FileChannel,事件持久化在本地文件系统里。

8.1.2　Flume 运行机制

(1)Flume 的核心概念

　　Flume 以 Agent 为最小的独立运行单位。一个 Agent 就是一个 JVM。单 Agent 由 Source、Sink 和 Channel 三大组件构成,如图 8.1 所示。

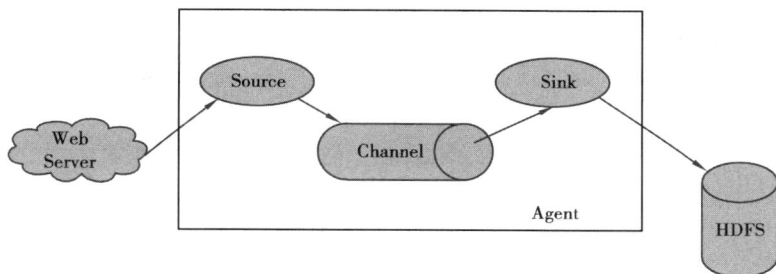

图 8.1　Flume 基础架构

Flume 的核心组件的功能见表 8.1。

表 8.1　Flume 核心组件功能

序　号	组　件	功　能
1	Agent	使用 JVM 运行 Flume。每台机器运行一个 Agent,但是,可以在一个 Agent中包含多个 Sources 和 Sinks
2	Client	生产数据,运行在一个独立的线程
3	Source	从 Client 收集数据,传递给 Channel
4	Sink	从 Channel 收集数据,运行在一个独立线程
5	Channel	连接 Sources 和 Sinks ,这有点像一个队列
6	Events	可以是日志记录、Avro 对象等

　　Flume 的核心是将数据从数据源收集过来,再送到目的地。为了保证输送一定成功,在送到目的地之前,会先缓存数据,待数据真正到达目的地后,再删除缓存的数据。

　　Flume 运行的核心是 Agent。它是一个完整的数据收集工具,含有三个核心组件,分别是 Source、Channel、Sink。通过这些组件,Event 可以从一个地方流向另一个地方。

　　Source 可以接收外部源发送过来的数据。不同的 Source,可以接受不同的数据格式。例如:目录池(spooling directory)数据源,可以监控指定文件夹中的新文件变化,如果目录中有文件产生,就会立刻读取其内容。

Channel 是一个存储池,接收 Source 的输出,直到有 Sink 消费掉 Channel 中的数据。Channel 中的数据直到进入下一个 Channel 中或进入终端,才会被删除。当 Sink 写入失败后,可以自动重启,不会造成数据丢失,因此很可靠。

Sink 会消费 Channel 中的数据,然后送给外部源或其他 Source。例如:数据可以写入到 HDFS 或 HBase 中。

Flume 传输的数据的基本单位是 Event,如果是文本文件,通常是一行记录,这也是事务的基本单位。Event 从 Source 流向 Channel 再到 Sink,本身为一个 Byte 数组,并可携带 headers 信息。Event 代表着一个数据流的最小完整单元,从外部数据源来,向外部的目的地去。

Flume 允许多个 Agent 连在一起,形成前后相连的多级跳。Flume 的多 Agent 架构,如图 8.2 所示。

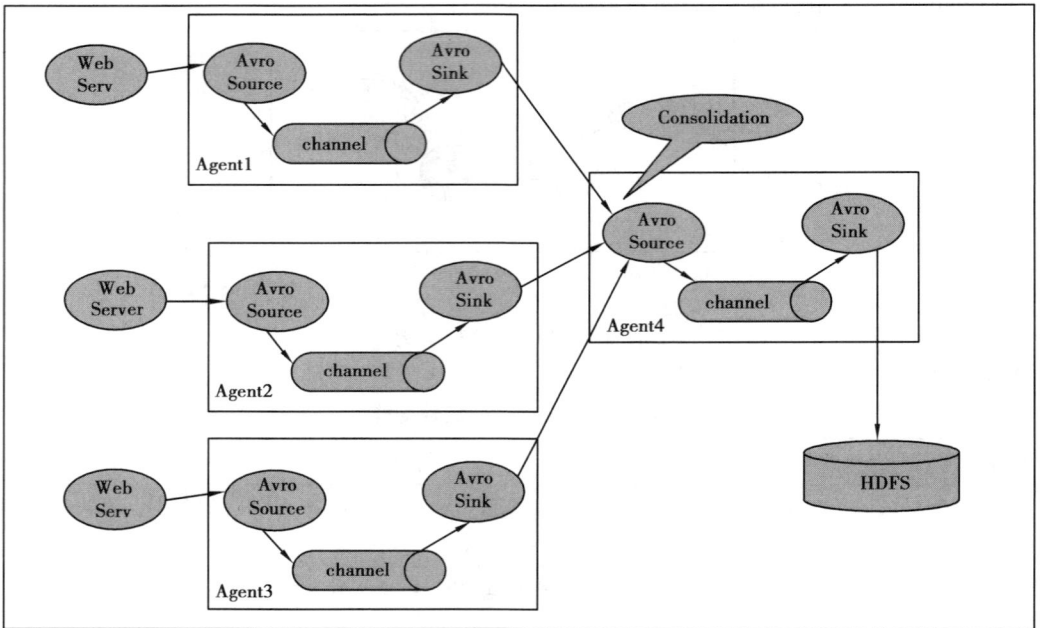

图 8.2 Flume 多 Agent 架构

值得注意的是,Flume 提供了大量内置的 Source、Channel 和 Sink 类型。不同类型的 Source、Channel 和 Sink 可以自由组合。组合方式基于用户设置的配置文件,非常灵活。例如:Channel 可以将事件暂存在内存里,也可以持久化到本地硬盘上。Sink 可以将日志写入 HDFS, HBase,甚至是另外一个 Source 等。Flume 支持用户建立多级流,也就是说,多个 Agent 可以协同工作,并且支持 Fan-in、Fan-out、Contextual Routing、Backup Routes。

(2)Source 概述

Source 负责接收 Events 或通过特殊机制产生 Events,并将 Events 批量放到一个或多个 Channels。Source 有两种类型,分别是驱动和轮询。驱动型 Source 是外部主动发送数据给 Flume,驱动 Flume 接收数据;轮询 Source 是 Flume 周期性地主动去获取数据。Source 必须至少与一个 Channel 关联。Source 有很多的类型,不同的类型的 Source 采集数据源不同,表 8.2

为 Source 的类型与说明。

表 8.2　Source 类型与说明

Source 类型	说　明
Exec Source	执行某个命令或脚本,并将其执行结果的输出作为数据源
Avro Source	提供一个基于 Avro 协议的 Server,Bind 到某个端口上,等待 Avro 协议客户端发过来的数据
Thrift Source	同 Avro,不过传输协议为 Thrift
Http Source	支持 Http 的 Post 发送数据
Syslog Source	采集系统 Syslog
Spooling directory Source	采集本地静态文件
Jms Source	从消息队列获取数据
Kafka Source	从 Kafka 中获取数据

(3)Channel **概述**

Channel 位于 Source 和 Sink 之间, Channel 的作用类似队列,用于临时缓存进来的 Events,当 Sink 成功地将 Events 发送到下一跳的 Channel 或最终目的,Events 从 Channel 移除。不同的 Channel 提供的持久化水平也是不一样的:

①Channels 支持事务,提供较弱的顺序保证,可以连接任何数量的 Source 和 Sink。

②Memory Channel:消息存放在内存中,提供高吞吐,但不提供可靠性;可能丢失数据。

③File Channel:对数据持久化;但是配置较为麻烦,需要配置数据目录和 Checkpoint 目录;不同的 File Channel 均需要配置一个 Checkpoint 目录。

④JDBC Channel:内置的 Derby 数据库,对 Event 进行了持久化,提供高可靠性;可以取代同样具有持久特性的 File Channel。

(4)Sink **概述**

Sink 负责将 Events 传输到下一跳或最终目的,成功完成后将 Events 从 Channel 移除。必须作用于一个确切的 Channel。Sink 也分为很多的类型,表 8.3 为 Sink 的类型与说明。

表 8.3　Sink 类型与说明

Sink 类型	说　明
HDFS Sink	将数据写到 HDFS 上
Avro Sink	使用 Avro 协议将数据发送给下一跳的 Flume
Thift Sink	同 avro,不过传输协议为 thrift
File roll Sink	将数据保存在本地文件系统中
Hbase Sink	将数据写到 hbase 中
Kafka Sink	将数据写入到 Kafka 中
MorphlineSolr Sink	将数据写入到 Solr 中

8.1.3　Flume 日志采集系统结构

(1) 单代理

Flume 可以单节点直接采集数据,主要应用于集群内数据。其单代理基础架构如图 8.3 所示。

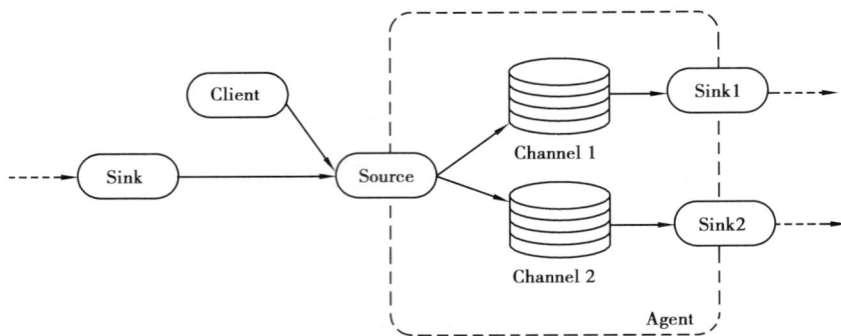

图 8.3　单代理基础架构

(2) 多代理

Flume 可以将多个节点连接起来,将最初的数据源经过收集,存储到最终的存储系统中。主要应用于集群外的数据导入到集群内。Flume 多代理架构如图 8.4 所示。

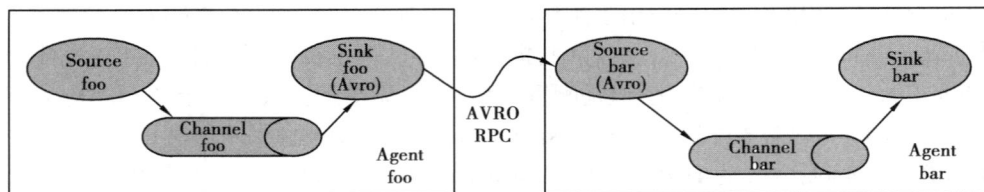

图 8.4　多代理架构

(3) 多路复用

Flume 支持将多个 Flume Agent 级联起来,同时级联节点内部支持数据复制。Flume 级联节点之间的数据传输支持压缩和加密,提升数据传输效率和安全性。这种级联机制是多路复用架构,如图 8.5 所示。Flume 在传输数据过程中,采用事务管理方式,保证传输过程数据不会丢失,增强了数据传输的可靠性,同时缓存在 Channel 中的数据如果采用 File Channel,进程或者节点重启数据不会丢失。Flume 在传输数据过程中,如果下一跳的 Flume 节点故障或者数据接受异常时,可以自动切换到另外一路上继续传输。Flume 在传输数据过程中,可以对数据简单地过滤、清洗,还可以去掉不关心的数据;同时,如果需要对复杂的数据过滤,需要用户根据自己的数据特殊性,开发过滤插件,Flume 支持第三方过滤插件调用。

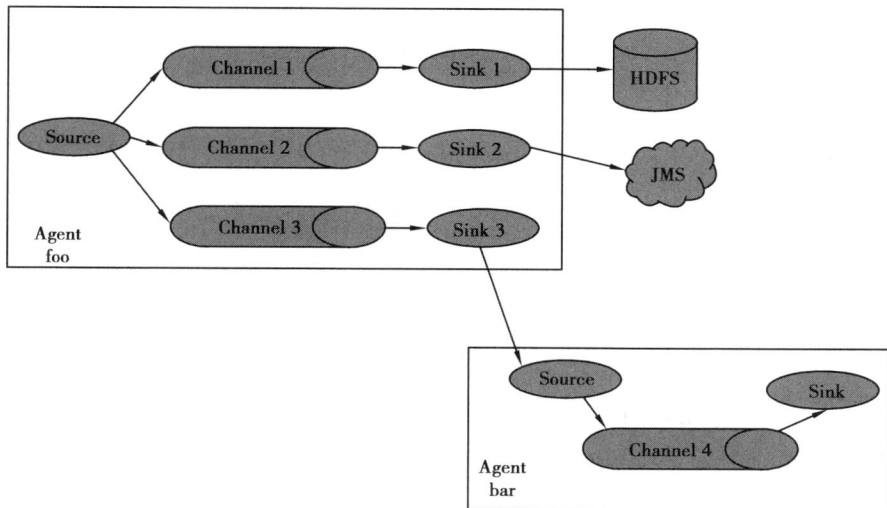

图 8.5　多路复用架构

8.2　Flume 基本使用方法

8.2.1　安装配置

需要将 Flume 安装到每台使用此功能的机器上。

(1)安装软件准备

①Java 运行环境,Java 1.8 或者更高版本。

②具有充分大的内存和磁盘空间的机器。

③分配读写权限。

④Linux 运行环境。

(2)安装相关软件

1)安装 JDK

下载 JDK 之后解压在相关目录下面。安装 JDK 之后,然后右键单击“我的电脑”,在快捷菜单中单击“属性”后,在出现的页面中找到“高级系统设置”并单击,进入“系统属性”对话框,单击“环境变量”,找到原本就有的 Path 变量单击“编辑”,然后更改 Path 变量值,直接添加“D:\jdk\bin;”。更改完成后测试:单击“开始”按钮,在搜索文件框中输“CMD”,进入 Dos 对话框,键入“java -version”,可以查看到当前 JDK 的版本信息。

2)安装 Flume

从官方网站上下载最新的二进制包,因本安装示例采用的 Flume 为 1.6.0 版本,所以下载的安装文件为“apache-flume-1.6.0-bin.tar.gz”。

①将文件上传至服务器上,进行解压操作。

```
$ tar -zxvf apache-flume-1.6.0-bin. tar. gz -C /opt
$ mv /opt/apache-flume-1.6.0-bin /opt/apache-flume-1.6.0
$ ln -s /opt/apache-flume-1.6.0 /opt/flume
```

②修改配置文件。

```
$ cp /opt/flume/conf/flume-env. ps1. template /opt/flume/conf/flume-env. sh
$ chmod 777 /opt/flume/conf/flume-env. sh
$ vi /opt/flume/conf/flume-env. sh
```

③在"flume-env. sh"配置文件中,新增如下的配置参数。

```
export JAVA_HOME = /opt/jdk
export JAVA_OPTS = " -Xms256m -Xmx2014m -Dcom. sun. management. jmxremote"
```

④通过查看 Flume 版本信息,验证安装是否成功。

```
$ /opt/flume/bin/flume-ng version
```

注意:所有 Flume 服务器均需要完成上述安装配置。

3)配置 Flume

①Agent 配置

```
$ vi /opt/flume/conf/agent. conf
```

在此文件中,配置如下:

```
agent. channels  =  ch_file
agent. sources  =  so_exec
agent. sinks  =  si_avro1 si_avro2


agent. sinkgroups  =  sg_collector
agent. sinkgroups. sg_collector. sinks  =  si_avro1 si_avro2
agent. sinkgroups. sg_collector. processor. type  =  load_balance
agent. sinkgroups. sg_collector. processor. selector  =  round_robin
agent. sinkgroups. sg_collector. processor. backoff  =  true


agent. channels. ch_file. type  =  file
agent. channels. ch_file. keep-alive  =  10
agent. channels. ch_file. write-timeout  =  10
agent. channels. ch_file. useDualCheckpoints  =  true
agent. channels. ch_file. checkpointDir  =  /data/flume/checkpoint
agent. channels. ch_file. backupCheckpointDir  =  /data/flume/checkpoint2
```

```
agent. channels. ch_file. dataDirs  =  /data/flume/data

agent. sources. so_exec. type  =  exec
agent. sources. so_exec. channels  =  ch_file
agent. sources. so_exec. command  =  tail -f /var/log/apache2/access. log

agent. sinks. si_avro1. type  =  avro
agent. sinks. si_avro1. channel  =  ch_file
agent. sinks. si_avro1. hostname  =  hdfs2
agent. sinks. si_avro1. port  =  41414

agent. sinks. si_avro2. type  =  avro
agent. sinks. si_avro2. channel  =  ch_file
agent. sinks. si_avro2. hostname  =  hdfs3
agent. sinks. si_avro2. port  =  41414
```

②Collector 配置

```
$ vi /opt/flume/conf/agent. conf
```

在此文件中,配置如下:

```
server. sources  =  so_avro
server. sinks  =  si_hdfs
server. channels  =  ch_file

server. sources. so_avro. type  =  avro
server. sources. so_avro. channels  =  ch_file
server. sources. so_avro. bind  =  0. 0. 0. 0
server. sources. so_avro. port  =  41414

server. sinks. si_hdfs. type  =  hdfs
server. sinks. si_hdfs. channel  =  ch_file
server. sinks. si_hdfs. hdfs. path  =  /logs/web/apache/% Y% m% d
server. sinks. si_hdfs. hdfs. rollInterval  =  3600
server. sinks. si_hdfs. hdfs. fileType  =  DataStream
server. sinks. si_hdfs. hdfs. rollSize  =  0
server. sinks. si_hdfs. hdfs. rollCount  =  0
server. sinks. si_hdfs. hdfs. useLocalTimeStamp  =  true
server. sinks. si_hdfs. hdfs. filePrefix  =  log
server. sinks. si_hdfs. hdfs. inUseSuffix  =  . tmp
server. sinks. si_hdfs. hdfs. idleTimeout  =  300
```

```
server. channels. ch_file. type  =  file
server. channels. ch_file. keep-alive  =  10
server. channels. ch_file. write-timeout  =  10
server. channels. c1. useDualCheckpoints  =  true
server. channels. ch_file. checkpointDir  =  /data/flume/checkpoint
server. channels. ch_file. backupCheckpointDir  =  /data/flume/checkpoint2
server. channels. ch_file. dataDirs  =  /data/flume/data
```

重要参数解释：

"hdfs. rollSize = 100000 #"：每 10 KB 滚动生成一个新的文件，"0"表示不基于文件大小滚动。

"hdfs. rollInterval = 0 #"：基于时间滚动生成新文件，"0"表示不基于时间(s)滚动。

"hdfs. idleTimeout = 300 #"：300 s 后这个文件还没有被写满数据，就会关闭它。

"hdfs. batchSize = 10 #"：批量提交大小，10 次提交才写文件。

4）启动 Flume

通过如下语句，启动 Agent 服务。

```
$ /opt/flume/bin/flume-ng agent -f /opt/flume/conf/agent. conf -n agent -Dflume. root. logger =
INFO, console
```

通过如下语句，启动 Collector 服务。

```
$ /opt/flume/bin/flume-ng agent -f /opt/flume/conf/server. conf -n server -Dflume. root. log-
ger = INFO, console
```

每一个 Flume 服务称为一个 Agent。

5）查看 HDFS 输出文件

查看 HDFS 输出文件，下载日志文件，并查看日志目录。

```
$ hdfs dfs -ls /logs/web/apache
$ hdfs dfs -ls /logs/web/apache/20160104
下载日志文件
$ hdfs dfs -get /logs/web/apache/20160104/log. 1451886008479
```

8.2.2　入门使用

Flume 单代理运行案例，实现方法如下：

①找到配置文件 example. conf 并编写。

```
# example. conf：A single-node Flume configuration

# Name the components on this agent
a1. sources  =  r1
a1. sinks  =  k1
a1. channels  =  c1
```

```
# Describe/configure the source
a1. sources. r1. type  =  netcat
a1. sources. r1. bind  =  localhost
a1. sources. r1. port  =  44444


# Describe the sink
a1. sinks. k1. type  =  logger


# Use a channel which buffers events in memory
a1. channels. c1. type  =  memory
a1. channels. c1. capacity  =  1000
a1. channels. c1. transactionCapacity  =  100


# Bind the source and sink to the channel
a1. sources. r1. channels  =  c1
a1. sinks. k1. channel  =  c1
```

②启动 Flume 命令如下：

```
flume-ng agent -n a1 -c conf -f example. conf
```

③再启动一个终端,输入如下命令：

```
 $ telnet localhost 44444
Trying 127. 0. 0. 1…
Connected to localhost. localdomain（127. 0. 0. 1）.
Escape character is '^]'.
Hello world！ <ENTER>
OK
```

④可见 Flume 输出如下：

```
12/06/19 15:32:19 INFO source. NetcatSource: Source starting
12/06/19 15:32:19 INFO source. NetcatSource: Created serverSocket:sun. nio. ch. Server-
SocketChannelImpl[/127. 0. 0. 1:44444]
12/06/19 15:32:34 INFO sink. LoggerSink: Event: { headers:{} body: 48 65 6C 6C 6F 20
77 6F 72 6C 64 21 0D                Hello world！. }
```

8. 3　Flume 采集方案配置说明

8. 3. 1　Flume Sources

(1)Avro Sources

Avro 是一个数据序列化的系统,Flume 通过监听 Avro 端口,从外部 Avro Client 获取

Events,配置文件格式如下:

```
a1. sources  =  r1
a1. channels  =  c1
a1. sources. r1. type  =  avro
a1. sources. r1. channels  =  c1
a1. sources. r1. bind  =  0. 0. 0. 0
a1. sources. r1. port  =  4141
```

(2) Exec Sources

此源启动运行一个给定的 Unix 命令,预计这一过程中不断产生标准输出的数据。如果出于任何原因的进程退出时,源也退出,并不会产生任何进一步的数据。

配置文件格式如下:

```
exec-agent. sources  =  tail
exec-agent. channels  =  memoryChannel-1
exec-agent. sinks  =  logger

exec-agent. sources. tail. type  =  exec
exec-agent. sources. tail. command  =  tail -f /var/log/secure
```

该例子中,会首先启动"tail -f /var/log/secure"命令,然后有数据产生时就会不断地收集数据。

(3) Netcat Sources

一个 Netcat 在某一端口上侦听,每一行文字变成一个事件源。行为像"nc -k -l [主机][端口]"。换句话说,它打开一个指定端口,侦听数据。所提供的数据是换行符分隔的文本,每一行文字变成 Flume 事件,并通过连接通道发送。

(4) Syslog TCP Sources

用于监控 TCP 端口信息,可以用来接收 Socket 通信通过 TCP 发过来的信息。其格式如下:

```
a1. sources  =  r1
a1. channels  =  c1
a1. sources. r1. type  =  syslogtcp
a1. sources. r1. port  =  5140
a1. sources. r1. host  =  localhost
a1. sources. r1. channels  =  c1
```

(5) Syslog UDP Sources

用于监控 UDP 端口信息,可以用来接收 Socket 通信通过 TCP 发过来的信息。其格式如下:

```
a1.sources = r1
a1.channels = c1
a1.sources.r1.type = syslogudp
a1.sources.r1.port = 5140
a1.sources.r1.host = localhost
a1.sources.r1.channels = c1
```

（6）Spooling directory Source

将要收集的文件放入磁盘上的某个指定目录,它会监听这个目录中产生的新文件,并在新文件出现时从新文件中解析数据出来。其配置格式如下:

```
# Name the components on this agent
agent-1.sinks = k1
agent-1.channels = ch-1
agent-1.sources = src-1


# Describe/configure the source
agent-1.sources.src-1.type = spooldir
agent-1.sources.src-1.channels = ch-1
agent-1.sources.src-1.spoolDir = /home/storm/test
agent-1.sources.src-1.fileHeader = true


# Describe the sink
agent-1.sinks.k1.type = hdfs
agent-1.sinks.k1.hdfs.path = hdfs://192.168.2.238:9000/user/hadoop/input
agent-1.sinks.k1.hdfs.filePrefix = events-
agent-1.sinks.k1.hdfs.fileType = DataStream


# Use a channel which buffers events in memory
agent-1.channels.ch-1.type = memory
agent-1.channels.ch-1.capacity = 1000
agent-1.channels.ch-1.transactionCapacity = 100


# Bind the source and sink to the channel
agent-1.sources.src1.channels = ch-1
agent-1.sinks.k1.channel = ch-1[storm@ vsphere5 conf]$
```

8.3.2　Flume Channels

（1）Memory Channel

将内存空间存储 Sources 收集到的数据,其配置如下:

```
a1. channels = c1
a1. channels. c1. type = memory
a1. channels. c1. capacity = 10000
a1. channels. c1. transactionCapacity = 10000
a1. channels. c1. byteCapacityBufferPercentage = 20
a1. channels. c1. byteCapacity = 800000
```

（2）JDBC Channel

将数据库来存储 Sources 收集到的数据，目前支持 Derby 数据库，其配置如下：

```
a1. channels = c1
a1. channels. c1. type = jdbc
a1. channels. c1. driver. url = * *        # jdbc url 连接
```

（3）File Channel

将文件当作 Channel 存储中间数据，其配置如下：

```
a1. channels = c1
a1. channels. c1. type = file
a1. channels. c1. checkpointDir = /mnt/flume/checkpoint   #检查文件需要放的地方
a1. channels. c1. dataDirs = /mnt/flume/data              #日志文件存放的位置
```

8.3.3　Flume Sinks

（1）HDFS Sinks

将 HDFS 存储 Channel 里面的信息，其配置如下：

```
a1. channels = c1
a1. sinks = k1
a1. sinks. k1. type = hdfs
a1. sinks. k1. channel = c1
a1. sinks. k1. hdfs. path = /flume/events/% y-% m-% d/% H% M/% S
a1. sinks. k1. hdfs. filePrefix = events-
a1. sinks. k1. hdfs. round = true
a1. sinks. k1. hdfs. roundValue = 10
a1. sinks. k1. hdfs. roundUnit = minute
```

（2）Logger Sinks

将接收到的信息显示在控制台，其配置如下：

```
a1. channels = c1
a1. sinks = k1
a1. sinks. k1. type = logger
a1. sinks. k1. channel = c1
```

（3）File Roll Sinks

将消息存储在本地文件中，其配置说明如下：

```
a1. channels = c1
a1. sinks = k1
a1. sinks. k1. type = file_roll
a1. sinks. k1. channel = c1
a1. sinks. k1. sink. directory = /var/log/flume        #文件存储的路径
a1. sinks. k1. sink. rollInterval = 30                 #多长时间写出一次
a1. sinks. k1. sink. serializer = TEXT                 #写出格式
```

（4）Hbase Sinks

将消息写入 Hbase 数据库中，配置说明如下：

```
a1. channels = c1
a1. sinks = k1
a1. sinks. k1. type = hbase
a1. sinks. k1. table = foo_table
a1. sinks. k1. columnFamily = bar_cf
a1. sinks. k1. serializer = org. apache. flume. sink. hbase. RegexHbaseEventSerializer
a1. sinks. k1. channel = c1
```

8.4　Flume 的可靠性保证

在 Flume 的使用中，配置的采集方案是通过唯一一个 Sink 作为接收器来接收后续需要的数据，但是，有时会出现当前 Sink 故障或数据收集请求量较大的情况，这时单一的 Sink 配置可能就无法保证 Flume 开发的可靠性。为此，Flume 提供了 Flume Sink Processors 来解决上述问题。

Sink 处理器允许开发者定义一个 Sink Groups（接收器），将多个 Sink 分组到一个实体中，这样 Sink 处理器就可以通过组内的多个 Sink 为服务提供负载均衡功能，或者是在某个 Sink 出现短暂的故障时，实现从一个 Sink 到一个 Sink 的故障转移。

8.4.1　Flume 负载均衡

负载均衡接收器处理器提供了在多个 Sink 上进行负载均衡流量的功能，维护了一个活跃的 Sink 索引列表，必须在其上分配负载。负载均衡接收器处理器支持使用轮询和随机选择机制进行流量分配，其默认选择机制为轮询，但可以通过配置修改。

在使用时，选择器会根据配置的选择机制选择下一个可用的 Sink 并进行调用，对于轮询和随机两种选择机制，如果所选的 Sink 无法收集 Event，则处理器会通过其配置的选择机制选择下一个可用的 Sink；如果所有的 Sink 都调用失败，则选择器将故障传播到接收器运行器。

如果启用了 backoff 属性，则 Sink 处理器会将失败的 Sink 列入黑名单。当超时结束时，如果 Sink 仍然没有响应，则超时会呈指数级增加，以避免在无响应的 Sink 上长时间等待。在轮询机制下，禁用 backoff 功能会导致所有失败的 Sink 被传递到 Sink 队列的下一个 Sink 后，因此

195

不再均衡。

8.4.2 故障转移

Flume 在传输数据过程中,如果下一跳的 Flume 节点故障或数据接受异常时,可以自动切换到另外一支路上继续传输。故障转移流程如图 8.6 所示。

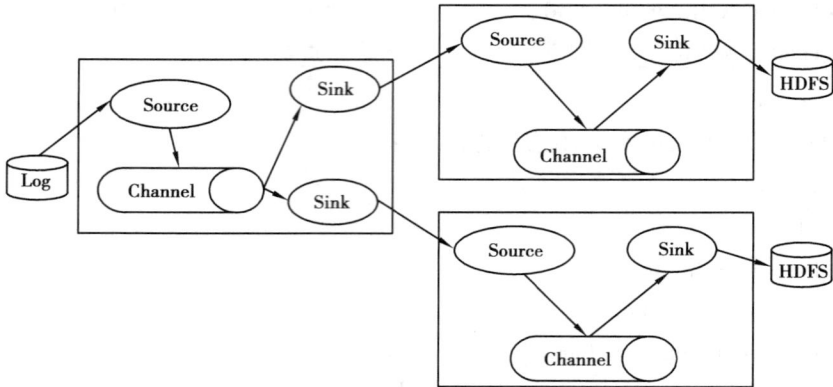

图 8.6 故障转移流程

8.5 Flume 拦截器

Flume 在传输数据过程中可以对数据进行简单的过滤和清洗,也可以去掉不关心的数据;同时,如果需要对复杂的数据过滤,则需要用户根据自己的数据特殊性开发过滤插件。

Flume 中的拦截器是插件式的组件,作用在 Source 与 Channel 之间,可以实现 Source 接收的事件在写入 Channel 之前,进行转换或者删除。Flume 官方提供了一些常用的拦截器,也可以自定义拦截器对日志进行处理。Flume 拦截器具体流程如图 8.7 所示。

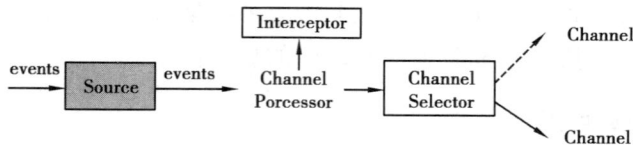

图 8.7 Flume 拦截器具体流程图

Flume 提供并支持的 Flume 拦截器有很多,以下选取其中常用的几种进行介绍。

(1)时间戳拦截器

时间戳拦截器是 Flume 中一个经常使用的拦截器,该拦截器的作用是将流程执行的时间插入 Flume 的事件报头中。此拦截器插入带有时间戳键的键名,其值为对应的时间戳。当配置中已经存在时间戳时,此拦截器可以保留现有的时间戳。

(2)静态拦截器

静态拦截器允许用户将具有静态值的静态头附加到所有的事件中。当前实现不支持一次指定多个头,但用户可以定义多个静态拦截器来为每一个拦截器都追加一个头。

（3）查询和替换拦截器

查询和替换拦截器基于 Java 正则表达式提供了简单的用于字符串的搜索和替换功能，同时还具有进行回溯或者群组捕捉的功能。此拦截器的使用与 Java Matcher. replaceAll（）方法具有相同的规则。

在实际开发中，官方提供的这些拦截器也许不能满足开发需求，这时需要自定义 Flume 拦截器。在自定义拦截器中定义相关属性和拦截方法，同时在采集方案中引入配置即可。

8.6　案例——日志采集

8.6.1　数据抽取实时显示

目标：Flume 监控一端 Console，另一端 Console 发送消息，使被监控端实时显示。

分步实现：

1）创建 Flume Agent 配置文件"flume-telnet. conf"

```
# Name the components on this agent
a1. sources  =  r1
a1. sinks  =  k1
a1. channels  =  c1

# Describe/configure the source
a1. sources. r1. type  =  netcat
a1. sources. r1. bind  =  localhost
a1. sources. r1. port  =  44444

# Describe the sink
a1. sinks. k1. type  =  logger

# Use a channel which buffers events in memory
a1. channels. c1. type  =  memory
a1. channels. c1. capacity  =  1000
a1. channels. c1. transactionCapacity  =  100

# Bind the source and sink to the channel
a1. sources. r1. channels  =  c1
a1. sinks. k1. channel  =  c1
```

2）安装 Telnet 工具

```
$ sudo rpm -ivh telnet-server-0.17-59.el7.x86_64.rpm
$ sudo rpm -ivh telnet-0.17-59.el7.x86_64.rpm
```

3）判断"44444"端口是否被占用

```
$ netstat -an | grep 44444
```

4）先开启 Flume 监听端口

```
$ bin/flume-ng agent --conf conf/ --name a1 --conf-file conf/flume-telnet.conf -Dflume.root.logger==INFO,console
```

5）使用 Telnet 工具向本机的"44444"端口发送内容

```
$ telnet localhost 44444
```

8.6.2　Hive 日志上传 HDFS

目标：实时监控 Hive 日志，并上传到 HDFS 中。

分步实现：

1）复制 Hadoop 相关 jar 到 Flume 的 lib 目录下

```
$ cp share/hadoop/common/lib/hadoop-auth-2.5.0-cdh5.3.6.jar ./lib/
$ cp share/hadoop/common/lib/commons-configuration-1.6.jar ./lib/
$ cp share/hadoop/mapreduce1/lib/hadoop-hdfs-2.5.0-cdh5.3.6.jar ./lib/
$ cp share/hadoop/common/hadoop-common-2.5.0-cdh5.3.6.jar ./lib/
$ cp ./share/hadoop/hdfs/lib/htrace-core-3.1.0-incubating.jar ./lib/
$ cp ./share/hadoop/hdfs/lib/commons-io-2.4.jar ./lib/
```

2）创建"flume-hdfs.conf"文件

```
# Name the components on this agent
a2.sources = r2
a2.sinks = k2
a2.channels = c2

# Describe/configure the source
a2.sources.r2.type = exec
a2.sources.r2.command = tail -F
/home/admin/modules/apache-flume-1.7.0-bin/my_custom_logs.txt
a2.sources.r2.shell = /bin/bash -c

# Describe the sink
a2.sinks.k2.type = hdfs
a2.sinks.k2.hdfs.path = hdfs://linux01:8020/flume/%Y%m%d/%H
#上传文件的前缀
```

```
a2.sinks.k2.hdfs.filePrefix = logs-
#是否按照时间滚动文件夹
a2.sinks.k2.hdfs.round = true
#多少时间单位创建一个新的文件夹
a2.sinks.k2.hdfs.roundValue = 1
#重新定义时间单位
a2.sinks.k2.hdfs.roundUnit = hour
#是否使用本地时间戳
a2.sinks.k2.hdfs.useLocalTimeStamp = true
#积攒多个 Event 后 flush 到 HDFS 一次
a2.sinks.k2.hdfs.batchSize = 1000
#设置文件类型,可支持压缩
a2.sinks.k2.hdfs.fileType = DataStream
#多久生成一个新的文件
a2.sinks.k2.hdfs.rollInterval = 600
#设置每个文件的滚动大小
a2.sinks.k2.hdfs.rollSize = 134217700
#文件的滚动与 Event 数量无关
a2.sinks.k2.hdfs.rollCount = 0
#最小冗余数
a2.sinks.k2.hdfs.minBlockReplicas = 1


# Use a channel which buffers events in memory
a2.channels.c2.type = memory
a2.channels.c2.capacity = 1000
a2.channels.c2.transactionCapacity = 100


# Bind the source and sink to the channel
a2.sources.r2.channels = c2
a2.sinks.k2.channel = c2
```

3）执行监控配置

```
$ bin/flume-ng agent --conf conf/ --name a2 --conf-file conf/flume-hdfs.conf
```

8.6.3　监听文件夹文件动态

目标:使用 Flume 监听整个目录的文件动态,将变化传到 Sink。

分步实现:

1）创建配置文件"flume-dir. conf"

```
a3. sources  =  r3
a3. sinks  =  k3
a3. channels  =  c3


# Describe/configure the source
a3. sources. r3. type  =  spooldir
a3. sources. r3. spoolDir  =  /home/admin/modules/apache-flume-1. 7. 0-bin/upload
a3. sources. r3. fileHeader  =  true
#忽略所有以. tmp 结尾的文件,不上传
a3. sources. r3. ignorePattern  =  ([^ ] * \. tmp)


# Describe the sink
a3. sinks. k3. type  =  hdfs
a3. sinks. k3. hdfs. path  =  hdfs://linux01:8020/flume/upload/% Y% m% d/% H
#上传文件的前缀
a3. sinks. k3. hdfs. filePrefix  =  upload-
#是否按照时间滚动文件夹
a3. sinks. k3. hdfs. round  =  true
#多少时间单位创建一个新的文件夹
a3. sinks. k3. hdfs. roundValue  =  1
#重新定义时间单位
a3. sinks. k3. hdfs. roundUnit  =  hour
#是否使用本地时间戳
a3. sinks. k3. hdfs. useLocalTimeStamp  =  true
#积攒多个 Event 后 flush 到 HDFS 一次
a3. sinks. k3. hdfs. batchSize  =  1000
#设置文件类型,可支持压缩
a3. sinks. k3. hdfs. fileType  =  DataStream
#多久生成一个新的文件
a3. sinks. k3. hdfs. rollInterval  =  600
#设置每个文件的滚动大小
a3. sinks. k3. hdfs. rollSize  =  134217700
#文件的滚动与 Event 数量无关
a3. sinks. k3. hdfs. rollCount  =  0
#最小冗余数
a3. sinks. k3. hdfs. minBlockReplicas  =  1


# Use a channel which buffers events in memory
```

```
a3. channels. c3. type  =  memory
a3. channels. c3. capacity  =  1000
a3. channels. c3. transactionCapacity  =  100


# Bind the source and sink to the channel
a3. sources. r3. channels  =  c3
a3. sinks. k3. channel  =  c3
```

2）执行测试

```
$ bin/flume-ng agent --conf conf/ --name a3 --conf-file conf/flume-dir. conf &
```

注意：在使用 Spooling directory Source 时，不要在监控目录中创建并持续修改文件，上传完成的文件会以". COMPLETED"结尾，被监控文件夹每 600 ms 扫描一次文件变动。

8.6.4　多 Agent 数据传递

(1)案例场景

A、B 两台日志服务器实时产生日志主要类型为 access. log、nginx. log、web. log 现在要求：将 A、B 服务器中的 access. log、nginx. log、web. log 采集汇总到 C 机器上然后统一收集到 HDFS 中。场景分析如图 8.8 所示。在 HDFS 中要求的目录为：

/source/logs/access/20160101/ ∗ ∗

/source/logs/nginx/20160101/ ∗ ∗

/source/logs/web/20160101/ ∗ ∗

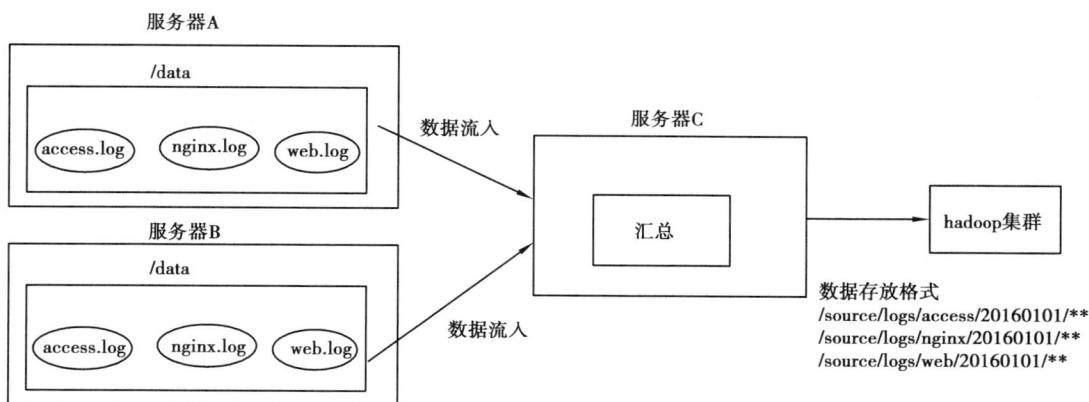

图 8.8　场景分析

(2)数据流程处理分析

将 A、B 两台服务器上的日志作为 Source 提取到各自的 Flume Agent 的 Channel 中，然后采用 Avro Sink 的特性，级联提取到服务器 C 的 Avro Source 中。在服务器 C 中再通过 Memory Channel 收集到 HDFS 中。数据流程处理分析如图 8.9 所示。

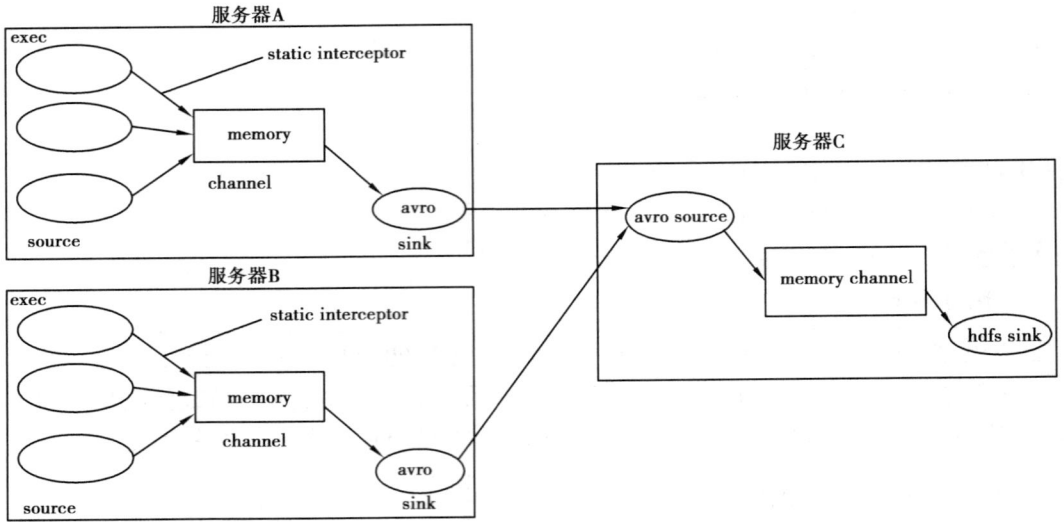

图8.9　数据流程处理分析

(3)案例实现

①设置 A、B、C 三台服务器的 IP 地址如下：

服务器 A 对应的 IP 为 192.168.200.102

服务器 B 对应的 IP 为 192.168.200.103

服务器 C 对应的 IP 为 192.168.200.101

②在服务器 A 和服务器 B 上的"$FLUME_HOME/conf"创建配置文件"exec_source_avro_sink.conf"文件内容为：

```
# Name the components on this agent
a1. sources  =  r1 r2 r3
a1. sinks  =  k1
a1. channels  =  c1


# Describe/configure the source
a1. sources. r1. type  =  exec
a1. sources. r1. command  =  tail -F /root/data/access. log
a1. sources. r1. interceptors  =  i1
a1. sources. r1. interceptors. i1. type  =  static
##  static 拦截器的功能就是往采集到的数据的 header 中插入自己定义的 key-value 对##
a1. sources. r1. interceptors. i1. key  =  type
a1. sources. r1. interceptors. i1. value  =  access


a1. sources. r2. type  =  exec
a1. sources. r2. command  =  tail -F /root/data/nginx. log
a1. sources. r2. interceptors  =  i2
```

```
a1.sources.r2.interceptors.i2.type = static
a1.sources.r2.interceptors.i2.key = type
a1.sources.r2.interceptors.i2.value = nginx


a1.sources.r3.type = exec
a1.sources.r3.command = tail -F /root/data/web.log
a1.sources.r3.interceptors = i3
a1.sources.r3.interceptors.i3.type = static
a1.sources.r3.interceptors.i3.key = type
a1.sources.r3.interceptors.i3.value = web


# Describe the sink
a1.sinks.k1.type = avro
a1.sinks.k1.hostname = 192.168.200.101
a1.sinks.k1.port = 41414


# Use a channel which buffers events in memory
a1.channels.c1.type = memory
a1.channels.c1.capacity = 20000
a1.channels.c1.transactionCapacity = 10000


# Bind the source and sink to the channel
a1.sources.r1.channels = c1
a1.sources.r2.channels = c1
a1.sources.r3.channels = c1
a1.sinks.k1.channel = c1
```

③在服务器 C 上的"$FLUME_HOME/conf"创建配置文件"avro_source_hdfs_sink.conf"文件内容为。

```
#定义 agent 名，source、channel、sink 的名称
a1.sources = r1
a1.sinks = k1
a1.channels = c1


#定义 source
a1.sources.r1.type = avro
a1.sources.r1.bind = 0.0.0.0
a1.sources.r1.port =41414
```

```
#添加时间拦截器
a1. sources. r1. interceptors  =  i1
a1. sources. r1. interceptors. i1. type
org. apache. flume. interceptor. TimestampInterceptor$Builder


#定义 channels
a1. channels. c1. type  =  memory
a1. channels. c1. capacity  =  20000
a1. channels. c1. transactionCapacity  =  10000


#定义 sink
a1. sinks. k1. type  =  hdfs
a1. sinks. k1. hdfs. path = hdfs://192. 168. 200. 101:9000/source/logs/%{type}/%Y%m%d
a1. sinks. k1. hdfs. filePrefix  = events
a1. sinks. k1. hdfs. fileType  =  DataStream
a1. sinks. k1. hdfs. writeFormat  =  Text
#时间类型
a1. sinks. k1. hdfs. useLocalTimeStamp  =  true
#生成的文件不按条数生成
a1. sinks. k1. hdfs. rollCount  =  0
#生成的文件按时间生成
a1. sinks. k1. hdfs. rollInterval  =  30
#生成的文件按大小生成
a1. sinks. k1. hdfs. rollSize   =  10485760
#批量写入 hdfs 的个数
a1. sinks. k1. hdfs. batchSize  =  10000
flume 操作 hdfs 的线程数(包括新建、写入等)
a1. sinks. k1. hdfs. threadsPoolSize = 10
#操作 hdfs 超时时间
a1. sinks. k1. hdfs. callTimeout = 30000


#组装 source、channel、sink
a1. sources. r1. channels  =  c1
a1. sinks. k1. channel  =  c1
```

④配置完成之后,在服务器 A 和 B 上的"/root/data"有数据文件 access. log、nginx. log、web. log。先启动服务器 C 上的 Flume,在 Flume 安装目录下执行。

```
bin/flume-ng agent -c conf -f conf/avro_source_hdfs_sink. conf -name a1 -Dflume. root. logger =
DEBUG,console
```

⑤启动服务器 A 和 B 上的 Flume,在 Flume 安装目录下执行如下命令。

```
bin/flume-ng agent -c conf -f conf/exec_source_avro_sink. conf -name a1 -Dflume. root. logger =
DEBUG,console
```

8.6.5　自定义拦截器

(1)背景介绍

Flume 支持在日志系统中定制各类数据发送方,用于收集数据;同时,Flume 能够对数据进行简单处理,并写到各自数据接收方。Flume 有各种自带的拦截器,比如:TimestampInterceptor、HostInterceptor、RegexExtractorInterceptor 等,通过使用不同的拦截器,实现不同的功能。但是,以上这些拦截器,不能改变原有日志数据的内容,或者对日志信息添加一定的处理逻辑。

(2)自定义拦截器

根据实际业务的需求,为了更好地满足数据在应用层的处理,通过自定义 Flume 拦截器,过滤掉不需要的字段,并对指定字段加密处理,将源数据进行预处理。减少了数据的传输量,降低了存储的开销。

(3)案例实现

1)自定义拦截器

编写 Java 代码,其内容包括:

①定义一个类 CustomParameterInterceptor 实现 Interceptor 接口。在 CustomParameterInterceptor 类中定义变量,这些变量是需要到 Flume 的配置文件中进行配置使用的。

②添加 CustomParameterInterceptor 的有参构造方法,并对相应的变量进行处理。将配置文件中传过来的 unicode 编码转换为字符串。

③写具体的要处理的逻辑 Intercept()方法,一个是单个处理,另一个是批量处理。

④接口中定义了一个内部接口 Builder,在 configure 方法中,进行一些参数配置。通过其 Builder 方法,返回一个 CustomParameterInterceptor 对象。

⑤定义一个静态类,类中封装 MD5 加密方法。

⑥通过以上步骤,自定义拦截器的代码开发已完成,然后打包成 jar 放到 Flume 的根目录下的 lib 中运行即可。

2)修改 Flume 的配置信息

①新增配置文件"spool-interceptor-hdfs. conf",其内容为:

```
a1. channels = c1
a1. sources = r1
a1. sinks = s1

#channel
a1. channels. c1. type = memory
a1. channels. c1. capacity =100000
```

```
a1.channels.c1.transactionCapacity = 50000

#source
a1.sources.r1.channels = c1
a1.sources.r1.type = spooldir
a1.sources.r1.spoolDir = /root/data/
a1.sources.r1.batchSize = 50
a1.sources.r1.inputCharset = UTF-8

a1.sources.r1.interceptors = i1 i2
a1.sources.r1.interceptors.i1.type
= cn.itcast.interceptor.CustomParameterInterceptor$Builder
a1.sources.r1.interceptors.i1.fields_separator = \\u0009
a1.sources.r1.interceptors.i1.indexs = 0,1,3,5,6
a1.sources.r1.interceptors.i1.indexs_separator = \\u002c
a1.sources.r1.interceptors.i1.encrypted_field_index = 0

a1.sources.r1.interceptors.i2.type
org.apache.flume.interceptor.TimestampInterceptor$Builder

#sink
a1.sinks.s1.channel = c1
a1.sinks.s1.type = hdfs
a1.sinks.s1.hdfs.path = hdfs://192.168.200.101:9000/flume/%Y%m%d
a1.sinks.s1.hdfs.filePrefix = event
a1.sinks.s1.hdfs.fileSuffix = .log
a1.sinks.s1.hdfs.rollSize = 10485760
a1.sinks.s1.hdfs.rollInterval = 20
a1.sinks.s1.hdfs.rollCount = 0
a1.sinks.s1.hdfs.batchSize = 1500
a1.sinks.s1.hdfs.round = true
a1.sinks.s1.hdfs.roundUnit = minute
a1.sinks.s1.hdfs.threadsPoolSize = 25
a1.sinks.s1.hdfs.useLocalTimeStamp = true
a1.sinks.s1.hdfs.minBlockReplicas = 1
a1.sinks.s1.hdfs.fileType = DataStream
a1.sinks.s1.hdfs.writeFormat = Text
a1.sinks.s1.hdfs.callTimeout = 60000
a1.sinks.s1.hdfs.idleTimeout = 60
```

②服务器启动 Flume 服务,其方法如下。

```
bin/flume-ng agent -c conf -f conf/spool-interceptor-hdfs. conf -name a1 -Dflume. root. logger =
DEBUG , console
```

习题 8

一、单选题

1. 当服务器突然宕机,下列 Channels 选项中,可以保证数据不会丢失的是(   )。

    A. Memory Channel   B. File Channel   C. JDBC Channel   D. Kafka Channel

2. 以下关于 Flume 的说法正确的是(   )。

    A. Event 是 Flume 数据传输的基本单元

    B. Sink 是 Flume 数据传输的基本单元

    C. Channel 是 Flume 数据传输的基本单元

    D. Source 是 Flume 数据传输的基本单元

二、多选题

1. 下列选项中,说法错误的是(   )。

    A. 在一个 Agent 中,同一个 Source 可以有多个 Channel

    B. 在一个 Agent 中,同一个 Sink 可以有多个 Channel

    C. 在一个 Agent 中,同一个 Source 只能有一个 Channel

    D. 在一个 Agent 中,同一个 Sink 只能有一个 Channel

2. 下列说法中,关于配置参数说法错误的是(   )。

    A. a1. sources. r1. channels = c1   B. a1. sinks. k1. channel = c1

    C. a1. source. r1. channels = c1   D. a1. sinks. k1. channels = c1

三、判断题

1. 在一个 POST 请求发送的所有的 events 数据,可以在多个事务中插入 Channel。(   )

2. Flume 负载均衡接收器处理器能够在多个 Sink 上进行均衡流量的功能。(   )

3. 查询和替换拦截器基于 Java 正则表达式提供了简单的用于字符串的搜索和替换功能,同时还具有进行回溯或群组捕捉功能。(   )

4. 采集方案中的 Sources、Channels、Sinks 是在具体编写时根据业务需求进行配置的,可以随意设置。(   )

5. Spooling Directory Source 对指定磁盘上的文件目录进行监控并提取数据,但不能查看新增文件数据。(   )

6. Flume Agent 是一个 JVM 进程,它承载着数据从外部源流向下一个目标的三个核心组件是 Source、Channel 和 Sink。(   )

7. Channel 组件对采集到的数据进行缓存,可以存放在 Memory 或 File 中。(   )

8. 在整个数据传输的过程中,Flume 将流动的数据封装到一个 event(事件)中,它是 Flume 内部数据传输的基本单元。(   )

9. Source 组件是专门用来收集数据的,可以处理各种类型、各种格式的日志数据,包括

avro、thrift、exec 等。（　　　）

10. Timestamp Interceptor 能够过滤掉数据中的时间戳。（　　　）

11. Static Interceptor（静态拦截器）允许用户将具有静态值的静态头附加到所有 event。（　　　）

12. Taildir Source 用于观察指定的文件，可以实时监测到添加到每个文件的新行，如果文件正在写入新行，则此采集器将重试采集它们以等待写入完成。（　　　）

13. Logger Sink 通常用于调试，Logger Sink 接收器的不同处是它不需要在记录原始数据部分中说明额外的配置。（　　　）

14. 关于静态拦截器，用户可以定义多个静态拦截器来为每一个拦截器都追加一个 header。（　　　）

15. Flume-og 与 Flume-ng 两个版本基本相同，开发者可以使用任意一款工具。（　　　）

16. 禁用 backoff 功能的情况下，在 round_robin 机制下，所有失败的 sink 将被传递到 sink 队列中的下一个 sink 后，因此不再均衡。（　　　）

17. HDFS Sink 将 event 写入 Hadoop 分布式文件系统（HDFS），它目前支持创建文本和序列文件，以及两种类型的压缩文件。（　　　）

18. Avro Source 用来监听 Avro 端口并从外部 Avro 客户端流中接收 event 数据，当与另一个 Flume Agent 上的 Avro Sink 配对时，它可以创建分层集合拓扑，利用 Avro Source 可以实现多级流动、扇出流、扇入流等效果。（　　　）

19. 一个完整的 event 包含 headers 和 body，其中 body 中包含了数据标识信息。（　　　）

20. Flume 将流动的数据封装到一个 event（事件）中，它是 Flume 内部数据传输的基本单元。（　　　）

21. 设计 Flume 采集系统架构时，Sink 组件数据可以流向一个新的 Agent 的 Source 组件。（　　　）

22. HTTP Source 可以通过 HTTP POST 和 GET 请求方式接收 event 数据。（　　　）

23. processor. backoff 属性默认值为 true，表示 sink 处理器会将失败的 sink 列入黑名单。（　　　）

24. Sink 组件是用于将数据发送到目的地的组件，目的地包括 Hdfs、Logger、avro、thrift、ipc、file、Hbase、solr、自定义。（　　　）

25. Flume 采集方案的名称、位置以及 sources、channels、sinks 参数配置信息可以任意定义。（　　　）

四、填空题

1. Flume 的核心是将数据从数据源通过数据采集器（Source）收集过来，再将收集的数据通过_____汇集到指定的接收器（Sink）。

2. Flume 采用三层架构，分别为 agent、_____、storage，每一层均可以水平扩展。

3. 解压 Flume 后，需要在_____配置文件中添加 JDK 环境变量参数。

4. Flume 的负载均衡接收器处理器支持使用_____、random（随机）机制进行流量分配，其默认选择机制为_____。

5. Flume 分为两个版本，分别是 Flume-og 和_____。

6. 要想使用 Flume 系统，需要在当前操作系统中安装_____环境变量。

7. Flume 负载均衡接收器处理器支持使用＿＿＿＿＿＿和 random（随机）选择机制进行流量分配。

8. File Channel 的配置属性，必备参数为＿＿＿＿＿＿、checkpointDir 和 useDualCheck-points。

9. Flume 是 Cloudera 提供的一个＿＿＿＿＿＿、可靠和＿＿＿＿＿＿的海量日志采集、聚合和传输的系统。

10. Failover Sink Processor 配置属性必备的参数是＿＿＿＿＿＿、"processor. type" 和 "processor. priority. ＜sinkName＞"。

五、简答题

1. 简述故障转移接收器处理器的工作原理。

2. 简述 "tail -F" 与 "-f" 的区别。

3. 简述 Flume 负载均衡接收器处理器和故障转移接收器处理器的区别。

4. Flume 采集数据会丢失吗？

5. 什么是 Flume 拦截器？

6. 简述 Flume-ng agent 的作用。

7. 编写一个采集类型是 netcat 的采集方案。

8. 编写收集 "/root/logs/access. log" 文件的配置参数。

9. 选择 Channel 类型时分别说明 memory 和 file 的优缺点。

10. 简述 Memory Channel 的特点。

第**9**章
Sqoop 数据迁移

学习目标：

1. 了解 Sqoop 基本概念；
2. 掌握 Sqoop 安装配置；
3. 熟悉 Sqoop 常用的相关命令；
4. 掌握使用 Sqoop 进行导入导出。

9.1　Sqoop 的介绍

越来越多的企业使用 Hadoop 作为处理大数据的分布式平台，但许多企业仍有大量的数据存储在关系型数据库中，需要频繁地将数据集在 Hadoop 和传统数据库之间转移，这并非易事。因此，一款能够帮助数据进行传输的工具就变得尤为重要。Apache Sqoop 就是这样的一款工具，可以在 Hadoop 和传统关系型数据库之间高效地转移大量数据。

9.1.1　Sqoop 的概述

Apache Sqoop（SQL to Hadoop）是 Apache 的一个顶级开源项目，主要用于有效地在传统关系型数据库和 Hadoop 之间进行大量的数据传递。Sqoop 可以轻松地将关系型数据库（如 MySQL、Oracle 等）中的数据导入 Hadoop 的 HDFS 或其他相关系统（如 Hive 和 HBase）中，也可方便地将 Hadoop 或其他相关系统中的数据抽取出来并导出到关系型数据库。Sqoop 是关系型数据库与 Hadoop 之间的数据传递工具，其工作流程如图 9.1 所示。

关系型数据库是有类型的，Sqoop 可以自动地根据数据库中的类型将数据转换到 Hadoop 中，实现数据映射和转换的自动完成。Sqoop 支持 MySQL、Oracle 等多种数据库与 Hadoop 之间传递数据，并且能高效、可控地利用资源，可以通过调整任务数来控制任务的并发度。

9.1.2　Sqoop 导入导出工作机制

Sqoop 的底层工作机制是 MapReduce 任务，也就是将 Sqoop 导入或导出命令翻译成

210

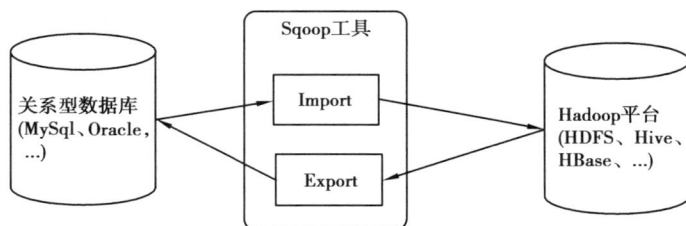

图 9.1　Sqoop **工作流程示意图**

MapReduce作业来实现。Sqoop 工具接收到用户提交的 Shell 命令或"Java Api"命令后,通过 Sqoop 中的任务翻译器将命令转换为一个只有 Map 任务的 MapReduce Job。这个 Job 会访问数据库的元数据信息,通过并行的 Map 任务将关系型数据库表中的数据一行一行地读取出来, 然后写入 Hadoop 中。也可以将 Hadoop 中的数据导出到关系型数据库。Sqoop 的架构如图 9.2所示。

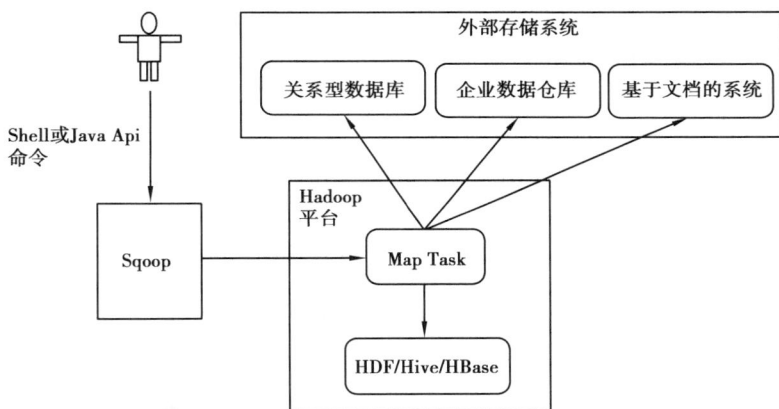

图 9.2　Sqoop **架构图**

(1) Sqoop **导入机制**

Sqoop 导入(Sqoop Import)就是从关系型数据库中提取出数据并导入 HDFS,操作流程如图 9.3 所示。

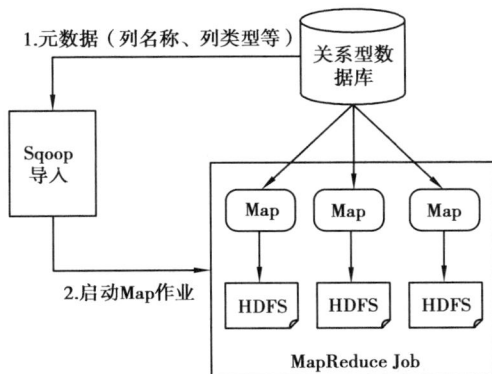

图 9.3　Sqoop **导入流程**

211

使用 Sqoop 进行数据的导入导出操作都是使用 JDBC 来访问关系型数据库中的数据。在导入数据前,Sqoop 会通过 JDBC 检索关系型数据库表的元数据,获得它要操作的表的列以及列的 SQL 数据类型信息。这些 SQL 类型会被映射成 Java 的数据类型,底层的 MapReduce 应用将会根据这些 Java 类型来保存字段的值。

在导入的过程中,Sqoop 会将输入命令转化为基于 Map 任务的 MapReduce 作业,而 MapReduce 作业会通过 InputFormat 以 JDBC 的方式从关系型数据库中读取数据。多个 Map 任务并发执行,将查询到的数据复制到 HDFS 上。

(2)Sqoop **导出机制**

Sqoop 导出(Sqoop Export)通常是将数据从 HDFS 导出到关系型数据库中,其操作流程如图 9.4 所示。

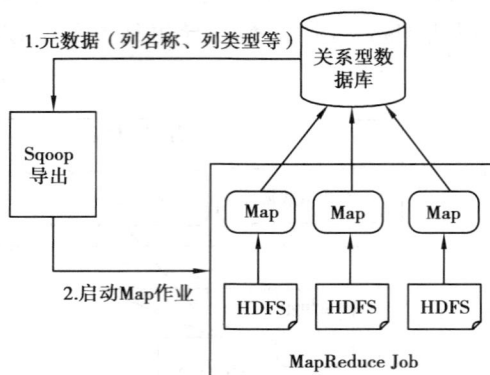

图 9.4 Sqoop **导出流程**

在进行数据导出前,需要先在关系型数据库中创建好表。Sqoop Export 通常选择 JDBC 完成数据导出。首先 Sqoop 会获取目标表的元数据;然后根据目标表的结构生成一个 Java 类,这个类用于从导出的文本文件中解析记录,并将合适的值插入到目标表中。Sqoop 根据输入命令,启动一个基于 Map 任务的 MapReduce 作业。多个 Map 任务并行执行,从 HDFS 中读取数据,使用生成的类解析记录,并使用 JDBC 方法将数据插入目标表中。

9.1.3 Sqoop **安装配置**

(1)**下载并解压** Sqoop

到网站下载 Sqoop 安装包"sqoop-1.4.6.bin __ hadoop-2.0.4-alpha.tar.gz",将其上传到 master 节点的"/home/apache/package"目录中,然后在该目录中执行命令并将安装包解压到"/home/apache/soft"目录,并重命名为"sqoop-1.4.6"。

```
［apache@ master package］$ tar -zvxf sqoop-1.4.6.bin __ hadoop-2.0.4-alpha.tar.gz -C /
home/apache/soft
［apache@ master package］$ mv sqoop-1.4.6.bin __ hadoop-2.0.4-alpha sqoop-1.4.6
```

(2)**修改** sqoop-env.sh **文件**

在默认情况下,并不存在"sqoop-env.sh"文件,需要先创建一个。进入 Sqoop 安装目录的 conf 目录,将"sqoop-env-template.sh"重命名为"sqoop-env.sh",命令为:"mv sqoop-env-tem-

plate. sh sqoop-env. sh"。修改"sqoop-env. sh"的内容,设置 Hadoop 和 Hive 的安装路径。"HA-
DOOP_COMMON_HOME"是 Hadoop 的环境信息,"HADOOP_MAPRED_HOME"用于配置 Ha-
doop 的 MapReduce 存放目录,这两者必须有。因为本章需要使用 Hive 数据仓库,所以还需要
配置 Hive 的路径。如果需要用到 HBase,则还要添加 HBase 的路径。Sqoop 有内置的 Zoo-
Keeper,可以直接使用,不用再进行配置。其修改如下:

```
#Set path to where bin/hadoop is available
export HADOOP_COMMON_HOME =/home/apache/soft/hadoop-2.7.7
#Set path to where hadoop- * -core. jar is available
export HADOOP_MAPRED_HOME =/home/apache/soft/hadoop-2.7.7
#Set the path to where bin/hive is available
export HIVE_HOME =/home/apache/soft/hive-1.2.2
```

（3）修改 bin/configure-sqoop 文件

将"bin/configure-sqoop"文件中关于"HCAT_HOME、ACCUMULO_HOME 和 ZOOKEEPER_
HOME"的检查注释掉,如图 9.5 所示。

```
## Moved to be a runtime check in sqoop.
#if [ ! -d "${HCAT_HOME}" ]; then
#   echo "Warning: $HCAT_HOME does not exist! HCatalog jobs will fail."
#   echo 'Please set $HCAT_HOME to the root of your HCatalog installation.'
#fi

#if [ ! -d "${ACCUMULO_HOME}" ]; then
#   echo "Warning: $ACCUMULO_HOME does not exist! Accumulo imports will fail."
#   echo 'Please set $ACCUMULO_HOME to the root of your Accumulo installation.'
#fi
#if [ ! -d "${ZOOKEEPER_HOME}" ]; then
#   echo "Warning: $ZOOKEEPER_HOME does not exist! Accumulo imports will fail."
#   echo 'Please set $ZOOKEEPER_HOME to the root of your Zookeeper installation.'
#fi
```

图 9.5　修改 configure-sqoop 文件

（4）添加数据库驱动包

Sqoop 是 Hadoop 和传统关系型数据库之间进行数据传递的桥梁,使用 JDBC 来访问关系
型数据库,需要添加数据库驱动包。本章选择的是 MySQL 数据库,将"mysql-connector-java-5.
1.38. jar"包复制到 Sqoop 的 lib 目录下。

（5）进行测试

在 Sqoop 安装目录的 bin 目录下,输入 version 命令可查看 Sqoop 的版本,如图 9.6 所示。

```
[apache@master sqoop-1.4.6]$ bin/sqoop version
Warning: /home/apache/soft/sqoop-1.4.6/bin/../../hbase does not exist! HBase imports will fail.
Please set $HBASE_HOME to the root of your HBase installation.
20/03/13 22:40:12 INFO sqoop.Sqoop: Running Sqoop version: 1.4.6
Sqoop 1.4.6
git commit id c0c5a81723759fa575844a0a1eae8f510fa32c25
Compiled by root on Mon Apr 27 14:38:36 CST 2015
[apache@master sqoop-1.4.6]$
```

图 9.6　查看 Sqoop 版本

连接 MySQL 测试。Sqoop 通过 JDBC 连接 MySQL,输出数据库信息,命令为:"bin/sqoop
list-databases --connect jdbc:mysql://master:3306/ --username hive --password Hive@123",输出
结果如图 9.7 所示。

```
[apache@master sqoop-1.4.6]$ bin/sqoop list-databases --connect jdbc:mysql://master:3306/ --username hive --password Hive@123
Warning: /home/apache/soft/sqoop-1.4.6/bin/../../hbase does not exist! HBase imports will fail.
Please set $HBASE_HOME to the root of your HBase installation.
20/03/13 22:44:10 INFO sqoop.Sqoop: Running Sqoop version: 1.4.6
20/03/13 22:44:10 WARN tool.BaseSqoopTool: Setting your password on the command-line is insecure. Consider using -P instead.
20/03/13 22:44:11 INFO manager.MySQLManager: Preparing to use a MySQL streaming resultset.
Fri Mar 13 22:44:11 CST 2020 WARN: Establishing SSL connection without server's identity verification is not recommended. According to MySQL 5.5.45+, 5.6.26+
and 5.7.6+ requirements SSL connection must be established by default if explicit option isn't set. For compliance with existing applications not using SSL the
verifyServerCertificate property is set to 'false'. You need either to explicitly disable SSL by setting useSSL=false, or set useSSL=true and provide truststore for server
certificate verification.
information_schema
hivedb
mysql
performance_schema
sys
[apache@master sqoop-1.4.6]$
```

图 9.7　Sqoop 连接 MySQL 测试

9.1.4　Sqoop 常用命令

可以使用"sqoop-help"命令来查看 Sqoop 支持哪些命令,Sqoop 常用的命令及其功能见表 9.1。

表 9.1　Sqoop 常用命令及其功能

命　　令	功　　能
codegen	代码生成,用于获取数据库表数据
create-hive-table	创建 Hive 表
eval	查看 SQL 执行结果
export	将 HDFS 数据导出到关系型数据库中
import	将数据库中的表导入 HDFS
help	打印 Sqoop 帮助信息
import-all-tables	导入某个数据库下所有表到 HDFS 中
list-databases	列出所有数据库
list-tables	列出某个数据库下的所有表
merge	将 HDFS 中不同目录下面的数据合在一起,并存放在指定的目录中
version	打印 Sqoop 版本信息

对于不同的命令,有不同的参数,而有些公用参数是大多数命令都支持的,表 9.2 列举了用于数据库连接的公用参数,表 9.3 列举了 import 命令的公用参数,表 9.4 列举了 export 命令的公用参数,表 9.5 列举了 Hive 相关的公用参数。

表 9.2　数据库连接的公用参数

参　　数	描　　述
-connect	连接关系型数据库的 url
-connection-manager	指定要使用的连接管理类
-driver	驱动器
-username	连接数据库的用户名
-password	连接数据库的密码
-help	打印帮助信息
-verbose	在控制台打印出详细信息

表9.3　import **命令的公用参数**

参　　数	描　　述
-fields-terminated-by char	设定字段分隔符,默认为逗号
-lines-terminated-by char	设定每行记录之间的分隔符,默认是"\n"
-enclosed-by char	给字段值前加上指定的字符
-escaped-by char	对字段中的双引号加转义符
-mysql-delimiters	设置 MySQL 默认的分隔符,字段之间以逗号分隔,行之间以"\n"分隔,默认转义符是"\",字段值使用单引号
-optionally-enclosed-by char	给带有双引号或单引号字段值前后加上指定字符

import 命令用于将关系型数据库中的数据导入 HDFS 或 Hive、HBase 中。

表9.4　export **命令的公用参数**

参　　数	描　　述
-input-fields-terminated-by char	定义字段之间的分隔符
-input-lines-terminated-by char	定义行之间的分隔符
-input-enclosed-by char	给字段值前后加上指定字符
-input-escaped-by char	对含有转义符的字段做转义处理
-input-optionally-enclosed-by char	给带有双引号或单引号的字段前后加上指定字符

表9.5　Hive 相关的公用参数

参　　数	描　　述
-hive-import	将数据从关系型数据库中导入 Hive 表中
-hive-overwrite	覆盖 Hive 表中已经存在的数据
-create-hive-table	创建 Hive 表,如果目标表存在,则创建失败
-hive-table	要创建的 Hive 表名
-table	指定关系型数据库的表名
-map-column-hive map	生成 Hive 表时,可以更改生成字段的数据类型
-hive-partition-key	创建分区,后面跟分区名称,分区字段的默认类型是 string
-hive-partition-value v	导入数据时,指定某个分区的值

如果向 Hive 中导入数据,那么当 Hive 中没有对应表时会进行自动创建。如果进行增量导入数据到 Hive,就需要设定"mode = append"或"mode = lastmodified"。append 模式主要针

对 insert 新增数据的增量导入,lastmodified 模式主要针对 update 修改数据的增量导入。如果将查询结果导入 Hive,就需要使用参数"-query"。使用时必须伴随参数"-target-dir、-hive-table",如果查询中有 where 条件,则条件后必须加上"$CONDITIONS"关键字。

9.2　Sqoop 数据导入

使用 Sqoop 工具,可以快速高效地将 MySQL 中的数据导入 HDFS 或 Hive 中。本节通过实际案例来介绍 Sqoop 工具的导入功能。

9.2.1　MySQL 表数据导入 HDFS

(1)创建 MySQL 表

1)下载 MySQL 的 Windows 安装包"mysql-essential -5.1.51-win32.msi",双击进行安装,注意字符集选择"utf8",然后安装"navicat8_mysql_cs.exe"。

2)打开 navicat,建立 localhost 连接,如图 9.8 所示。单击"连接测试",弹出"连接成功"对话框,表示连接没有问题。

3)创建数据库

在 localhost 连接上右击鼠标,选择"创建数据库"。输入数据库名"sqoop_test",选择字符集"utf8 -- UTF-8 Unicode",如图 9.9 所示。

图 9.8　建立 localhost 连接

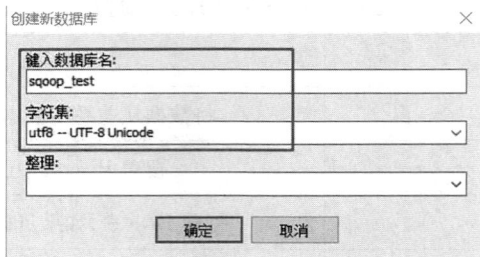

图 9.9　创建"sqoop_test"数据库

4)创建表

双击数据库 sqoop_test,在"表"上面点鼠标右键,创建表。设置属性 id、name、sex、age、department,如图 9.10 所示。其中 id 设置为主键并且自动递增,varchar 类型的属性的字符集都选择"utf-8"。保存并键入表名"mysql_employee"。

名	类型	长度	十进位	允许空值 ()	
id	int	10	0	☐	🔑1
name	varchar	100	0	☑	
sex	varchar	10	0	☑	
age	int	10	0	☑	
department	varchar	100	0	☑	

图 9.10　创建 MySQL 表"mysql_employee"

5）插入数据

双击 mysql_employee 表，插入数据，如图 9.11 所示。

id	name	sex	age	department
101	王蓝	男	23	市场部
102	赵娟	女	32	行政部
103	李晓	女	25	市场部
104	何云	男	29	软件部
105	周杨	男	30	软件部
106	杨露	女	26	软件部

图 9.11　向"mysql_employee"表中插入数据

（2）MySQL **表数据导入** HDFS

在 HDFS 中创建目录"/sqoop"，用于存放从 MySQL 导入的数据，命令为"hdfs dfs -mkdir /sqoop"。打开 master 节点终端，切换到 Sqoop 的安装目录，在 bin 目录下执行 Sqoop Import 命令将表"mysql_employee"的数据导入 HDFS。执行命令为：

```
［apache@ master sqoop-1.4.6］$ bin/sqoop import --connect 'jdbc:mysql://172.20.10.2/sqoop_test? useUnicode = true&characterEncoding = utf-8' --username root --password root --table mysql_employee --target-dir /sqoop/mysql_employee --m 2 --fields-terminated-by '\t' --lines-terminated-by '\n'
```

为了使命令更清晰，可以采用多行输入的方式，也就是在一行的末位加"\"，表示命令未结束。上面的命令可以表示为：

```
［apache@ master sqoop-1.4.6］$ bin/sqoop import \
> --connect 'jdbc:mysql://172.20.10.2/sqoop_test? useUnicode = true&characterEncoding = utf-8' \
> --username root \
> --password root \
> --table mysql_employee \
> --target-dir /sqoop/mysql_employee \
> --m 2 \
> --fields-terminated-by '\t' \
> --lines-terminated-by '\n'
```

上述命令中的参数说明如下：

--connect：后面是连接 MySQL 的 url。这里使用 JDBC 连接 Windows 系统的 MySQL 数据库 sqoop_test，所以，IP 地址为 Windows 系统的 IP 地址。

--username root：连接 MySQL 的用户名为"root"。

--password root：连接 MySQL 的密码为"root"。

--table mysql_employee：指定 MySQL 的表为 mysql_employee。

--target-dir /sqoop/mysql_employee：指定表数据导入 HDFS 的"/sqoop/mysql_employee"目录。

--m 2：设置 Map 任务的并行度为"2"。

--fields-terminated-by '\t'：设置导入数据在 HDFS 文件中的字段分隔符为"\t"。

217

--lines-terminated-by '\n'：设置导入数据在 HDFS 文件中的行分隔符为"\n"。

（3）查看导入结果

使用 HDFS 命令查看"/sqoop/mysql_employee"目录，里面的两个文件"part-m-00000"和"part-m-00001"就是导入后生成的文件。因为设置了 Map 的并行度为"2"，所以生成了两个 HDFS 文件。可以进一步查看这两个文件的内容，其结果如图 9.12 所示。

```
[apache@master sqoop-1.4.6]$ hdfs dfs -ls /sqoop/mysql_employee
Found 3 items
-rw-r--r-- 2 apache supergroup        0 2020-03-14 17:52 /sqoop/mysql_employee/_SUCCESS
-rw-r--r-- 2 apache supergroup       84 2020-03-14 17:52 /sqoop/mysql_employee/part-m-00000
-rw-r--r-- 2 apache supergroup       84 2020-03-14 17:52 /sqoop/mysql_employee/part-m-00001
[apache@master sqoop-1.4.6]$ hdfs dfs -cat /sqoop/mysql_employee/part-m-00000
101    王蓝    男    23    市场部
102    赵娟    女    32    行政部
103    李晓    女    25    市场部
[apache@master sqoop-1.4.6]$ hdfs dfs -cat /sqoop/mysql_employee/part-m-00001
104    何云    男    29    软件部
105    周杨    男    30    软件部
106    杨露    女    26    软件部
[apache@master sqoop-1.4.6]$
```

图 9.12 MySQL 表数据导入 HDFS 结果

9.2.2 MySQL 表数据导入 Hive

数据从 MySQL 表中导入 Hive 中，其过程是先导入 HDFS，再 load 到 Hive。无须提前创建 Hive 表，Sqoop 会自动进行创建。其执行命令为：

```
[apache@master sqoop-1.4.6]$ bin/sqoop import \
> --connect 'jdbc:mysql://172.20.10.2/sqoop_test?useUnicode=true&characterEncoding=utf-8' \
> --username root \
> --password root \
> --table mysql_employee \
> --hive-import \
> --hive-overwrite \
> --hive-database apachedb \
> --create-hive-table \
> --hive-table mysql_employee2 \
> --m 2 \
> --fields-terminated-by ',' \
> --lines-terminated-by '\n'
```

上述命令中的参数说明如下：

--hive-import：指定 Hive 导入。

--hive-overwrite：Hive 覆写导入，将原来 Hive 表中的数据覆盖。

--hive-database apachedb：指定导入的 Hive 数据库为 apachedb。

--hive-table mysql_employee2：设置导入的 Hive 表名，默认为 MySQL 表名，可以自定义。

--fields-terminated-by ','：设置列分隔符为","。

--lines-terminated-by '\n':设置行分隔符为"\n"。

通过 HDFS Web 查看 Hive 数据表文件,如图 9.13 所示,在"/user/hive/warehouse/apachedb/"目录下新增了一个"mysql_employee2"目录,里面包括了两个文件,这个就是导入的 Hive 表数据文件。

Browse Directory

/user/hive/warehouse/apachedb.db/mysql_employee2   Go!

Permission	Owner	Group	Size	Last Modified	Replication	Block Size	Name
-rwxr-xr-x	apache	supergroup	84 B	2020/3/14 下午9:50:04	2	128 MB	part-m-00000
-rwxr-xr-x	apache	supergroup	84 B	2020/3/14 下午9:50:00	2	128 MB	part-m-00001

图 9.13　导入的 Hive 表数据文件

也可以在 Hive 命令行中查询结果,如图 9.14 所示。

```
hive (apachedb)> select * from mysql_employee2;
OK
101    王蓝    男    23    市场部
102    赵娟    女    32    行政部
103    李晓    女    25    市场部
104    何云    男    29    软件部
105    周杨    男    30    软件部
106    杨露    女    26    软件部
Time taken: 0.779 seconds, Fetched: 6 row(s)
hive (apachedb)>
```

图 9.14　MySQL 表数据导入 Hive 结果

9.3　Sqoop 数据导出

通过 Sqoop 工具也可以将 HDFS 或 Hive 中的数据导出到 MySQL 中,本节通过实际案例来介绍 Sqoop 的导出功能。

将数据导出到 MySQL 时,无论是从 HDFS 导出,还是从 Hive 导出,都必须提前在 MySQL 中创建表,且表的结构要与待导出的数据兼容。

9.3.1　HDFS 数据导出到 MySQL

(1)创建 MySQL 表

在 MySQL 的 sqoop_test 数据库中,创建表"employee_out",结构与"mysql_employee"一样,也可以在 navicat 中直接通过复制"mysql_employee"的方式创建新表。确保"employee_out"表中没有数据。

(2)将 HDFS 数据导出到 MySQL

通过 Sqoop Export 命令将 HDFS 目录"/sqoop/mysql_employee"中的所有文件导出到 MySQL 的"employee_out"表中。切换到 Sqoop 安装目录下的 bin 目录,执行命令为:

```
[apache@ master sqoop-1.4.6] $ bin/sqoop export \
> --connect 'jdbc:mysql://172.20.10.2/sqoop_test? useUnicode = true&characterEncoding =
utf-8' \
> --username root \
> --password root \
> --table employee_out \
> --export-dir /sqoop/mysql_employee \
> --input-fields-terminated-by '\t' \
> --input-lines-terminated-by '\n' \
> --m 2
```

上述命令中的参数说明如下:

--export-dir /sqoop/mysql_employee:指定待导出的 HDFS 数据文件的目录。

--input-fields-terminated-by '\t':指定 HDFS 文件的字段分隔符为"\t"。

--input-lines-terminated-by '\n':指定 HDFS 文件的行分隔符为"\n"。

(3)查看导出结果

查看 MySQL 中 employee_out 表的结果,如图 9.15 所示。

id	name	sex	age	department
101	王蓝	男	23	市场部
102	赵娟	女	32	行政部
103	李晓	女	25	市场部
104	何云	男	29	软件部
105	周杨	男	30	软件部
106	杨露	女	26	软件部

图 9.15　Sqoop 导出到 HDFS 的结果

从图 9.15 可以看出,通过 Sqoop Export 将数据从 HDFS 导出到 MySQL 的操作成功。

9.3.2　Hive 数据导出到 MySQL

(1)创建 MySQL 表

将 Hive 中的表数据导出到 MySQL 中,在进行导出之前,MySQL 中的表必须已经提前创建好。在 MySQL 的 sqoop_test 数据库中创建表"employee_hive_beijing",与 Hive 中的分区表"employee_partition"兼容。

(2)将 Hive 数据导出到 MySQL

通过 Sqoop Export 命令将 Hive 的 apachedb 数据库中的分区表"employee_partition"中的数据导出到 MySQL 的"employee_hive_beijing"表中。"employee_partition"表在 Hive 中存储为"/user/hive/warehouse/apachedb.db/employee_partition/city = beijing"目录下的两个文件"000000_0"和"employeeinfo1.txt",内容如图 9.16 所示。

需要将这两个文件的数据导出到 MySQL 的"employee_hive_beijing"表中。切换到 Sqoop 安装目录下的 bin 目录,执行命令为:

```
[apache@master ~]$ hdfs dfs -cat /user/hive/warehouse/apachedb.db/employee_partition/city=beijing/000000_0
107,qianming,male,29,software
[apache@master ~]$ hdfs dfs -cat /user/hive/warehouse/apachedb.db/employee_partition/city=beijing/employeeinfo1.txt
101,wanglan,male,23,marketing
102,zhaojuan,femal,32,marketing
103,yangran,femal,25,software
104,lixiao,male,45,administration
105,heyun,male,22,software
106,zhouyang,male,30,software
[apache@master ~]$
```

图 9.16　"employee_partition"表数据内容

```
[apache@ master sqoop-1.4.6] $ bin/sqoop export \
> --connect 'jdbc:mysql://172.20.10.2/sqoop_test? useUnicode = true&characterEncoding = utf-8' \
> --username root \
> --password root \
> --table employee_hive_beijing \
> --export-dir /user/hive/warehouse/apachedb. db/employee_partition/city = beijing \
> --input-fields-terminated-by ',' \
> --input-lines-terminated-by '\n' \
> --m 2
```

上述命令中的参数说明如下:

--table employee_hive_beijing:指定 MySQL 的表名,也就是导出的目标表。

--export-dir /user/hive/warehouse/apachedb. db/employee_partition/city = beijing:指定 Hive 中将要导出的数据文件的位置。

--input-fields-terminated-by ',':指定 Hive 表数据的字段分隔符为","。

--input-lines-terminated-by '\n':指定 Hive 表数据行分隔符为"\n"。

(3) 查看结果

查询 MySQL 中的"employee_hive_beijing"表,结果如图 9.17 所示。

id	name	sex	age	department
101	wanglan	male	23	marketing
102	zhaojuan	femal	32	marketing
103	yangran	femal	25	software
104	lixiao	male	45	administration
105	heyun	male	22	software
106	zhouyang	male	30	software
107	qianming	male	29	software

图 9.17　导出到 MySQL 的"employee_hive_beijing"表数据

与图 9.16 进行对比可以看出,Sqoop Export 将数据从 Hive 导出到 MySQL 操作成功。

习题 9

一、选择题

1. 下列语句中,描述错误的是(　　)。

　A. 可以通过 CLI 方式、Java Api 方式调用 Sqoop。

　B. Sqoop 底层会将 Sqoop 命令转换为 MapReduce 任务,并通过 Sqoop 连接器进行数据的导入导出操作。

　C. Sqoop 是独立的数据迁移工具,可以在任何系统上执行。

　D. 如果在 Hadoop 分布式集群环境下,连接 MySQL 服务器参数不能是"localhost"或"127.0.0.1"。

2. 下列选项中,属于 Sqoop 命令的参数有(　　)。

　A. import　　　　B. output　　　　C. input　　　　D. export

二、判断题

1. Sqoop 工具的使用,依赖 Java 环境和 Hadoop 环境。(　　)

2. Sqoop 从 Hive 表导出 MySQL 表时,首先需要在 MySQL 中创建表结构。(　　)

3. 如果没有指定"--num-mappers 1"(或"-m 1",即 Map 任务个数为"1"),那么在命令中必须还要添加"--split-by"参数。(　　)

4. 如果指定了"\n"为 Sqoop 导入的换行符,当 MySQL 的某个 string 字段的值如果包含了"\n",则会导致 Sqoop 导入多出一行记录。(　　)

5. 在导入开始之前,Sqoop 使用 JDBC 来检查将要导入的表,检索出表中所有的列以及列的 SQL 数据类型。(　　)

6. merge 是将两个数据集合并的工具,对于相同的 value 会覆盖新值。(　　)

7. metastore 文件的存储位置可以通过"conf/sqoop-site.xml"配置文件修改。(　　)

8. $CONDITIONS 相当于一个动态占位符,动态地接收过滤后的子集数据,然后让每个 Map 任务执行查询的结果并进行数据导入。(　　)

9. Sqoop 导出操作之前,目标表必须存在于目标数据库中,否则在执行导出操作时会失败。(　　)

10. Sqoop 中"--where"与"--query"命令都是数据过滤,"--query"是通过指定的查询语句查询出子集数据,然后再将子集数据进行导入。(　　)

11. Sqoop 增量导入的新结果文件只会将指定值后的数据添加到结果文件中。(　　)

12. 为了使用严谨,Sqoop 在导入数据时,必须要用字段分隔符号和行分隔符号。(　　)

13. "--target-dir"参数是指定 HDFS 目标目录地址,因此,需要提前创建目标文件。(　　)

14. Sqoop 导出与导入是相反的操作,也就是将关系型数据库中的数据导入到 HDFS 文件系统中。(　　)

15. Sqoop 可以将命令转换为对应的 MapReduce 作业,然后将关系型数据库和 Hadoop 中的数据进行相互转换,从而完成数据的迁移。(　　)

16. 使用"--create-hive-table"命令导入数据时,Hive 数据仓库中必须存在指定表。(　　)

17. "--where " city = 'sec-bad'" "命令表示筛选出 MySQL 数据库表字段为 city = sec-bad 的数据。(　　)

18. codegen 参数用于将关系数据库表映射为一个 Java 文件、Java Class 类以及相关的 jar 包。(　　)

19. Sqoop 导入数据时,可以通过"--m n"设置并行数,最终会在 HDFS 中产生 n 个文件。(　　)

20. Sqoop 是关系型数据库与 Hadoop 之间的数据桥梁,这个"桥梁"的重要组件是 Sqoop 连接器。(　　)

三、填空题

1. 如果使用 Sqoop 工具将 MySQL 表数据导入 Hive 数据仓库中,需要在"sqoop-env. sh"配置文件中配置_____。

2. 在 Sqoop 增量导入时,如果要导入指定 ID 后的数据内容,需要添加的命令为_____。

3. Sqoop 底层利用_____技术以批处理方式加快了数据传输速度,并且具有较好的容错性功能。

4. 在部署 Sqoop 时,需要在"sqoop-env. sh"配置文件中添加_____环境。

5. Sqoop 命令中,导入操作为_____,导出操作为 export。

6. 从数据库导入 HDFS 时,指定以制表符作为字段分隔符参数为_____。

7. Sqoop 连接器用于实现与各种关系型数据库的连接,从而实现数据的_____和导出操作。

8. 进行增量导入操作时,必须指定_____参数,用来检查数据表列字段,从而确定哪些数据需要执行增量导入。

9. Sqoop 主要用于在_____和关系型数据库之间进行传输数据。

10. 利用 Sqoop 针对 MySQL 数据库进行数据迁移工作时,需要将_____复制到 Sqoop 路径下的 lib 文件夹下。

11. Sqoop 目前支持两种增量导入模式,分别是_____和 lastmodified 模式。

12. Sqoop 数据导入(import)是将关系型数据库中的单个表数据导入到具有_____的文件系统中。

13. 使用_____命令可以查看 Sqoop 命令的用法。

14. 如果想要将整个数据库中的表全部导入到 HDFS 上,可以使用_____命令。

四、简答题

1. 简述 append 模式和 lastmodified 模式的区别。

2. 简述"--hive-table itcast. emp"命令的含义。

3. 简述 Sqoop 导入与导出数据工作原理。

4. 简述"--create-hive-table"命令的含义。

5. 简述"-hive-drop-import-delims"命令的含义。

6. 简述将 Hive 数据仓库中的表数据导出 MySQL 中的操作步骤。

7. 简述"--connect"命令的含义。

8. 简述"--incremental append"命令的含义。

9. 写出通过 Sqoop 查询出连接的 MySQL 数据库中的所有数据库名的命令参数。

第10章
综合项目案例

学习目标:

1. 熟悉最高气温统计案例和电子商务离线数据统计案例系统的架构;
2. 熟悉案例系统环境搭建的步骤;
3. 掌握最高气温统计案例和电子商务离线数据统计案例系统业务流程;
4. 掌握最高气温统计案例和电子商务离线数据统计案例的实现方法。

10.1 最高气温统计案例

10.1.1 案例需求简介

需从一组数据中统计每一年的每一个月中气温最高的前两天输入样例:

1951-07-01 12:21:02 45c

1949-10-02 14:01:02 36c

1951-07-02 12:21:02 46c

1951-07-03 12:21:03 47c

输出样例:

1949-10-2-36

10.1.2 案例设计思路

(1)输出结果时保证选取两条气温最高的记录

将相同的年月的记录按照温度降序排列,在最终获取结果时,前两条记录一定是气温最高的两天。

(2)获得相同的年月的气温最高的记录

对于 Reduce 端拉取的数据,保证 Reduce 每次处理的数据为同一年同一个月份的数据,将同年同月的数据排序(这个阶段可由 Group 来处理),取前两条记录,即为该年该月气温最高的前两条记录。

（3）编码关键问题解决

传统的 WordCount 案例中的排序，是按照 MapReduce 程序默认的字典排序规则进行排序，但对于本案例，既要对日期进行升序排列（默认），又要对温度作降序排列，采用如下的方法进行编码。

可以考虑自定义比较方法来实现需求。自定义一个对象（JavaBean），包含年、月、日、温度等四个属性，将该对象的年份相同的一组数据，支配一个 Reduce 进行处理（自定义 Partition 方法，从数据中可以看出，一共是三个年份，可以考虑将 Reduce 的个数设置为"3"，用年属性减去最小的那一年，将其值对"3"取余）。之后，再比较月份，月份相同，再比较温度，温度按照降序排列。

通过以上分析，需要编写以下几个阶段：

①Map 阶段：负责将数据切分，对应存入 JavaBean 中。将 JavaBean 传入 Partition 阶段。

②Partition 阶段：继承 Partitioner，复写 getpartition( )方法，指定相同年份的数据分到同一个 Reduce 中。这样一个 Reduce 任务对应输出一个文件。

③Sort 阶段：确保每个传递过来的 JavaBean，确定排序规则：相同的年份，比较月份；月份相同，比较温度。

④Group 阶段：此阶段为 Shuffle Reduce 端的分组排序。

⑤Reduce 阶段：统计每一年、每一个月、每一天的温度，并选择其中温度最高的两条记录。其中，需要注意的是，在 Sort 和 Group 阶段，必须复写构造方法，因为参考源码可知，如果没有复写构造方法，无法创建实例。

10.1.3　编写流程

①编写代码，在根目录"/"下创建名为"test"的文件。

②将"/var/log/demsg"文件上传到 HDFS 的"/test/"下。

③获取配置的所有信息。

④配置好开发环境。

⑤完成案例代码并运行成功。

10.1.4　传统 MRWord 项目开发实战

①打开 IDEA 开发环境，新建 MAVEN 模式的项目 MRWord。

②在 pom. xml 中添加依赖。

```
< dependencies >
    < dependency >
        < groupId > org. apache. hadoop < /groupId >
        < artifactId > hadoop-mapreduce-client-common < /artifactId >
        < version > 2. 6. 0 < /version >
    < /dependency >
    < dependency >
```

```
                <groupId > org. apache. hadoop </groupId >
                <artifactId > hadoop-common </artifactId >
                <version >2. 6. 0 </version >
          </dependency >
          <dependency >
                <groupId > org. apache. hadoop </groupId >
                <artifactId > hadoop-hdfs </artifactId >
                <version >2. 6. 0 </version >
          </dependency >
          <dependency >
                <groupId > org. apache. hadoop </groupId >
                <artifactId > hadoop-mapreduce-client-core </artifactId >
                <version >2. 6. 0 </version >
          </dependency >
     </dependencies >
```

③新建 Map 类,并输入如下内容。

```
import org. apache. hadoop. io. LongWritable;
import org. apache. hadoop. io. Text;
import org. apache. hadoop. mapreduce. Mapper;

import java. io. IOException;
import java. util. StringTokenizer;

public class map extends Mapper < LongWritable, Text, Text, LongWritable > {

    private final static LongWritable one = new LongWritable(1);
    private Text word = new Text();

    @ Override
    protected void map( LongWritable key, Text value, Context context)
            throws IOException, InterruptedException {

        System. out. println( value. toString());
        StringTokenizer itr = new StringTokenizer( value. toString());
        while ( itr. hasMoreTokens()) {
            word. set( itr. nextToken());
            context. write( word, one);
        }
    }
}
```

④新建 Reduce 类,并输入如下内容。

```
import org. apache. hadoop. io. LongWritable;
import org. apache. hadoop. io. Text;
import org. apache. hadoop. mapreduce. Reducer;
import java. io. IOException;
public class reduce extends Reducer < Text, LongWritable, Text, LongWritable > {

    private LongWritable result = new LongWritable();
    @ Override
    protected void reduce( Text key, Iterable < LongWritable > values, Context context)
            throws IOException, InterruptedException {

            int sum = 0;
            for ( LongWritable val : values) {
                sum + = val. get();
            }
            result. set( sum);
            context. write( key, result);
        }
}
```

⑤新建 Driver 类,并输入如下内容。

```
import org. apache. hadoop. conf. Configuration;
import org. apache. hadoop. fs. FileSystem;
import org. apache. hadoop. fs. Path;
import org. apache. hadoop. io. LongWritable;
import org. apache. hadoop. io. Text;
import org. apache. hadoop. mapreduce. Job;
import org. apache. hadoop. mapreduce. lib. input. FileInputFormat;
import org. apache. hadoop. mapreduce. lib. output. FileOutputFormat;

import java. io. IOException;
//import org. apache. hadoop. mapred. jobcontrol. Job;
public class drive {
    public static void main( String[ ] args) throws IOException, ClassNotFoundException,
InterruptedException {
```

```
        Configuration conf = new Configuration();
        Job job = Job.getInstance(conf);
        job.setJarByClass(drive.class);
        job.setMapperClass(map.class);

        job.setOutputKeyClass(Text.class);
        job.setOutputValueClass(LongWritable.class);
        job.setNumReduceTasks(3);
        Path path = setPath(job);
        path.getFileSystem(conf).delete(path,true);// 删除输出文件夹,可以不用写,但
测试时每次都要删除输出路径文件
        System.exit(job.waitForCompletion(true) ? 0 : 1);
    }


    /**
     * 这个方法为定义数据的输入输出路径
     * @param job
     * @return Path
     * @throws IOException
     */
    private static Path setPath(Job job) throws IOException {
        FileInputFormat.addInputPath(job, new Path("D:/dis1.txt"));
        Path path = new Path("D:/test/");
        FileOutputFormat.setOutputPath(job,path);
        return path;
    }

}
```

⑥保存项目,执行 driver.main()方法。

10.1.5　最高气温统计案例实战

①在 IDEA 开发环境中新建项目 MapReduceExample,并命名"GroupId MapReduceExample"和"artifactID MapReduceExample"。

②在 pom.xml 文件中添加依赖。

```
< dependencies >
    < dependency >
        < groupId > org.apache.hadoop </ groupId >
```

```
            < artifactId > hadoop-mapreduce-client-common < /artifactId >
            < version > 2. 6. 0 < /version >
        < /dependency >
        < dependency >
            < groupId > org. apache. hadoop < /groupId >
            < artifactId > hadoop-common < /artifactId >
            < version > 2. 6. 0 < /version >
        < /dependency >
        < dependency >
            < groupId > org. apache. hadoop < /groupId >
            < artifactId > hadoop-hdfs < /artifactId >
            < version > 2. 6. 0 < /version >
        < /dependency >
        < dependency >
            < groupId > org. apache. hadoop < /groupId >
            < artifactId > hadoop-mapreduce-client-core < /artifactId >
            < version > 2. 6. 0 < /version >
        < /dependency >
    < /dependencies >
```

③新建 Mapper 类,并输入如下内容。

```
import org. apache. commons. lang. StringUtils;
import org. apache. hadoop. io. IntWritable;
import org. apache. hadoop. io. LongWritable;
import org. apache. hadoop. io. Text;
import org. apache. hadoop. mapreduce. Mapper;

import java. io. IOException;
import java. text. ParseException;
import java. text. SimpleDateFormat;
import java. util. Calendar;

public class mapper extends Mapper < LongWritable, Text, JavaBean, IntWritable > {
    @ Override
    protected void map( LongWritable key, Text value, Context context) throws IOException,
InterruptedException {
        System. out. println( value. toString( ) );
        String[ ] strs = StringUtils. split( value. toString( ) ,'\t') ;
```

```
            SimpleDateFormat sdf = new SimpleDateFormat("yyyy-MM-dd HH:mm:ss");
            Calendar cal = Calendar.getInstance();
            String date = strs[0];
            try {
                cal.setTime(sdf.parse(date));
                JavaBean w = new JavaBean();
                w.setYear(cal.get(Calendar.YEAR));
                w.setMonth(cal.get(Calendar.MONTH) + 1);
                w.setDate(cal.get(Calendar.DATE));
                String temperature = strs[1];

//System.out.println(Integer.parseInt(temperature.substring(0, temperature.lastIndexOf
("c"))));
                w.setTem(Integer.parseInt(temperature.substring(0, temperature.lastIndexOf
("c"))));

                // context.write(w, new IntWritable(w.getTem()));
                context.write(w, new IntWritable(w.getTem()));
            } catch (ParseException e) {
                // TODO Auto-generated catch block
                e.printStackTrace();
            }
        }
    }
```

④新建 Group 类,并输入如下内容。

```
import org.apache.hadoop.io.WritableComparable;
import org.apache.hadoop.io.WritableComparator;

public class group extends WritableComparator {

    public group() {
        super(JavaBean.class, true);
    }

    @Override
    public int compare(WritableComparable a, WritableComparable b) {

        JavaBean w1 = (JavaBean) a;
```

```
        JavaBean w2 = (JavaBean) b;
        int c1 = Integer. compare(w1. getYear(), w2. getYear());
        if(c1 == 0){
            // 相同的年份,比较月份
            int c2 = Integer. compare(w1. getMonth(), w2. getMonth());
            System. out. println(c2 + " group");
            return c2;
        }
        return c1;
    }
}
```

⑤新建 JavaBean,并输入如下内容。

```
import org. apache. hadoop. io. WritableComparable;
import java. io. DataInput;
import java. io. DataOutput;
import java. io. IOException;

public class JavaBean implements WritableComparable < JavaBean > {

    private int year;
    private int month;
    private int date;
    private int tem;// 温度

    public int getYear() {
        return year;
    }

    public void setYear(int year) {
        this. year = year;
    }

    public int getMonth() {
        return month;
    }

    public void setMonth(int month) {
        this. month = month;
```

```
    }
    public int getDate( ) {
        return date;
    }

    public void setDate(int date) {
        this. date = date;
    }

    public int getTem( ) {
        return tem;
    }

    public void setTem(int tem) {
        this. tem = tem;
    }

    public int compareTo(JavaBean w) {

        int c1 = Integer. compare(this. year, w. getYear( ) );
        if(c1 == 0) {
            // 年份相同
            int c2 = Integer. compare(this. month, w. getMonth( ) );
            if(c2 == 0) {
                return Integer. compare(this. tem, w. getTem( ) );
            }
            return c2;
        }
        return c1;
    }

    public void write(DataOutput out) throws IOException {

        out. writeInt(date);
        out. writeInt(year);
        out. writeInt(tem);
        out. writeInt(month);
    }
```

```
public void readFields(DataInput in) throws IOException {

        this. year  =  in. readInt();
        this. date  =  in. readInt();
        this. tem  =  in. readInt();
        this. month  =  in. readInt();


    }

}
```

⑥新建 Partition 类,并填写如下内容。

```
import org. apache. hadoop. io. IntWritable;
import org. apache. hadoop. mapreduce. Partitioner;

public class partition    extends Partitioner < JavaBean, IntWritable > {

    public int getPartition(JavaBean key, IntWritable intWritable, int numPartitions) {

        System. out. println(key. toString() + "partition");
        return ((key. getYear() - 1949) % numPartitions);


    }

}
```

⑦新建 Reduce 类,并输入如下内容。

```
import org. apache. hadoop. io. IntWritable;
import org. apache. hadoop. io. NullWritable;
import org. apache. hadoop. io. Text;
import org. apache. hadoop. mapreduce. Reducer;

import javax. naming. Context;
import java. io. IOException;

public class reduce extends Reducer < JavaBean, IntWritable, Text, NullWritable > {

    @ Override
    protected void reduce(JavaBean key, Iterable < IntWritable > values, Context context)
            throws IOException, InterruptedException {
```

```
        System. out. println( key. getTem( ) );
        int flag = 0;
        for (IntWritable i : values) {
            flag ++;
            if( flag > 2) {
                break;
            }
            String msg = key. getYear( ) + "--" + key. getMonth( ) + "--" + key. get-
Date( ) +"-" + key. getTem( );

            context. write( new Text( msg), NullWritable. get( ) );


        }
    }
}
```

⑧新建 Sort 类,并输入如下内容。

```
import org. apache. hadoop. io. WritableComparable;
import org. apache. hadoop. io. WritableComparator;

public class sort extends WritableComparator {

    public sort( ) {
        super( JavaBean. class, true);
    }
    @ Override
    public int compare( WritableComparable a, WritableComparable b) {

        JavaBean w1 = ( JavaBean) a;
        JavaBean w2 = ( JavaBean) b;
        int c1 = Integer. compare( w1. getYear( ), w2. getYear( ));
        System. out. println( c1);
        if( c1 == 0) {
            // 相同的年份,比较月份
            int c2 = Integer. compare( w1. getMonth( ), w2. getMonth( ));
            if( c2 == 0) {
                // 月份相同,比较温度,降序
```

```
                        int c3 = -Integer. compare( w1. getTem( ) , w2. getTem( ) ) ;
                        return c3 ;
                    }
                return c2 ;
            }
        return c1 ;

        }
}
```

⑨新建 Runjob 类,并输入如下内容。

```
import org. apache. hadoop. conf. Configuration ;
import org. apache. hadoop. fs. FileSystem ;
import org. apache. hadoop. fs. Path ;
import org. apache. hadoop. io. IntWritable ;
import org. apache. hadoop. mapreduce. Job ;
import org. apache. hadoop. mapreduce. lib. input. FileInputFormat ;
import org. apache. hadoop. mapreduce. lib. output. FileOutputFormat ;
import org. mortbay. log. Log ;
import java. io. IOException ;

public class runjob {
    public static void main( String[ ] args) throws
            IOException , ClassNotFoundException , InterruptedException {

        Configuration conf = new Configuration( ) ;
        Job job = Job. getInstance( conf) ;
        // 设置程序入口
        Log. info( "开始" ) ;
        job. setJarByClass( runjob. class) ;
        Log. info( "RunJob" ) ;
        // 设置map 类
        job. setMapperClass( mapper. class) ;

        // 设置map 的输出类型
        Log. info( "JavaBean" ) ;
//        job. setMapOutputKeyClass( JavaBean. class) ;
        job. setOutputKeyClass( JavaBean. class) ;
```

```
                    Log. info("InWritable");
//            job. setMapOutputValueClass(IntWritable. class);
            job. setOutputValueClass(IntWritable. class);
            // 设置reduce 类
            Log. info("reduce");
            job. setReducerClass(reduce. class);
            Log. info("partition");
            job. setPartitionerClass(partition. class);
            Log. info("sort");
            job. setSortComparatorClass(sort. class);
            Log. info("group");
            job. setGroupingComparatorClass(group. class);
            Log. info("task_3");
            job. setNumReduceTasks(3);


            Path path = setPath(job);


            path. getFileSystem(conf). delete(path,true);// 删除输出文件夹,可以不用写,但
测试时每次都要删除输出路径文件
            System. exit(job. waitForCompletion(true) ? 0 : 1);


        }


    private static Path setPath(Job job) throws IOException {
        FileInputFormat. addInputPath(job, new Path("D:/weather"));
        Path path = new Path("D:/output/");
        FileOutputFormat. setOutputPath(job,path);
        return path;
    }

}
```

⑩执行 runjob. main()方法。

10.2　电子商务离线数据统计案例

10.2.1　案例需求简介

本案例通过模拟真实的电子商务业务的场景,应用大数据组件和技术来处理日志数据和业务数据,从而达到学习大数据离线批处理的步骤和流程。

本案例的数据来源分为两部分:一部分是用户的网站日志,另一部分是电商平台业务数据库中的数据。结合这两方面的数据通过大数据平台来实现数据仓库分层搭建,并进行数据报表分析得到活跃、转化率、GVM 指标,最终将结果导入关系型数据库,进行可视化展示。

10.2.2　案例设计思路

案例设计思路流程如下:

①将电商用户的网站日志数据采集到 HDFS 上存储。

②在电商业务里数据加载到订单表和支付流水表。

③将电商网站日志加载到 Hive。

④将②中的业务数据通过 Sqoop 加载进 Hive。

⑤结合业务数据④和日志数据③分析得到结果存到数据报表,并进一步分析得到活跃、转化率、GVM 指标。

⑥通过 Sqoop 将结果数据⑤导出到 MySQL。

⑦将⑥中的数据进行可视化展示。

案例系统数据流架构如图 10.1 所示。

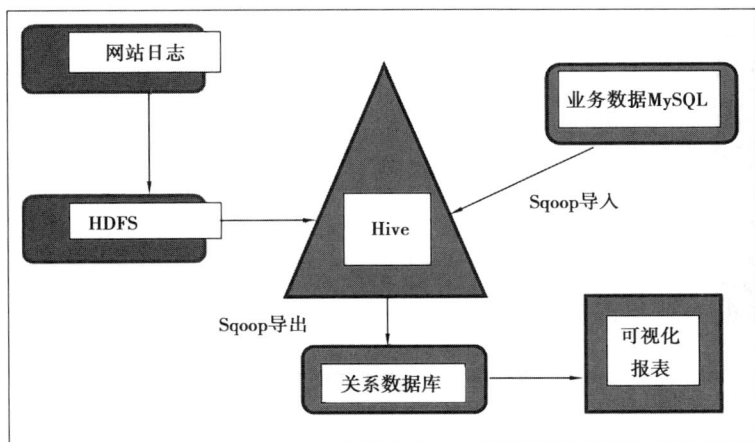

图 10.1　系统数据流架构图

为了便于将数据提取后进行统计,要将 Hive 中的数据分层次,按层次划分归类后的数据再进行导出和可视化处理。数据分层次的情况如图 10.2 所示。

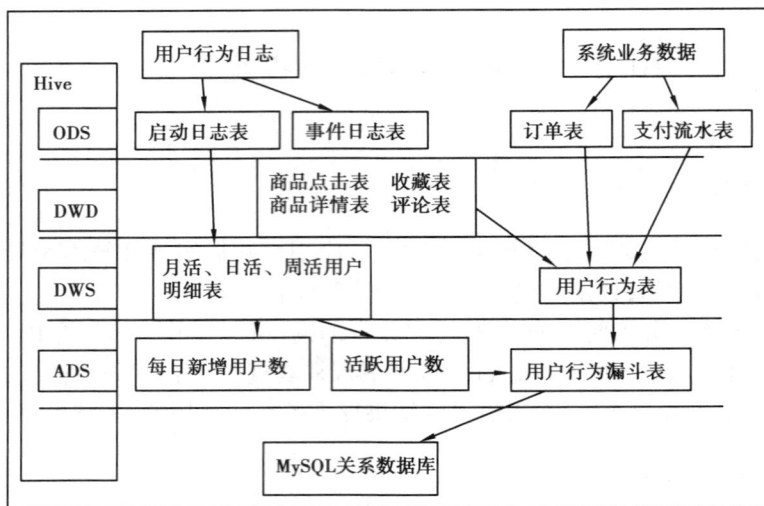

图 10.2　系统数据分层架构图

10.2.3　系统最终结果可视化预览

通过可视化可以展示电商系统的日、周、月活跃度的数值,如图 10.3 所示;还可以看到用户行为的漏斗图如图 10.4 所示。

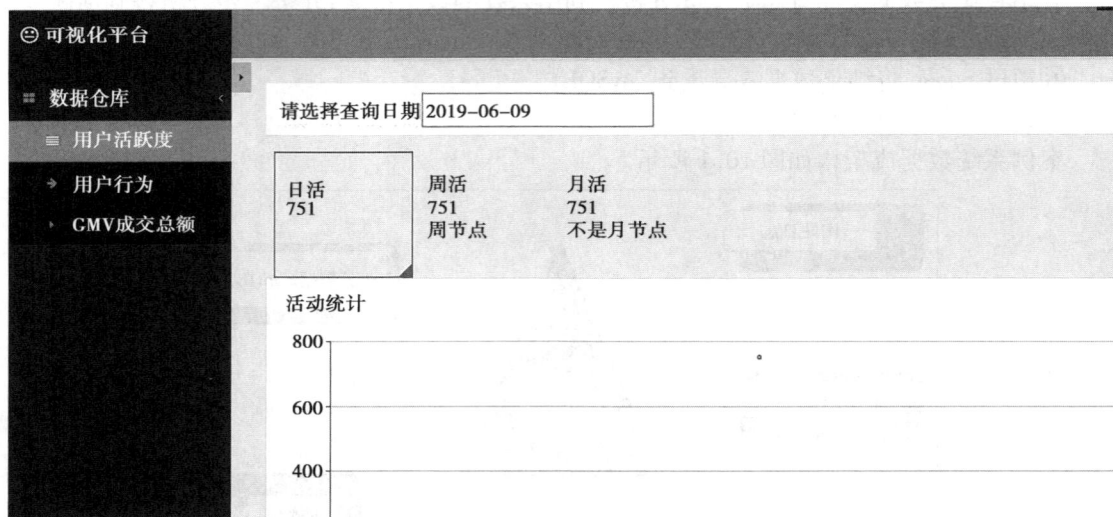

图 10.3　用户活跃度展示图

10.2.4　模块开发——数据采集

对应流程中的第一项,将电商用户的网站日志数据采集到 HDFS 上存储,需要用 Flume 采集系统在服务器上部署 Agent 节点,从而对电商用户行为日志数据进行采集,并将日志文件汇集到 HDFS 中,搭建 Flume 的核心代码如下:

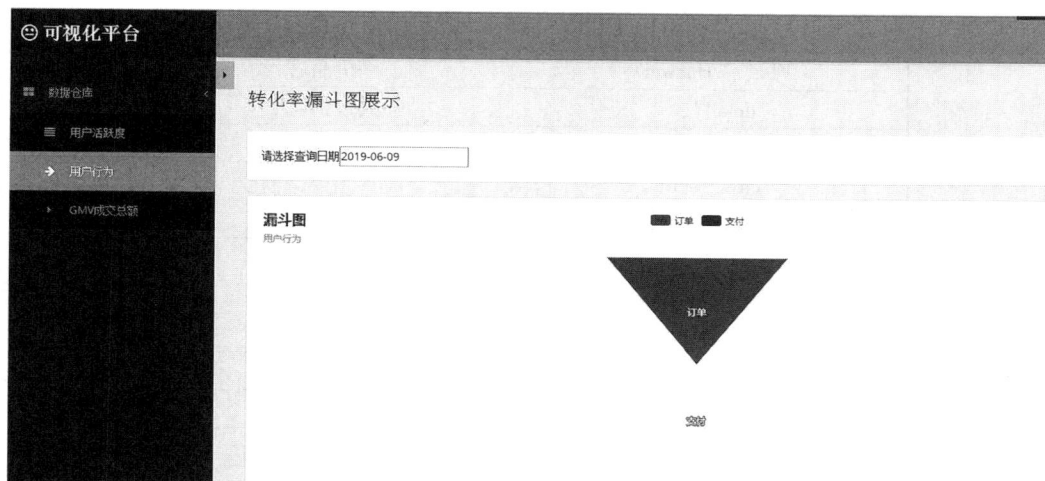

图 10.4　用户行为展示图

```
a1. sources  = r1
a1. sources. r1. type = taildir
a1. sources. r1. channels = c1
a1. sources. r1. positionfile = /var/log/flume/taildir_position. json
a1. sources. r1. filegroups =  f1  f2
a1. sources. r1. filegroups. f1 = /logs/topic_event/. * log. *
a1. sources. r1. filegroups. f2 = /logs/topic_start/. * log. *
```

　　上述为核心代码的参数配置,选择 Taildir 类型的 Source,是因为它可以监控一个目录下的多个文件的新增和内容追加,实现了实时读取记录的功能,并且可以使用正则表达式匹配该目录中的文件名进行实时采集。Filegroups 可以配置多个文件,中间用空格分隔,表示 Taildir 类型的 Source 同时监控多个目录中的文件,Positionfile 配置检查点文件路径,检查点文件会以Json 的形式保存已被跟踪的文件的位置,从而弥补了断点不能续传的缺陷。

　　上述代码知识核心代码,完整的日志采集方案 Conf 代码还需要根据收集目的地,编写包含 Source、Channel、Sink 的完整方案。

　　通过 Flume 采集系统采集后的电商用户行为日志数据,将会汇总到 HDFS 进行保存,由于采集的日志数据内容较多,并且样式基本类似,这里选取两条进行展示,样例如下:

　　①启动日志。

```
{"action":"1","ba":"Huawei","detail":""," eamil":"8G1ZH4XL@ 199. com","en":"
start","entry":"3","extend1":"","hw":"640 * 960","l":"pt","loading_time":"13","
md":" Huawei- 0 "," mid ":" 0 "," nw ":" WIFI "," open _ ad _ type ":" 1 "," t ":"
1559920269658","uid":"0"}
```

　　对应信息如下:

"action":"1"	状态(成功或者失败)
"ba":"Huawei"	手机品牌
"detail":""	失败信息
"eamil":"8G1ZH4XL@199.com"	邮箱
"en":"start"	日志类型
"entry":"3"	入口
"extend1":""	扩展字段
"hw":"640*960"	屏幕宽高
"l":"pt"	系统语言
"loading_time":"13"	加载时间
"md":"Huawei-0"	手机型号
"mid":"0	设备唯一标识
"nw":"WIFI"	网络模式
"open_ad_type":"1"	广告类型
"t":"1559920269658"	事件
"uid":"0"}	用户标识

②事件日志。

1560009799473|{"cm":{"uid":"4","t":"1559973929283","md":"Vivo-14","eamil":"QG5P5SUU@199.com","mid":"4","nw":"4G","l":"en","ba":"Vivo","hw":"640*1136"},"ap":"app","et":[{"ett":"1559985948932","en":"newsdetail","kv":{"entry":"2","goodsid":"0","news_staytime":"0","loading_time":"3","action":"3","showtype":"2"}}

对应信息如下:

1560009799473|	处理时间
{"cm":	公共字段
{"uid":"4",	用户标识
"t":"1559973929283"	客户端日志产生的时间
"md":"Vivo-14"	手机型号
"eamil":"QG5P5SUU@199.com"	邮箱
"mid":"4"	设备唯一标识
"nw":"4G"	手机网络
"l":"en"	系统语言
"ba":"Vivo"	手机品牌
"hw":"640*1136"}	屏幕分辨率
"ap":"app"	数据来源
"et":[{"ett":"1559985948932"	事件产生时间
"en":"newsdetail"	事件名称
"kv":{"entry":"2"….	事件详细内容

10.2.5　模块开发——数据仓库开发

对应流程中的第二项,在电商业务里数据加载到订单表和支付流水表;第三项,将电商网站日志加载到 Hive;将数据采集后,需要进一步建立相应的表格,再将数据添加进去,做更深层次的数据处理。日志分为两部分:一个是启动日志,另一个是事件日志。现在将启动日志加载到启动表中,用于生成用户活跃度表。将事件日志加载到事件基础明细表中,用于生成事件基础表,进而分化成为商品单击表、收藏表、商品详情表和评论表。

①对应图 10.2 中 Hive 的数据分层,创建 DWD 层的启动表,将启动日志中的数据导入启动表中。

A. 建表语句如下:

```
0：jdbc：hive2：//192.168.0.186：2181/ >
drop table if exists batch.dwd_start_log；
CREATE EXTERNAL TABLE batch.dwd_start_log(
'mid_id' string COMMENT '设备唯一标识',
'user_id' string COMMENT '用户标识',
'lang' string COMMENT '系统语言',
'model' string COMMENT '手机型号',
'brand' string COMMENT '手机品牌',
'email' string COMMENT '邮箱',
'height_width' string COMMENT '屏幕宽高',
'app_time' string COMMENT '客户端日志产生时的时间',
'network' string COMMENT '网络模式',
'entry' string COMMENT '入口',
'open_ad_type' string COMMENT '开屏广告类型',
'action' string COMMENT '状态',
'loading_time' string COMMENT '加载时长',
'detail' string COMMENT '失败码',
'extend1' string COMMENT '扩展字段'
)
PARTITIONED BY ( dt string)
location '/warehouse/batch/dwd/dwd_start_log/';
```

B. 向启动表导入数据。

```
0：jdbc：hive2：//192.168.0.186：2181/ >
insert overwrite table batch.dwd_start_log
PARTITION ( dt = '2019-06-09')
select
    get_json_object( line,'$.mid') mid_id,
    get_json_object( line,'$.uid') user_id,
```

```
        get_json_object( line,'$.l') lang,
        get_json_object( line,'$.md') model,
get_json_object( line,'$.ba') brand,
        get_json_object( line,'$.eamil') email,
        get_json_object( line,'$.hw') height_width,
        get_json_object( line,'$.t') app_time,
        get_json_object( line,'$.nw') network,
        get_json_object( line,'$.entry') entry,
        get_json_object( line,'$.open_ad_type') open_ad_type,
        get_json_object( line,'$.action') action,
        get_json_object( line,'$.loading_time') loading_time,
        get_json_object( line,'$.detail') detail,
        get_json_object( line,'$.extend1') extend1
from ods_start_log
where dt = '2019-06-09';
```

②对应图 10.2 中 Hive 的数据分层,创建 DWD 层事件日志基础明细表,将事件日志导入事件日志表中。

A. 建表语句如下:

```
0: jdbc:hive2://192.168.0.186:2181/ >
drop table if exists batch.dwd_base_event_log;
CREATE EXTERNAL TABLE batch.dwd_base_event_log(
'mid_id' string COMMENT '设备唯一标识',
'user_id' string COMMENT '用户标识',
'lang' string COMMENT '系统语言',
'model' string COMMENT '手机型号',
'brand' string COMMENT '手机品牌',
'email' string COMMENT 'email',
'height_width' string COMMENT '屏幕宽高',
'app_time' string COMMENT '客户端日志产生时的时间',
'network' string COMMENT '网络模式',
'event_name' string COMMENT '事件名称',
'event_json' string COMMENT '事件详情',
'server_time' string COMMENT '服务器时间'
) COMMENT '事件日志基础明细表'
PARTITIONED BY ('dt' string)
location '/warehouse/batch/dwd/dwd_base_event_log/';
```

event_name 和 event_json 用来对应事件名和整个事件。这里将原始日志里一对多的形式拆分,操作时需要用编码将原始日志展开。

③创建类 BaseUDF 和类 EventUDTF 将原始事件日志展开。

A. pom. xml 文件内容如下：

```xml
<? xml version = "1.0" encoding = "UTF-8" ? >
< project xmlns = "http://maven.apache.org/POM/4.0.0"
         xmlns:xsi = "http://www.w3.org/2001/XMLSchema-instance"
          xsi:schemaLocation = "http://maven.apache.org/POM/4.0.0 http://maven.a-
pache.org/xsd/maven-4.0.0.xsd" >
    < modelVersion >4.0.0 </modelVersion >

    < groupId > com.huawei </groupId >
    < artifactId > hive </artifactId >
    < version >1.0-SNAPSHOT </version >
    < properties >
        < project.build.sourceEncoding > UTF8 </project.build.sourceEncoding >
        < hive.version >1.2.1 </hive.version >
    </properties >

    < dependencies >
        <! --添加 hive 依赖-- >
        < dependency >
            < groupId > org.apache.hive </groupId >
            < artifactId > hive-exec </artifactId >
            < version > ${hive.version} </version >
        </dependency >
    </dependencies >

    < build >
        < plugins >
            < plugin >
                < artifactId > maven-compiler-plugin </artifactId >
                < version >2.3.2 </version >
                < configuration >
                    < source >1.8 </source >
                    < target >1.8 </target >
                </configuration >
            </plugin >
            < plugin >
                < artifactId > maven-assembly-plugin </artifactId >
                < configuration >
                    < descriptorRefs >
```

```
                        < descriptorRef > jar-with-dependencies < /descriptorRef >
                    < /descriptorRefs >
                < /configuration >
                < executions >
                    < execution >
                        < id > make-assembly < /id >
                        < phase > package < /phase >
                        < goals >
                            < goal > single < /goal >
                        < /goals >
                    < /execution >
                < /executions >
            < /plugin >
        < /plugins >
    < /build >

< /project >
```

B. 创建包名：com. huawei. udf 和 com. huawei. udtf。在 com. huawei. udf 包下创建类 BaseUDF。其代码如下：

```
package com. huawei. udf;
import org. apache. commons. lang. StringUtils;
import org. apache. hadoop. hive. ql. exec. UDF;
import org. json. JSONException;
import org. json. JSONObject;

public class BaseUDF extends UDF{
    // 传两个参数
    public String evaluate( String line, String jsonkeysString) {

        //0 创建一个StringBuilder 用来作为结果集
        StringBuilder sb  =  new StringBuilder( );

        //1 jsonkeysString 使用" ," 切割
        String[ ] jsonkeys  =  jsonkeysString. split( " ," );

        //2 line    服务器时间| json
        if ( line == null) {
            return " " ;
```

```
        }
        // "\\"是转意符
        String[] logContents = line.split("\\|");
        // 校验,判断
        if (logContents.length != 2 || StringUtils.isBlank(logContents[1])) {
            return "";
        }


        //3 对logContents[1]创建json 对象
        try {
            JSONObject jsonObject = new JSONObject(logContents[1]);
            //4 获取公共字段cm 的json 对象
            JSONObject cm = jsonObject.getJSONObject("cm");
            //5 循环遍历
            for (int i = 0; i < jsonkeys.length; i++) {
                String jsonkey = jsonkeys[i];

                if(cm.has(jsonkey)) {
                    sb.append(cm.getString(jsonkey)).append("\t");
                } else {
                    sb.append("\t");
                }
            }
            //6 拼接事件字段
            sb.append(jsonObject.getString("et")).append("\t");
            sb.append(logContents[0]).append("\t");

        } catch (JSONException e) {
            e.printStackTrace();
        }
        return sb.toString();

    }
}
```

C. 在"com. huawei. udtf"创建类 EventUDTF。

```
package com. huawei. udtf;

import org. apache. commons. lang. StringUtils;
import org. apache. hadoop. hive. ql. exec. UDFArgumentException;
```

```
import org. apache. hadoop. hive. ql. metadata. HiveException;
import org. apache. hadoop. hive. ql. udf. generic. GenericUDTF;
import org. apache. hadoop. hive. serde2. objectinspector. ObjectInspector;
import org. apache. hadoop. hive. serde2. objectinspector. ObjectInspectorFactory;
import org. apache. hadoop. hive. serde2. objectinspector. StructObjectInspector;
import org. apache. hadoop. hive. serde2. objectinspector. primitive. PrimitiveObjectInspectorFactory;
import org. json. JSONArray;
import org. json. JSONException;

import java. util. ArrayList;
import java. util. List;
public class EventUDTF extends GenericUDTF{
    // 定义返回值的名称,定义返回值的类型
    @ Override
    public StructObjectInspector initialize(ObjectInspector[] argOIs) throws UDFArgumentException {

        List < String > fieldNames = new ArrayList < > ();
        List < ObjectInspector > fieldTypes = new ArrayList < > ();
        // 调用工厂类的String 类型
        fieldNames. add("event_name");
        fieldTypes. add(PrimitiveObjectInspectorFactory. javaStringObjectInspector);

        fieldNames. add("event_json");
        fieldTypes. add(PrimitiveObjectInspectorFactory. javaStringObjectInspector);

        return ObjectInspectorFactory. getStandardStructObjectInspector(fieldNames, fieldTypes);
    }

    @ Override
    public void process(Object[] objects) throws HiveException {

        //1 获取数据
        String input = objects[0]. toString();
        //2 校验
        if (StringUtils. isBlank(input)) {
```

```
                 return;
            } else {
                try {
                    JSONArray jsonArray = new JSONArray(input);

                    if (jsonArray == null) {
                        return;
                    }

                    for (int i = 0; i < jsonArray.length(); i++) {

                        String[] results = new String[2];
                        try {
                            // 获取事件名称
                            results[0] = jsonArray.getJSONObject(i).getString("en");
                            // 获取具体事件的值
                            results[1] = jsonArray.getString(i);
                        } catch (JSONException e) {
                            e.printStackTrace();
                            continue;
                        }

                        // 将结果写出去
                        forward(results);
                    }

                } catch (JSONException e) {
                    e.printStackTrace();
                }
            }
    }
    @Override
    public void close() throws HiveException {

    }
}
```

D. 编译完成后单击 Package 打包。在 HDFS 上创建目录,将 jar 包从本地上传 HDFS 分布式文件系统;然后创建临时函数,创建临时函数与开发好的 Java Class 关联。

```
jdbc:hive2://192.168.0.223:2181/ >
create temporary function base_analizer as 'com. huawei. udf. BaseUDF' using jar 'hdfs://haclus-
ter/user/hive_examples_jars/hive-1. 0-SNAPSHOT. jar';
jdbc:hive2://192.168.0.223:2181/ >
create temporary function flat_analizer as 'com. huawei. udtf. EventUDTF' using jar 'hdfs://ha-
cluster/user/hive_examples_jars/hive-1. 0-SNAPSHOT. jar';
```

④向日志基础明细表导入数据。

```
jdbc:hive2://192.168.0.223:2181/ >
insert overwrite table batch. dwd_base_event_log
PARTITION ( dt = ' 2019-06-09')
select
mid_id,
user_id,
lang,
model,
brand,
email,
height_width,
app_time,
network,
event_name,
event_json,
server_time
from
(
select
split( base_analizer( line,'mid,uid,l,md,ba,email,hw,t,nw') ,'\t') [ 0 ] as mid_id,
split( base_analizer( line,'mid,uid,l,md,ba,email,hw,t,nw') ,'\t') [ 1 ] as user_id,
split( base_analizer( line,'mid,uid,l,md,ba,email,hw,t,nw') ,'\t') [ 2 ] as lang,
split( base_analizer( line,'mid,uid,l,md,ba,email,hw,t,nw') ,'\t') [ 3 ] as model,
split( base_analizer( line,'mid,uid,l,md,ba,email,hw,t,nw') ,'\t') [ 4 ] as brand,
split( base_analizer( line,'mid,uid,l,md,ba,email,hw,t,nw') ,'\t') [ 5 ] as email,
split( base_analizer( line,'mid,uid,l,md,ba,email,hw,t,nw') ,'\t') [ 6 ] as height_width,
split( base_analizer( line,'mid,uid,l,md,ba,email,hw,t,nw') ,'\t') [ 7 ] as app_time,
split( base_analizer( line,'mid,uid,l,md,ba,email,hw,t,nw') ,'\t') [ 8 ] as network,
split( base_analizer( line,'mid,uid,l,md,ba,email,hw,t,nw') ,'\t') [ 9 ] as ops,
split( base_analizer( line,'mid,uid,l,md,ba,email,hw,t,nw') ,'\t') [ 10 ] as server_time
```

```
from ods_event_log where dt = ' 2019-06-09'    and
base_analizer( line, 'mid, uid, l, md, ba, email, hw, t, nw') < > "
) sdk_log lateral view flat_analizer( ops) tmp_k as event_name, event_json;
```

⑤将日志基础明细表拆分成四张表,分别是商品点击表、商品详情表、收藏表和评论表。以 DWD 层的商品点击表为例,创建商品点击表,将事件日志表中的部分信息导入进来。建表语句如下:

```
0: jdbc:hive2://192.168.0.186:2181/ >
drop table if exists batch. dwd_display_log;
CREATE EXTERNAL TABLE batch. dwd_display_log(
'mid_id' string COMMENT '设备唯一标识',
'user_id' string COMMENT '用户标识',
'lang' string COMMENT '系统语言',
'model' string COMMENT '手机型号',
'brand' string COMMENT '手机品牌',
'email' string COMMENT '邮箱',
'height_width' string COMMENT '屏幕宽高',
'app_time' string COMMENT '客户端日志产生时的时间',
'network' string COMMENT '网络模式',
'action' string COMMENT '动作单击',
'goodsid' string COMMENT '商品 ID',
'place' string COMMENT '顺序',
'server_time' string COMMENT '服务器时间'
)
PARTITIONED BY（dt string）
location '/warehouse/batch/dwd/dwd_display_log/';
```

⑥导入数据方法如下:

```
0: jdbc:hive2://192.168.0.186:2181/ >
insert overwrite table batch. dwd_display_log
PARTITION（dt = ' 2019-06-09')
select
mid_id,
user_id,
lang,
model,
brand,
email,
height_width,
app_time,
```

```
network,
get_json_object(event_json,'$.kv.action') action,
get_json_object(event_json,'$.kv.goodsid') goodsid,
get_json_object(event_json,'$.kv.place') place,
server_time
from dwd_base_event_log
where dt = '2019-06-09' and event_name = 'display';
```

⑦用与商品点击表同样的方法创建 DWD 层的详情页表,创建 DWD 评论表和 DWD 收藏表,并导入数据。

⑧创建 DWS 层的日活跃设备表。

A. 日活跃设备表建表语句如下:

```
0：jdbc:hive2://192.168.0.186:2181/ >
drop table if exists batch.dws_uv_detail_day;
create external table batch.dws_uv_detail_day
(
'mid_id' string COMMENT '设备唯一标识',
'user_id' string COMMENT '用户标识',
'lang' string COMMENT '系统语言',
'model' string COMMENT '手机型号',
'brand' string COMMENT '手机品牌',
'email' string COMMENT '邮箱',
'height_width' string COMMENT '屏幕宽高',
'app_time' string COMMENT '客户端日志产生时的时间',
'network' string COMMENT '网络模式'
) COMMENT '活跃用户按天明细'
partitioned by(dt string)
location '/warehouse/batch/dws/dws_uv_detail_day'
;
```

B. 进行日活跃设备表数据导入。以用户单日访问为 Key 进行聚合,如果某个用户在一天中使用了两种操作系统、两个系统版本、多个地区,登录不同账号,只取其中之一。

```
0：jdbc:hive2://192.168.0.186:2181/ >
insert overwrite table batch.dws_uv_detail_day
partition(dt = '2019-06-09')
select
    mid_id,
    concat_ws('|', collect_set(user_id)) user_id,
    concat_ws('|', collect_set(lang))lang,
    concat_ws('|', collect_set(model)) model,
```

```
      concat_ws('|', collect_set(brand)) brand,
      concat_ws('|', collect_set(email)) email,
      concat_ws('|', collect_set(height_width)) height_width,
      concat_ws('|', collect_set(app_time)) app_time,
      concat_ws('|', collect_set(network)) network
from dwd_start_log
where dt = '2019-06-09'
group by mid_id;
```

⑨创建 DWS 周活跃设备表。根据日用户访问明细,获得周用户访问明细。

A. 建表语句如下:

```
0: jdbc:hive2://192.168.0.186:2181/ >
drop table if exists batch. dws_uv_detail_wk;
create external table batch. dws_uv_detail_wk(
'mid_id' string COMMENT '设备唯一标识',
'user_id' string COMMENT '用户标识',
'lang' string COMMENT '系统语言',
'model' string COMMENT '手机型号',
'brand' string COMMENT '手机品牌',
'email' string COMMENT '邮箱',
'height_width' string COMMENT '屏幕宽高',
'app_time' string COMMENT '客户端日志产生时的时间',
'network' string COMMENT '网络模式',
'monday_date' string COMMENT '周一日期',
'sunday_date' string COMMENT  '周日日期'
) COMMENT '活跃用户按周明细'
PARTITIONED BY ('wk_dt' string)
location '/warehouse/batch/dws/dws_uv_detail_wk/'
;
```

B. 周活跃设备表数据导入。

```
0: jdbc:hive2://192.168.0.186:2181/ >
set hive. exec. dynamic. partition. mode = nonstrict;

insert overwrite table dws_uv_detail_wk
partition(wk_dt)
select
mid_id,
concat_ws('|', collect_set(user_id)) user_id,
concat_ws('|', collect_set(lang))lang,
```

```
concat_ws('|', collect_set(model)) model,
concat_ws('|', collect_set(brand)) brand,
concat_ws('|', collect_set(email)) email,
concat_ws('|', collect_set(height_width)) height_width,
concat_ws('|', collect_set(app_time)) app_time,
concat_ws('|', collect_set(network)) network,
date_add(next_day('2019-06-09','MO'),-7),
date_add(next_day('2019-06-09','MO'),-1),
concat(date_add(next_day('2019-06-09','MO'),-7), '_', date_add(next_day('2019-06-09
','MO'),-1)
)
from dws_uv_detail_day
where dt >= date_add(next_day('2019-06-09','MO'),-7) and dt <= date_add(next_day('
2019-06-09','MO'),-1)
group by mid_id;
```

⑩另一条线,由系统的业务数据生成业务 ODS 层订单表,完全仿照业务数据库中的表字段,一模一样地创建 ODS 层对应表,然后将数据导入。

A. 建表语句如下:

```
0:jdbc:hive2://192.168.0.186:2181/ >
drop table if exists ods_order_info;
create external table ods_order_info (
    'id' string COMMENT '订单编号',
    'total_amount' decimal(10,2) COMMENT '订单金额',
    'order_status' string COMMENT '订单状态',
    'user_id' string COMMENT '用户 id',
    'payment_way' string COMMENT '支付方式',
    'out_trade_no' string COMMENT '支付流水号',
    'create_time' string COMMENT '创建时间',
    'operate_time' string COMMENT '操作时间'
) COMMENT '订单表'
row format delimited fields terminated by ','
location '/warehouse/batch/ods/ods_order_info/'
;
```

B. 由系统的业务数据生成业务 ODS 层创建支付流水表,然后将数据导入。

```
0:jdbc:hive2://192.168.0.186:2181/ >
drop table if exists ods_payment_info;
create external table ods_payment_info(
    'id'    bigint COMMENT '编号',
```

```
    'out_trade_no'       string COMMENT '对外业务编号',
    'order_id'               string COMMENT '订单编号',
    'user_id'                  string COMMENT '用户编号',
    'alipay_trade_no' string COMMENT '支付宝交易流水编号',
    'total_amount'        decimal(16,2) COMMENT '支付金额',
    'subject'                  string COMMENT '交易内容',
    'payment_type'        string COMMENT '支付类型',
    'payment_time'         string COMMENT '支付时间'
)    COMMENT '支付流水表'
row format delimited fields terminated by ','
location '/warehouse/batch/ods/ods_payment_info/'
;
```

⑪业务 DWD 层创建订单表。

A. 建表语句如下 :

```
0：jdbc:hive2://192.168.0.186:2181/ >
drop table if exists dwd_order_info;
create external table dwd_order_info (
    'id' string COMMENT '',
    'total_amount' decimal(10,2) COMMENT '',
    'order_status' string COMMENT '1 2 3 4 5',
    'user_id' string COMMENT 'id',
    'payment_way' string COMMENT '',
    'out_trade_no' string COMMENT '',
    'create_time' string COMMENT '',
    'operate_time' string COMMENT '
)
PARTITIONED BY ('dt' string)
location '/warehouse/batch/dwd/dwd_order_info/'
;
```

B. 订单表数据导入,语句如下 :

```
insert overwrite table batch.dwd_order_info
select * , '2019-06-09' from batch.ods_order_info
where id is not null;
```

⑫业务 DWD 层创建支付流水表。

A. 支付流水表建表语句如下 :

```
0：jdbc:hive2://192.168.0.186:2181/ >
drop table if exists batch.dwd_payment_info;
create external table batch.dwd_payment_info(
```

```
    'id'    bigint COMMENT '',
    'out_trade_no'      string COMMENT '',
    'order_id'              string COMMENT '',
    'user_id'               string COMMENT '',
    'alipay_trade_no' string COMMENT '',
    'total_amount'      decimal(16,2) COMMENT '',
    'subject'               string COMMENT '',
    'payment_type'      string COMMENT '',
    'payment_time'      string COMMENT ''
    )
PARTITIONED BY ('dt' string)
stored as parquet
location '/warehouse/batch/dwd/dwd_payment_info/'
;
```

B. DWD 层支付流水表数据导入语句如下：

```
insert overwrite table batch. dwd_payment_info
select ∗ ,'2019-06-09' from    batch. ods_payment_info
where id is not null;
```

10.2.6　模块开发——数据分析

对应流程中的第四项产生的业务数据和第三项产生的日志数据 3 分析得到结果存到数据报表，并进一步分析得到活跃、转化率、GVM 指标。

①通过上述的用户日活跃表、周活跃表和月活跃表计算出 ADS 层活跃用户数表。

A. 建表语句如下：

```
0：jdbc：hive2：//192. 168. 0. 186：2181/ >
drop table if exists ads_uv_count;
create external table ads_uv_count(
    'dt' string COMMENT '统计日期',
    'day_count' bigint COMMENT '当日用户数量',
    'wk_count'    bigint COMMENT '当周用户数量',
    'mn_count'    bigint COMMENT '当月用户数量',
    'is_weekend' string COMMENT 'Y,N 是否是周末,用于得到本周最终结果',
    'is_monthend' string COMMENT 'Y,N 是否是月末,用于得到本月最终结果'
) COMMENT '活跃用户数'
row format delimited fields terminated by '\t'
location '/warehouse/batch/ads/ads_uv_count/'
;
```

B. 将表中导入数据

```
0：jdbc：hive2：//192.168.0.186：2181/ >
insert into table ads_uv_count
select
   '2019-06-09' dt,
   daycount.ct,
   wkcount.ct,
   mncount.ct,
   if( date_add( next_day( '2019-06-09','MO') ,-1 ) = '2019-06-09','Y','N') ,
   if( last_day( '2019-06-09') = '2019-06-09','Y','N')
from
(
   select
      '2019-06-09' dt,
       count( * ) ct
   from dws_uv_detail_day
   where dt = '2019-06-09'
) daycount join
(
   select
      '2019-06-09' dt,
      count ( * ) ct
   from dws_uv_detail_wk
   where wk_dt = concat( date_add( next_day( '2019-06-09','MO') ,-7 ) ,'_' , date_add( next_
day( '2019-06-09','MO') ,-1 ) )
) wkcount on daycount.dt = wkcount.dt
join
(
   select
      '2019-06-09' dt,
      count ( * ) ct
   from dws_uv_detail_mn
   where mn = date_format( '2019-06-09','yyyy-MM')
) mncount on daycount.dt = mncount.dt
;
```

②通过上述的用户日活跃表、周活跃表和月活跃表计算出业务 DWS 层创建用户行为
宽表。

255

A. 建表语句如下：

```
0：jdbc：hive2：//192.168.0.186：2181/ >
drop table if exists dws_user_action；
create external table dws_user_action
(
    user_id              string          comment '用户 id',
    order_count          bigint          comment '下单次数 ',
    order_amount         decimal(16,2)   comment '下单金额 ',
    payment_count        bigint          comment '支付次数',
    payment_amount       decimal(16,2)   comment '支付金额 ',
    comment_count        bigint          comment '评论次数'
) COMMENT '每日用户行为宽表'
PARTITIONED BY（'dt' string）
location '/warehouse/batch/dws/dws_user_action/'
；
```

B. 向用户行为宽表导入数据。

```
0：jdbc：hive2：//192.168.0.186：2181/ >
with
tmp_order as
(
    select
        user_id,
count（ * ）  order_count,
        sum（oi.total_amount）order_amount
    from dwd_order_info oi
    where date_format（oi.create_time,'yyyy-MM-dd'）= '2019-06-09'
    group by user_id
），
tmp_payment as
(
    select
        user_id,
        sum（pi.total_amount）payment_amount,
        count（ * ）payment_count
    from dwd_payment_info pi
    where date_format（pi.payment_time,'yyyy-MM-dd'）= '2019-06-09'
    group by user_id
），
```

```
tmp_comment as
(
    select
        user_id,
        count( * ) comment_count
    from dwd_comment_log c
    where date_format( c. dt,'yyyy-MM-dd') = '2019-06-09'
    group by user_id
)


insert overwrite table dws_user_action partition( dt = '2019-06-09')
select
    user_actions. user_id,
    sum( user_actions. order_count),
    sum( user_actions. order_amount),
    sum( user_actions. payment_count),
    sum( user_actions. payment_amount),
    sum( user_actions. comment_count)
from
(
    select
        user_id,
        order_count,
        order_amount,
        0 payment_count,
        0 payment_amount,
        0 comment_count
    from tmp_order

    union all
    select
        user_id,
        0,
        0,
        payment_count,
        payment_amount,
        0
    from tmp_payment
```

```
        union all
        select
            user_id,
            0,
            0,
            0,
            0,
            comment_count
        from tmp_comment
    ) user_actions
group by user_id;
```

③通过上述的用户日活跃表、周活跃表和月活跃表计算出业务 ADS 层新增用户占活跃用户比率表。新增用户占活跃用户比率表。

A. 建表语句如下：

```
0: jdbc:hive2://192.168.0.186:2181/ >
drop table if exists ads_user_convert_day;
create external table ads_user_convert_day(
    'dt' string COMMENT '统计日期',
    'uv_m_count'  bigint COMMENT '当日活跃设备',
    'new_m_count'  bigint COMMENT '当日新增设备',
    'new_m_ratio'  decimal(10,2) COMMENT '当日新增占日活的比率'
) COMMENT '转化率'
row format delimited fields terminated by '\t'
location '/warehouse/batch/ads/ads_user_convert_day/'
;
```

B. 数据导入方法如下：

```
0: jdbc:hive2://192.168.0.186:2181/ >
insert into table ads_user_convert_day
select
    '2019-06-09',
    sum(uc.dc) sum_dc,
    sum(uc.nmc) sum_nmc,
    cast(sum(uc.nmc)/sum(uc.dc)*100 as decimal(10,2))   new_m_ratio
from
(
    select
        day_count dc,
```

```
                    0 nmc
        from ads_uv_count
where dt = ' 2019-06-09'


        union all
        select
            0  dc,
            new_mid_count nmc
        from ads_new_mid_count
        where create_date = ' 2019-06-09'
) uc ;
```

④通过上述的用户日活跃表、周活跃表和月活跃表计算出业务 ADS 层用户行为漏斗分析表。

A. 建表语句如下：

```
0：jdbc：hive2：//192.168.0.186：2181/ >
drop table if exists ads_user_action_convert_day；
create external    table ads_user_action_convert_day(
    'dt' string COMMENT '统计日期',
    'total_visitor_m_count'   bigint COMMENT '总访问人数',
    'order_u_count' bigint        COMMENT '下单人数',
    'visitor2order_convert_ratio'   decimal(10,2) COMMENT '访问到下单转化率',
    'payment_u_count' bigint        COMMENT '支付人数',
    'order2payment_convert_ratio' decimal(10,2) COMMENT '访问到支付的转化率'
) COMMENT '用户行为漏斗分析'
row format delimited    fields terminated by '\t'
location '/warehouse/batch/ads/ads_user_action_convert_day/'

;
```

B. 用户行为漏斗分析表数据导入方法如下：

```
0：jdbc：hive2：//192.168.0.186：2181/ >
insert into table ads_user_action_convert_day
select
    ' 2019-06-09',
    uv. day_count,
    ua. order_count,
    cast( ua. order_count/uv. day_count as    decimal(10,2)) visitor2order_convert_ratio,
    ua. payment_count,
cast( ua. payment_count/uv. day_count as    decimal(10,2))
```

```
order2payment_convert_ratio
from
(
select
    dt,
        sum( if( order_count > 0,1,0)) order_count,
        sum( if( payment_count > 0,1,0)) payment_count
    from dws_user_action
where dt = '2019-06-09'
group by dt
)ua join ads_uv_count   uv on uv. dt = ua. dt
;
```

⑤通过上述的用户日活跃表、周活跃表和月活跃表计算出业务 ADS 层 GMV 成交总额表。

A. 建表语句如下：

```
0：jdbc：hive2：//192. 168. 0. 186:2181/ >
drop table if exists ads_gmv_sum_day;
create external table ads_gmv_sum_day(
    'dt' string COMMENT '统计日期',
    'gmv_count'   bigint COMMENT '当日 gmv 订单个数',
    'gmv_amount'   decimal(16,2) COMMENT '当日 gmv 订单总金额',
    'gmv_payment'   decimal(16,2) COMMENT '当日支付金额'
) COMMENT 'GMV'
row format delimited fields terminated by '\t'
location '/warehouse/batch/ads/ads_gmv_sum_day/'
;
```

B. 数据导入方法如下。

```
0：jdbc：hive2：//192. 168. 0. 186:2181/ >
insert into table ads_gmv_sum_day
select
'2019-06-09' dt,
    sum(order_count) gmv_count,
    sum(order_amount) gmv_amount,
    sum(payment_amount) payment_amount
from dws_user_action
where dt  = '2019-06-09'
group by dt
;
```

10.2.7　模块开发——数据导出

对应流程中的第 6 项通过 Sqoop 将结果数据导出到 MySQL。使用 Hive 完成数据分析过程后,就要运用 Sqoop 将 Hive 中的数据导出到 MySQL 中方便后续作可视化处理。

①在 MySQL 中创建每日活跃统计,创建"ads_uv_count"表。

```
Use batch;
DROP TABLE IF EXISTS 'ads_uv_count';
CREATE TABLE 'ads_uv_count'  (
  'dt' varchar(255) DEFAULT NULL COMMENT '统计日期',
  'day_count' bigint(200) DEFAULT NULL COMMENT '当日用户数量',
  'wk_count' bigint(200) DEFAULT NULL COMMENT '当周用户数量',
  'mn_count' bigint(200) DEFAULT NULL COMMENT '当月用户数量',
  'is_weekend' varchar(200) CHARACTER SET utf8 COLLATE utf8_general_ci DEFAULT
NULL COMMENT 'Y,N 是否是周末,用于得到本周最终结果',
  'is_monthend' varchar(200) CHARACTER SET utf8 COLLATE utf8_general_ci DEFAULT
NULL COMMENT 'Y,N 是否是月末,用于得到本月最终结果'
) ENGINE = InnoDB CHARACTER SET = utf8 COLLATE = utf8_general_ci COMMENT =
'每日活跃用户数量' ROW_FORMAT = Dynamic;
```

②在 MySQL 中创建每日用户行为转化率统计表,创建"ads_user_action_convert_day"表。

```
Use batch;
DROP TABLE IF EXISTS 'ads_user_action_convert_day';
CREATE TABLE 'ads_user_action_convert_day'  (
  'dt' varchar(200) DEFAULT NULL COMMENT '统计日期',
  'total_visitor_m_count' bigint(20) DEFAULT NULL COMMENT '总访问人数',
  'order_u_count' bigint(20) DEFAULT NULL COMMENT '下单人数',
  'visitor2order_convert_ratio' decimal(10,2) DEFAULT NULL COMMENT '访问到下单转化
率',
  'payment_u_count' bigint(20) DEFAULT NULL COMMENT '支付人数',
  'order2payment_convert_ratio' decimal(10,2) DEFAULT NULL COMMENT '访问到支付的
转化率'
) ENGINE = InnoDB CHARACTER SET = utf8 COLLATE = utf8_general_ci COMMENT =
'每日用户行为转化率统计' ROW_FORMAT = Dynamic;
```

数据导出步骤如下:通过 SQLyog 工具远程连接 hadoopmaster 下的 MySQL 服务;连接成功后,即可创建 Sqoopdb 数据库,在数据库下创建对应的表;创建完毕后,在安装 Sqoop 的工具节点上执行 Sqoop 导出数据命令;执行完毕后,查看 MySQL 对应表格中的数据就可以了。

10.2.8　模块开发——数据展示

对应流程中的第六项产生的数据进行可视化展示。数据分析流程结束后,将关系型数据

库的数据展示在 Web 系统中,并将抽象的数据图形化,便于非技术人员的决策和分析。

在企业的数据分析系统中,前端展现工具有很多。有独立部署专门系统的方式:以 Business Objects(BO,Crystal Report),Heperion(Brio),Cognos 等国外产品为代表的,它们的服务器是单独部署的,与应用程序之间通过某种协议沟通信息。有 Web 程序展现方式:通过独立的或嵌入式的 Java web 系统来读取报表统计结果,以网页的形式对结果进行展现。

本电商数据分析项目采用 Web 程序展现的方式。采用的技术框架:

Jquery + Echarts + Springmvc + Spring + Mybatis + Mysql

展现的流程如下:

①使用 Ssh 从 MySQL 中读取要展现的数据。

②使用 Json 格式将读取的数据返回。

③在页面上用 Echarts 对 Json 解析并形成图标。

参考文献

［1］大讲台大数据研习社. Hadoop 大数据技术基础及应用［M］.北京:机械工业出版社,2019.

［2］刘春阳,张学龙,刘丽军. Hadoop 大数据开发［M］.北京:中国水利水电出版社,2018.

［3］时允田,林雪纲. Hadoop 大数据开发案例教程与项目实战［M］.北京:人民邮电出版社,2017.

［4］黑马程序员. Hadoop 大数据技术原理与应用［M］.北京:清华大学出版社,2019.

［5］Tom White. Hadoop 权威指南:大数据的存储与分析［M］.4 版. 王海,华东,刘喻,等,译.北京:清华大学出版社,2017.

［6］张伟洋. Hadoop 大数据技术开发实战［M］.北京:清华大学出版社,2019.

［7］林子雨.大数据技术原理与应用［M］.2 版.北京:人民邮电出版社,2017.